"十四五"职业教育国家规划教材

"十三五"职业教育国家规划教材

电路分析基础

唐志珍　张永格　王　淼◎主　编
伍志丹　张　欣　王艳华　杨华勋◎副主编
李　昕　于燕平　姚明阳　茹　岩◎参　编

扫描二维码
观看视频

中国铁道出版社有限公司
CHINA RAILWAY PUBLISHING HOUSE CO., LTD.

内 容 简 介

本书共分 8 章，包括电路的基本概念和基本定律、线性电路分析方法、正弦交流电路及应用、三相交流电路及应用、互感耦合电路、线性电路的瞬态过程、非正弦周期电流电路以及电路基础实验与实训等内容。

本书内容安排合理，层次清晰，循序渐进。在内容的选取上，对基本概念、基本理论和基本分析方法以"必需和够用"为原则，将理论讲授与实际应用有机结合。本书在每章内容之前配有学习目标、素质目标，每章中配有丰富的例题，方便师生根据不同专业要求和差异选用。每章中的应用实例突出知识的应用，每章的习题附有参考答案。教材内容中包含与基本知识对应的基础实验和实训内容，方便教师通过多种教学手段和教学方法传授知识，融"教、学、做"于一体。

本书适合作为高职电子与信息大类和装备制造大类等相关专业的专业基础课教材，也可作为自学进修电路分析知识的各类人员的参考书。

图书在版编目（CIP）数据

电路分析基础／唐志珍，张永格，王淼主编.—3 版.—北京：中国铁道出版社有限公司，2022.4（2024.11重印）
"十三五"职业教育国家规划教材
ISBN 978-7-113-28916-4

Ⅰ.①电… Ⅱ.①唐…②张…③王… Ⅲ.①电路分析-高等职业教育-教材 Ⅳ.①TM133

中国版本图书馆 CIP 数据核字（2022）第 031405 号

书　　名：	电路分析基础
作　　者：	唐志珍　张永格　王　淼

策　　划：	王春霞	编辑部电话：	（010）63551006
责任编辑：	王春霞　包　宁		
封面设计：	付　巍		
封面制作：	刘　颖		
责任校对：	孙　玫		
责任印制：	赵星辰		

出版发行：中国铁道出版社有限公司（100054，北京市西城区右安门西街 8 号）
网　　址：https://www.tdpress.com/51eds
印　　刷：三河市航远印刷有限公司
版　　次：2013 年 8 月第 1 版　2022 年 4 月第 3 版　2024 年 11 月第 6 次印刷
开　　本：850 mm×1 168 mm　1/16　印张：14.5　字数：337 千
书　　号：ISBN 978-7-113-28916-4
定　　价：45.00 元

版权所有　侵权必究

凡购买铁道版图书，如有印制质量问题，请与本社教材图书营销部联系调换。电话：（010）63550836
打击盗版举报电话：（010）63549461

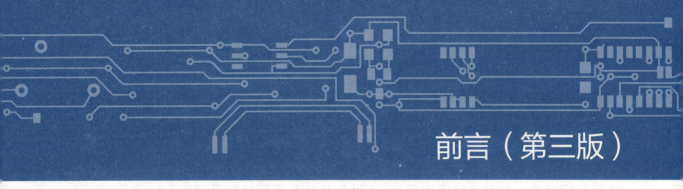

前言（第三版）

党的二十大报告指出"实施科教兴国战略,强化现代化建设人才支撑""办好人民满意的教育""深入实施人才强国战略",为新时代职业教育改革发展明确了发展方向,绘就了宏伟蓝图。"坚持把发展经济的着力点放在实体经济上,推进新型工业化,加快建设制造强国、质量强国、航天强国、交通强国、网络强国、数字中国。实施产业基础再造工程和重大技术装备攻关工程,支持专精特新企业发展,推动制造业高端化、智能化、绿色化发展。"为更好发展制造产业,打好电类学科基础是根基,"电路分析基础"课程作为电类专业最基础的学科,其内容为后续课程做地基,能否建成高楼大厦,地基很重要。

本书结合二十大会议精神和高等职业教育的办学定位和相关专业的培养目标、就业岗位群的实际需要,对电路分析基础课程内容进行整合,协调基础理论知识学习和职业技能培养之间的关系,使学生通过课程的学习,既获得基本的电路理论知识,又具有实际操作技能。本书还注重提高学生运用所学的电路知识解决电路问题的能力,在重要章节增加微课、动画、视频等辅助学生学习,提高逻辑推理、思辨和推演等理性思维能力,为学生学习专业课程奠定坚实的基础。

本书在内容的选取上,注重与学生已修课程的衔接,对基本概念、基本理论和基本分析方法以"必需和够用"为原则,将理论讲授与实际应用有机结合。内容安排合理,层次清晰,循序渐进。本书在每章内容之前配有学习目标、素质目标,每章中配有丰富的例题,方便师生根据不同专业要求和差异选用。各章中的应用实例突出知识的应用,习题附有参考答案。教材内容中包含与基本知识对应的实训内容,方便教师通过多种教学手段和教学方法传授知识,融"教、学、做"于一体。

每个基础实验的实验准备中都配有思考题,引导学生做好完成基础实验的充分准备。每个基础实验都设计有学生动手练习、训练或制作环节,通过十余个不同层次的基

I

础实验，使学生掌握常用电工工具和电子仪器仪表的使用、元器件识别、电路识图与分析、电路焊接与调试等电路方面的基本技能，为后续的专业技能训练打下坚实的基础，也为学生从事设备安装、调试与维护等工作养成良好的职业素养。基础实验后实验报告中的问题推动学生分析总结实验内容，通过总结提升实验的效果。

本次再版，主要对上一版中的错漏之处进行了修改和补充，增加了部分习题和拓展阅读。

本书由柳州铁道职业技术学院唐志珍、张永格、王淼任主编；伍志丹、张欣、王艳华、杨华勋任副主编；李昕、于燕平、姚明阳、茹岩参与了编写。

由于编者水平有限，书中不妥之处在所难免，恳请广大读者在使用之后提出宝贵意见和建议，以利于今后进一步完善本书内容。谨表谢忱！

编　者

2022 年 12 月

目 录

第1章　电路的基本概念和基本定律 ………… 1
  1.1　电路和电路模型 ……………………… 2
    1.1.1　电路的组成及作用 ……………… 2
    1.1.2　理想元件和电路模型 …………… 3
    1.1.3　电路的工作状态 ………………… 4
  1.2　电路的主要物理量 …………………… 5
    1.2.1　电流及参考方向 ………………… 5
    1.2.2　电位、电压及电动势 …………… 6
    1.2.3　电功率及电能 …………………… 9
  1.3　电阻元件 ……………………………… 11
    1.3.1　电阻元件及伏安特性 …………… 11
    1.3.2　电阻元件的功率 ………………… 12
  1.4　电压源与电流源 ……………………… 12
    1.4.1　理想电压源与实际电压源 ……… 12
    1.4.2　理想电流源与实际电流源 ……… 14
    1.4.3　实际电源模型的等效变换 ……… 16
  1.5　基尔霍夫定律 ………………………… 18
    1.5.1　电路的几个常用名词 …………… 19
    1.5.2　基尔霍夫电流定律 ……………… 19
    1.5.3　基尔霍夫电压定律 ……………… 21
  1.6　电路中电位的计算 …………………… 24
  小结 ………………………………………… 26
  拓展阅读 …………………………………… 27
  习题1 ……………………………………… 28

第2章　线性电路分析方法 …………………… 34
  2.1　电阻电路等效变换 …………………… 34
    2.1.1　二端网络等效的概念 …………… 34
    2.1.2　电阻的串联及等效 ……………… 35
    2.1.3　电阻的并联及等效 ……………… 37
    2.1.4　电阻的混联及等效 ……………… 38
  2.2　星形电阻网络与三角形电阻网络等效
       变换 ………………………………… 39
    2.2.1　电阻的星形连接(Y接)与三角形
           连接(△接) ……………………… 39
    2.2.2　等效变换方法 …………………… 40
  2.3　直流电路基本分析方法 ……………… 41
    2.3.1　支路电流法 ……………………… 41
    2.3.2　网孔电流法 ……………………… 42
    2.3.3　节点电压法 ……………………… 44
    2.3.4　弥尔曼定理 ……………………… 46
  2.4　叠加定理 ……………………………… 47
  2.5　戴维南定理 …………………………… 48
  小结 ………………………………………… 50
  拓展阅读 …………………………………… 52
  习题2 ……………………………………… 53

第3章　正弦交流电路及应用 ………………… 59
  3.1　正弦交流电的基本概念 ……………… 59
  3.2　正弦交流电的相量表示法 …………… 65
    3.2.1　复数 ……………………………… 65
    3.2.2　正弦量的相量表示法 …………… 68
  3.3　单一元件的正弦交流电路 …………… 69
    3.3.1　纯电阻元件的正弦交流电路 …… 70
    3.3.2　纯电感元件的正弦交流电路 …… 72

3.3.3 纯电容元件的正弦交流电路 …… 74
3.4 RLC 交流电路的分析 …………… 76
　　3.4.1 RLC 串联交流电路的分析 …… 76
　　3.4.2 RLC 并联交流电路的分析 …… 79
3.5 RLC 谐振电路的分析 …………… 80
　　3.5.1 串联电路的谐振 ……………… 81
　　3.5.2 并联电路的谐振 ……………… 83
3.6 正弦交流电路中的功率及功率因数 … 85
　　3.6.1 正弦交流电路的功率因数 …… 85
　　3.6.2 无功功率、视在功率和功率
　　　　 三角形 ………………………… 86
　　3.6.3 功率因数的提高 ……………… 87
小结 …………………………………… 89
拓展阅读 ……………………………… 92
习题 3 ………………………………… 93

第 4 章　三相交流电路及应用 ………… 100

4.1 三相电源 …………………………… 100
　　4.1.1 三相交流电的产生 …………… 100
　　4.1.2 三相电源的连接 ……………… 101
4.2 三相负载 …………………………… 105
　　4.2.1 负载的星形连接 ……………… 105
　　4.2.2 负载的三角形连接 …………… 107
4.3 三相电路的功率 …………………… 109
4.4 不对称三相电路的计算 …………… 111
　　4.4.1 星形连接的不对称三相电路 … 111
　　4.4.2 三角形连接的不对称三相
　　　　 电路 …………………………… 113
4.5 三相交流电的典型应用 …………… 114
小结 …………………………………… 115
拓展阅读 ……………………………… 116
习题 4 ………………………………… 118

第 5 章　互感耦合电路 …………………… 123

5.1 自感与互感 ………………………… 123

5.1.1 自感与自感电压 ……………… 123
5.1.2 互感与互感电压 ……………… 124
5.1.3 同名端 ………………………… 126
5.2 互感耦合电路的分析 ……………… 128
　　5.2.1 互感线圈的串联 ……………… 128
　　5.2.2 互感线圈的并联 ……………… 129
　　5.2.3 互感线圈的 T 型等效 ………… 130
5.3 空芯变压器 ………………………… 130
5.4 理想变压器 ………………………… 133
　　5.4.1 理想变压器的条件 …………… 133
　　5.4.2 理想变压器的主要性能 ……… 133
小结 …………………………………… 135
拓展阅读 ……………………………… 136
习题 5 ………………………………… 137

第 6 章　线性电路的瞬态过程 ………… 141

6.1 瞬态过程及换路定律 ……………… 141
　　6.1.1 瞬态过程的基本概念 ………… 142
　　6.1.2 换路定律 ……………………… 142
　　6.1.3 电压、电流初始值的计算 …… 143
6.2 RC 电路的瞬态过程 ……………… 144
　　6.2.1 RC 电路的充电过程 ………… 144
　　6.2.2 RC 电路的放电过程 ………… 146
6.3 RL 电路的瞬态过程 ……………… 147
　　6.3.1 RL 电路接通直流电源 ……… 147
　　6.3.2 RL 电路短接 ………………… 149
6.4 一阶电路的三要素法 ……………… 150
　　6.4.1 一阶电路过渡过程的一般规律 … 150
　　6.4.2 一阶电路三要素法的应用 …… 150
小结 …………………………………… 153
拓展阅读 ……………………………… 154
习题 6 ………………………………… 155

第 7 章　非正弦周期电流电路 ………… 159

7.1 非正弦周期量的产生、合成与分解 … 159

7.1.1 非正弦周期量的产生 ………………… 159
7.1.2 非正弦周期量的合成与分解 …… 160
7.2 非正弦周期量的最大值、有效值、
平均值和平均功率 ……………………… 165
7.2.1 非正弦周期量的最大值 ………… 165
7.2.2 非正弦周期量的有效值 ………… 165
7.2.3 非正弦周期量的平均值 ………… 166
7.2.4 非正弦周期量的平均功率 …… 166
7.3 非正弦周期性电流电路的分析计算 … 168
小结 ……………………………………………… 170
拓展阅读 ………………………………………… 172
习题 7 …………………………………………… 173

第 8 章 电路基础实验与实训 ………… 178

8.1 电路基础实验综述 …………………… 178
  8.1.1 电路基础实验的目的 …………… 178
  8.1.2 电路基础实验的要求 …………… 179
  8.1.3 电路基础实验的注意事项 ……… 180
8.2 基础实验 ………………………………… 180

8.2.1 直流电路的认知实验 …………… 180
8.2.2 基尔霍夫定律的验证实验 ……… 182
8.2.3 戴维南定理的验证 ……………… 184
8.2.4 叠加定理的验证 ………………… 186
8.2.5 正弦交流电路的认识 …………… 187
8.2.6 RL 串联电路和 RC 串联电路的
电压与电流关系研究 …………… 189
8.2.7 荧光灯电路的安装及功率因数
的提高 …………………………… 192
8.2.8 RLC 串联谐振电路的研究 …… 194
8.2.9 三相负载星形连接和三角形连接
电路的测量 ……………………… 196
8.2.10 互感耦合线圈的测试实验 …… 199
8.2.11 RC 一阶电路的响应测试 …… 201
8.3 实 训 …………………………………… 204

习题参考答案 ………………………………… 213

参考文献 ……………………………………… 222

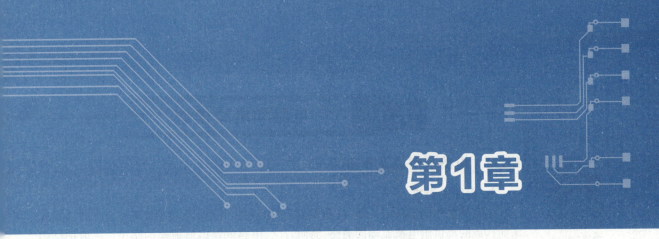

第1章

电路的基本概念和基本定律

电能之所以获得广泛应用,是因为其具有转换方便、便于传输和控制等特点。

电能可以从水能、热能、原子能、化学能(电池)、光能(光电池)及风能(风力发电)等转换而得;同时电能也可以转换为其他所需的能量形态(如热能、光能、机械能等)。电能能够以近 300 000 km/s 的速度快速地输送到远方,而且输电设备简单,输电效率高。只要断开或闭合开关即可完成操作,控制方便,利用电能可以达到高度自动化。电能污染少,有利于环境保护。

电能在现代生产、日常生活、国防技术和科学研究等各个方面得到了广泛应用。电能的应用离不开电路,实际电路的功能各异,繁简不一,结构形式多样,但有其内在的规律。读者通过学习并掌握电路的基本理论、基本规律和基本技能,学会分析电路的基本方法,能够为进一步学习后续专业课程和将来从事实际工程技术工作奠定坚实的基础。

学习目标

(1) 了解电路的组成及作用;理解电路元件、电路模型、电路的三种状态;了解电路故障危害及防范措施。

(2) 认识常用电路元件符号,能绘制简单的电气原理图。

(3) 理解电流、电压、电位、电动势、电能的概念及相互关系;掌握电路中电流的参考方向、电压的参考极性及其关联参考方向。

(4) 了解电阻参数、电阻元件的定义,线性电阻和非线性电阻;掌握电阻元件电压与电流的关系,即伏安关系。

(5) 掌握电压源和电流源的电压与电流关系,实际电压源和实际电流源模型的等效变换。

(6) 了解支路、节点、回路、网孔的定义;理解基尔霍夫电流定律和电压定律;掌握应用 KCL 列写电路的节点方程和应用 KVL 列写回路的电压方程。

(7) 掌握电路中各点电位的计算方法。

素质目标

(1) 了解人类对电的认识过程,培养观察细微事物的能力,有辩证地看待事物发展的能力。

(2) 掌握安全用电知识,了解不安全用电造成的严重后果,尊重生命。

1.1 电路和电路模型

1.1.1 电路的组成及作用

1. 电路的组成

电路是由用电设备或元器件(负载)与供电设备(电源)通过导线按一定方式连接起来而构成的提供给电荷流动的通路;简而言之,电路就是电流流经的路径。一般把结构复杂的电路称为网络。电路和网络这两个术语是通用的。

一般来说,不管电路组成如何,都可分为三部分:电源;消耗或转换电能的负载;连接和控制电源与负载的导线、开关等中间环节。这三个部分在任何电路中都是不可缺少的。

电路提供了电荷流动的通路,电荷携带着电能在电路中流动,从电源带走电能,而在负载中又消耗或转换电能,因此电路的工作伴随着能量的传输和转换。

2. 电路的作用

电路的基本作用有两个,一是实现电能的产生、输送、分配和转换;二是实现信号的传递、处理和保护,如扩音机电路、计算机电路等。

(1)进行电能的转换、传输和分配。强电系统的电路作用是实现电能的产生、传输和转换。它主要由发电设备、输电设备及用电设备组成,如图1.1所示。发电机是发电设备(电源),是产生电能的设备。输电线及变压器是输电设备,它起传输和分配电能的作用。电灯、电动机及其他用电器等是用电设备(负载),是取用电能的设备,各种用电负载将电能转换为其他形式的能量。强电系统的各种电路通常电压较高,电流较大。对这类电路的主要要求是传送功率大、效率高。

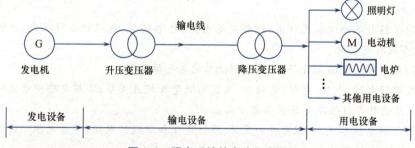

图 1.1　强电系统的电路示意图

(2)进行信号的传递和处理。弱电系统的电路作用是传输和处理信号。它主要由信号源、中间环节及负载组成,如图1.2所示。传声器是输出电信号的设备,称为信号源。扬声器是接收和转换信号的设备,称为负载。输入级、中间级、功放级是处理信号的设备,称为中间环节。弱电系统的各种电路一般电压较低,电流较小,是精密的信号传输系统。对这类电路的主要要求是抗干扰能力强、电信号在传输过程中不失真。

电路的分类方法有很多种,如上所述,按照电路的用途将电路分为电力电路和信号电路;按电流的性质将电路分为直流电路和交流电路;按电压的高低将电路分为高压电路和低压电路;按电路的结构将电路分为有分支电路和无分支电路;按电路的范围将电路分为内电路和外电路。

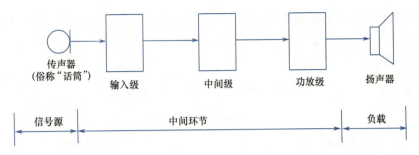

图 1.2　弱电系统的电路示意图(以扩音机电路为例)

1.1.2　理想元件和电路模型

在对电路进行研究分析和计算时,并不注重电路中电气设备和元器件的具体结构,而是对它们的物理特性进行分析、抽象使其理想化(或模型化),将其主要性能用一些具有特定化、理想化的元件(称为理想电路元件,即理想元件)重构出来。

视频

电路模型

1. 理想元件

理想元件是实际电气器件主要电磁特性的科学抽象。在一定条件下,突出实际电路元件的主要电磁性质,忽略其次要因素,近似地用一个足以表征其主要电磁性能的理想电路元件表示该实际电路元件。例如,电阻器在频率不太高的时候所产生的感抗比电阻小得多,分析计算电路时可以突出其电阻性质,忽略其电感性质,近似地用理想电阻元件来表示电阻器的电磁性质。

基本理想元件有两大类:不产生能量的无源元件;为电路提供能量的有源元件。无源元件包括表示实际电路中消耗电能特性的理想电阻元件 R、表示实际电路中建立磁场特性的理想电感元件 L 和表示实际电路中建立电场特性的理想电容元件 C;有源元件包括理想电压源和理想电流源。理想电路元件用规定的文字符号与图形符号来表示,如图 1.3 所示。理想导线是阻值为零的电阻元件,用线段表示。

(a) 电阻元件　　(b) 电感元件　　(c) 电容元件　　(d) 电压源　　(e) 电流源

图 1.3　理想电路元件的文字符号与图形符号

2. 电路模型

利用理想元件重构出来的电路,称为原电路的电路模型。即用理想电路元件及其组合代替实际电路元件,用特定符号代表理想元件,用特定符号绘制的电路图代替实际电路图的连接关系及功能,就构成实际电路的电路模型。电路模型反映了原电路工作的主要特性。电路模型中构成电路的不是千差万别的各种实际元件,而是数量有限的理想元件,有利于研究、设计和交流。构成电路模型的理想元件数量应尽可能少,否则,电路模型将失去其存在的价值。

以手电筒电路为例,其实际电路和电路模型分别如图 1.4(a)、(b)所示。干电池由电压

源 U_s 及内阻 R_0 的组合表示,电路中的开关用开关模型 S 表示,照明灯用电阻元件 R 表示。

(a) 实际电路　　　　　　　　　　　　(b) 电路模型

图 1.4　手电筒电路

根据对电路模型的分析所得出的结论,有着广泛的实际指导意义。若无特别说明,一般说电路元件均指理想元件,电路均指电路模型,并用由理想电路元件构成的电路模型来阐述电路的基本规律,讲解分析计算电路的基本方法。

1.1.3　电路的工作状态

电路的工作状态包括负载状态、开路状态和短路状态三种,如图 1.5 所示。

视频

电路的三种
工作状态

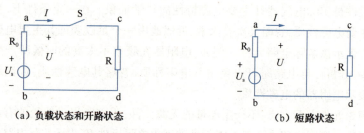

(a) 负载状态和开路状态　　　　　　　(b) 短路状态

图 1.5　电路的三种工作状态

1. 负载状态

如图 1.5(a)所示,开关 S 闭合,电路构成一个完整的闭合回路,电路中有电流流过,该状态称为电路的有载状态,又称负载状态。该工作状态有如下三种情况:

(1) 额定工作状态:电源、负载和中间环节都能长期处于安全可靠、经济合理运行的工作状态,又称满载。此时,电路中流过的电流称为额定电流,能保证电气设备有相对较长的寿命(电气寿命和机械寿命)。

(2) 轻载状态:指电路中流过的电流小于额定电流的工作状态。该状态下电气设备安全,但没有得到充分的利用。

(3) 过载状态:指电路中流过的电流大于额定电流的工作状态。短时间内少量的过载不会立即导致电气设备损坏,但长时间的严重过载可能大大缩短电气设备的使用寿命,甚至使电气设备因过热而烧损。

2. 开路状态

如图 1.5(a)所示,若开关 S 正常断开或电路的某处因故障断开,电路未构成闭合回路,电路中的电流为 0,该状态称为电路的开路状态。该工作状态有如下两种情况:

(1) 空载状态:指电路正常,人为控制开关 S 断开的状态。

(2) 断路状态:指开关 S 闭合,电路的某处为非正常断开的状态。该状态电路无电流流过,不能正常工作,如实际电路中的断线、虚焊等。

3. 短路状态

如图1.5(b)所示,当电路的一部分被电阻忽略不计的导线连接时,则这部分电路处于短路状态。在该状态下,电路短路的部分电压为零,电路中流过的电流称为短路电流,其值可能达到额定电流的几倍甚至几十倍,从而使电气设备因过热而烧损,严重时可能引起火灾。

显然,电路最理想的工作状态是额定工作状态。过载状态、断路状态和短路状态都是电路的故障状态。其中,短路是电路最严重的故障,人们往往在电路中接入熔断器、自动开关、断路器等保护设备,当电路发生故障时,这些设备自动断开故障电路,以避免短路可能造成的危害。

1.2 电路的主要物理量

电路的主要物理量有电流、电压、功率和能量等。

1.2.1 电流及参考方向

1. 电流的基本概念

带电粒子(电子、离子等)在电源作用下有规律地定向运动形成电流。金属导体中的带电粒子是自由电子,半导体中的带电粒子是自由电子和空穴,电解液中的带电粒子是正、负离子。

视频

电流及参考方向

电流是电路的一个基本物理量,它的大小用电流强度来衡量。电流强度在数值上等于单位时间内通过导体横截面的电荷量。

电流强度简称电流,用小写字母 i 表示。其数学表达式为

$$i = \frac{dq}{dt} \tag{1.1}$$

大小和方向都不随时间变化的电流称为稳恒电流,简称直流,其英文缩写为DC,用大写字母 I 表示。此时上式改写为

$$I = \frac{Q}{t} \tag{1.2}$$

大小和方向随时间作周期性变化的电流称为周期电流。若周期电流在一个周期内的算术平均值等于0,则称为交变电流,简称交流。通常所说的交流电多指正弦交流电,它随时间按正弦规律变化,其英文缩写为AC,用小写字母 i 表示(详见第3章)。

电流的国际单位是安培,简称安,符号是A。常用的单位还有千安(kA)、毫安(mA)和微安(μA),它们之间的关系为

$$1 \text{ kA} = 10^3 \text{ A}$$
$$1 \text{ mA} = 10^{-3} \text{ A}$$
$$1 \text{ μA} = 10^{-6} \text{ A}$$

2. 电流的参考方向

物理课里学习过电流的正方向规定为正电荷定向移动的方向。在简单直流电路中,电流方向容易直接判断,但在分析、计算较为复杂的直流电路时,往往难于事先判断电流的实际方向。而在交流电路中电流的实际方向随时间不断改变,在电路图中很难

且也没有必要标出它的实际方向。为此,在分析、计算电路时,可预先任意假设某一方向为电流的正方向,这个假定的方向称为电流的参考方向。

在电路图中,电流的参考方向有两种表示方式,一是用带箭头的实线表示,如图1.6(a)所示;二是用双下标的变量表示,如图1.6(b)所示的电流 I,可用符号 I_{ab} 表示电流的参考方向,即从 a 流向 b。

电流的实际方向用带箭头的虚线表示,如图1.6所示。当电流的实际方向与参考方向相同时,其值为正;当电流的实际方向与参考方向相反时,其值为负。

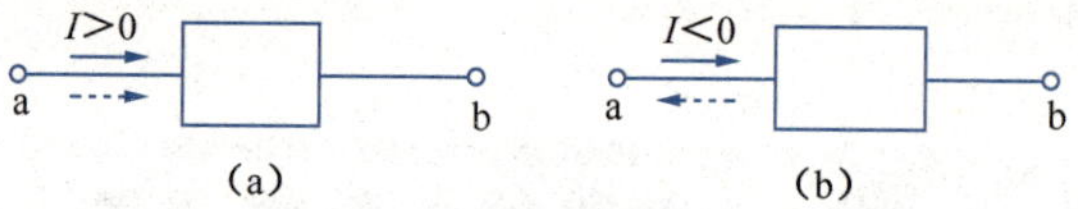

图1.6 电流的参考方向

例1.1 请根据如图1.7(a)所示电流的参考方向及数值,标出电流的实际方向。

解: 由已知条件知,电流 $I = 5$ A > 0

数值"5"说明电流的大小为 5 A。

因 $I > 0$,说明其值为正,即实际方向与参考方向相同。

故电流的实际方向为由左指向右,如图1.7(b)虚线所示。

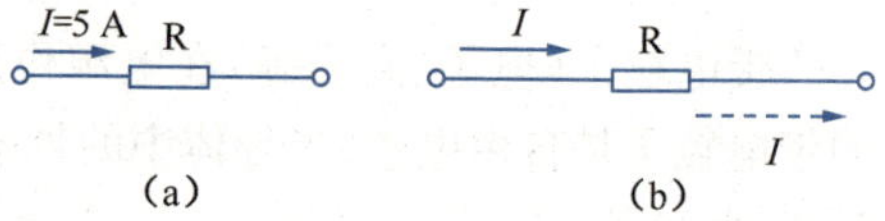

电流是既有大小又有方向的物理量(注意:电流并不是空间矢量)。只有当电流的参考方向选定以后,电流的正负才有意义。在参考方向一定的情况下,数值表示电流的大小,正、负表示电流的方向。离开参考方向来谈电流的正、负是没有意义的。

图1.7 例1.1图

1.2.2 电位、电压及电动势

1. 电位

电位又称电势,是衡量电荷在电路中某点具有的能量大小的物理量。在电场中的某点,电荷所具的电势能跟它的电荷量之比是一个常数,称为该点的电位(电势)。即电路中某点的电位在数值上等于正电荷在该点所具有的能量(电势能)与电荷所带的电荷量之比。电位是由电场本身的性质决定的,与电荷大小以及电荷存在与否无关。电位用字母 U 加单下标表示。

电位的定义式为

$$U_A = \frac{\varepsilon_A}{q}$$

式中,ε_A 为电势能;q 为电荷量。

在电路中选定某一点 O 为电位参考点,就是规定该点的电位为零,即 $U_O = 0$。电场中某点相对于参考点 O 的电位之差,称为该点的电位(这是电位的另一定义)。

电位在数值上等于电场力将单位正电荷由电场中某点 A 移到参考点 O 时所做的功。其数学表达式为

$$U_A = U_{AO} = \frac{W_{AO}}{q}$$

电位只有高低,没有方向。

电位参考点是在分析电路时事先假定的,又称零电位点。在工程中常选大地作为电位参考点,即认为大地电位为零。在电子电路中,电路不一定接地,通常以金属底板或电路的公共点(即电子线路中的地线)为电位参考点,规定参考点的电位为零。高于参考点的电位是正电位,低于参考点的电位是负电位,可见电位有正、负之分。在电路中电位参考点通常用符号"⊥"表示。

当参考点变化时,电路中各点的电位随之变化。

电位的国际单位是伏特,简称伏,符号是 V。常用的电位单位还有千伏(kV)、毫伏(mV)和微伏(μV),它们之间的关系为

$$1\ kV = 10^3\ V$$
$$1\ mV = 10^{-3}\ V$$
$$1\ \mu V = 10^{-6}\ V$$

视频

电压及参考方向

2. 电压

电压是电路的另一个重要的物理量,它是衡量电场力做功能力的物理量。如图 1.8 所示,设 a、b 分别是电源的正极和负极,则两极间产生电场,其方向由 a 指向 b。如果用导线连接 a、b,电场力将做功,使正电荷从 a 极板沿导线移至 b 极板。

电场力把单位正电荷从电路中的 a 点移至 b 点所做的功称为 a、b 两点间的电压。设电场力把正电荷 dq 从 a 点移动到 b 点所做的功为 dw,则 a、b 两点间的电压为

$$u = \frac{dw}{dq} \tag{1.3}$$

大小和方向都不随时间变化的电压称为直流电压,用大写字母 U 表示。此时式(1.3)改写为

$$U = \frac{W}{q} \tag{1.4}$$

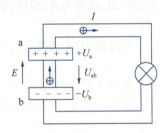

图 1.8 电动势与电压

大小和方向随时间变化的电压称为交流电压,用小写字母 u 表示。

3. 电动势

在图 1.8 中,在电场力的作用下,正电荷从电源正极 a 端沿着导线移动到了电源负极 b 端。为了维持导线中的电流连续并保持恒定,必须借助于非静电力,克服电场力的作用,将负极 b 端上的正电荷经过电源内部移向正极 a 端,这种非静电力又称电源力。电源力克服电场力所做的功使电荷获得了能量,把其他形式的能量(如电池的化学能、发电机的电磁能等)转换为电能。

把在电源内部,电源力把单位正电荷从电源负极移动到电源正极所做的功,称为电动势,用大写字母 E 表示。

电动势的方向规定为从电源的负极指向电源的正极,在图中可用箭头或"+""-"表示。电动势的单位与电压相同。

人们把电源设备内部的电路称为内电路;电源设备以外的电路称为外电路。在内电路中,正电荷在电源力的作用下从低电位移至高电位,并获得电能;在外电路中,正电荷在电场力的作用下从高电位移至低电位,并释放电能。

4. 电压的参考方向

电压的实际方向是正电荷在电场中受电场力作用而移动的方向,即使正电荷电能减少的方向。与电流分析类似,在分析、计算电路时,也要预先假设电压的参考方向(又称参考极性)。

在电路图中,电压的参考极性有三种表示方式,如图1.9所示。

(1)用带箭头的实线表示。

(2)用双下标表示,图1.9(a)中的电压U_{ab}表示电压的参考方向为a指向b,图1.9(b)中的电压U_{ba}表示电压的参考方向为b指向a,显然,$U_{ab}=-U_{ba}$。

(3)用"+""-"号表示,分别称为参考正极和参考负极。

图 1.9 电压的参考方向

电压的实际方向用带箭头的虚线表示,如图1.9所示。当电压的实际方向与参考方向相同时,其值为正;反之,其值为负。同理,离开参考方向来谈电压的正、负是没有意义的。

在电路中,若选择某点O为电位参考点,则电路中a、b两点间的电压为

$$U_{ab} = U_{aO} + U_{Ob} = U_{aO} - U_{bO} = U_a - U_b \quad (1.5)$$

电路中某两点之间的电压即为它们之间的电位差。当参考点变化时,电路中各点的电位随之变化,但电路中任意两点间的电压不会改变,即电压与参考点的选择无关。$U_{ab}>0, U_a>U_b; U_{ab}<0, U_a<U_b$。

例1.2 请根据如图1.10(a)所示电压的参考方向及数值,标出电压的实际方向。

解: 由已知条件知,电压$U=-10\text{ V}<0$,数值"10"说明电压的大小为10 V。

因$U<0$,说明其值为负,即实际方向与参考方向相反。故电压的实际方向为由下指向上,如图1.10(b)虚线所示。

图 1.10 例 1.2 图

5. 电压与电流参考方向的关系

电压、电流的参考方向原则上可以分别任意假定,但为了分析、计算的方便,常采用关联参考方向。关联参考方向是指电压和电流的参考方向一致,即电流的流入端对应的是电压的参考正端,如图1.11(a)所示;反之,称为非关联参考方向,如图1.11(b)所示。

当选择电压、电流的参考方向关联时,在电路图中可以只标出二者之一的参考方向;反之,当只标出了一个参考方向时,可认为电压、电流为关联参考方向,如图1.12所示。

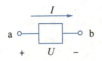 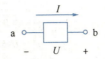

(a) 关联参考方向　　　　　(b) 非关联参考方向

图 1.11　电压与电流参考方向的关系

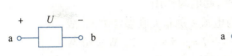

图 1.12　关联参考方向

1.2.3　电功率及电能

1. 电功率

电场力在单位时间内所做的功称为电功率,简称功率,用小写字母 p 表示。设电场力在 dt 时间内做的功为 dw,则

$$p = \frac{dw}{dt} \tag{1.6}$$

功率的国际单位是瓦特,简称瓦,符号是 W。常用的功率单位还有千瓦(kW)、毫瓦(mW),它们之间的关系为

$$1 \text{ kW} = 10^3 \text{ W}$$
$$1 \text{ mW} = 10^{-3} \text{ W}$$

在电路中,人们更关注的是功率与电压和电流之间的关系。根据电压和电流的定义,即 $u = \dfrac{dw}{dt}, i = \dfrac{dq}{dt}$ 可推出功率与电压和电流之间的关系为

$$p = ui \tag{1.7}$$

式(1.7)中,如果元件的电压和电流是非关联参考方向,ui 前加负号,即 $p = -ui$。

若是稳恒直流电路,则电压、电流、功率均为恒定值,用大写字母表示,即

$$P = \pm UI \tag{1.8}$$

根据式(1.7)和式(1.8)计算结果的正、负,可以判断元件是电源还是负载。如果计算结果 $p>0$,表示元件吸收功率(或消耗功率),起负载的作用;反之,表示元件释放功率(或提供功率、产生功率),起电源的作用。

根据能量守恒定律,电路中各元件产生的功率与元件消耗的功率相等。换句话说,可以用功率平衡关系验算电路中各元件的功率计算是否正确。

电功率

例 1.3　计算如图 1.13 所示各元件的功率,并指出是吸收功率还是释放功率,起电源作用还是负载作用。

解:在图 1.13(a)中,电压 U 与电流 I 是关联参考方向,故

$$P = +UI = 5 \times 2 \text{ W} = 10 \text{ W}$$

$P>0$,说明元件 A 吸收功率,起负载作用。

在图 1.13(b)中,电压 U 与电流 I 是关联参考方向,故

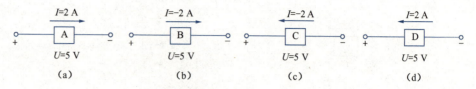

图1.13 例1.3图

$$P = +UI = 5 \times (-2) \text{ W} = -10 \text{ W}$$

$P<0$,说明元件B释放功率,起电源作用。

在图1.13(c)中,电压U与电流I是非关联参考方向,故

$$P = -UI = -5 \times (-2) \text{ W} = 10 \text{ W}$$

$P>0$,说明元件C吸收功率,起负载作用。

在图1.13(d)中,电压U与电流I是非关联参考方向,故

$$P = -UI = -5 \times 2 \text{ W} = -10 \text{ W}$$

$P<0$,说明元件D释放功率,起电源作用。

例1.4 如图1.14所示,已知$I=1$ A,$U_1=10$ V,$U_2=6$ V,$U_3=4$ V。求各元件的功率,并分析电路的功率平衡关系。

解: 由已知条件知,元件A的电压和电流为非关联参考方向,所以

$$P_1 = -U_1 I = -10 \times 1 \text{ W} = -10 \text{ W}$$

$P_1<0$,说明元件A释放功率,起电源作用。

元件B、C的电压和电流为关联参考方向,所以

$$P_2 = U_2 I = 6 \times 1 \text{ W} = 6 \text{ W}$$

$$P_3 = U_3 I = 4 \times 1 \text{ W} = 4 \text{ W}$$

P_2、P_3均为正值,说明元件B、C均吸收功率,起负载作用。

各元件的功率之和为

$$P_1 + P_2 + P_3 = (-10+6+4) \text{ W} = 0 \text{ W}$$

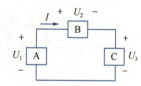

图1.14 例1.4图

计算结果表明,该电路中元件释放的功率与元件吸收的功率相等,符合功率平衡关系。

2. 电能

根据电功率的定义,若电场力在$\mathrm{d}t$时间内做的功为$\mathrm{d}w$,则

$$\mathrm{d}w = p\mathrm{d}t = ui\mathrm{d}t$$

若通电时间$\Delta t = t - t_0$,则在此时间内消耗的电能总共为

$$\Delta w = \int_{t_0}^{t} p\mathrm{d}t = \int_{t_0}^{t} ui\mathrm{d}t$$

直流电路中,电压、电流、功率均为恒定值,电路消耗的电能为

$$W = P(t-t_0) = UI(t-t_0)$$

当选择$t_0=0$时,上式为

$$W = Pt = UIt \qquad(1.9)$$

电能的单位与功或能量的单位相同,其国际单位均为焦耳(即瓦·秒),简称焦,符号是J。

$$1 \text{ J} = 1 \text{ W} \cdot \text{s}$$

视频

电能

实际用于电能计量的电能表以千瓦·时(kW·h)为单位。功率为 1 kW 的用电器工作 1 h 所消耗的功率即为 1 kW·h,又称 1 度电。1 度电换算成焦耳为

$$1\text{ kW·h} = 1\,000\text{ W} \times 3\,600\text{ s} = 3.6 \times 10^6\text{ J}$$

例 1.5 教室里有 40 W 荧光灯 8 只,每只耗电为 46 W(包括镇流器耗电),每天用电 4 h,该教室 4 月份用电多少度? 如果每度电价格是 0.65 元,每月需缴纳多少电费?

解: 4 月份有 30 天,该教室 4 月份用电量为

$$W = Pt = 8 \times 46 \times 10^{-3} \times 4 \times 30\text{ kW·h} = 44.16\text{ kW·h} = 44.16\text{ 度}$$

$$需缴纳电费 = 44.16\text{ kW·h} \times 0.65\text{ 元}/(\text{kW·h}) = 28.7\text{ 元}$$

即该教室 4 月份用电 44.16 度,需付电费 28.7 元。

1.3 电阻元件

动画
线性电阻的伏安特性

1.3.1 电阻元件及伏安特性

电阻元件是反映电路中消耗电能这一物理性质的理想二端元件,简称电阻,如电炉、电灯、电阻器等。电阻元件的图形符号如图 1.15(a)所示。

电阻元件的电压和电流之间的关系称为电阻元件的伏安特性。如果电阻元件的伏安特性是一条通过坐标原点的直线,如图 1.15(b)所示,这样的电阻元件称为线性电阻元件。线性电阻元件两端的电压和电流遵循欧姆定律,当电压和电流为关联参考方向时,有

$$u = Ri \tag{1.10}$$

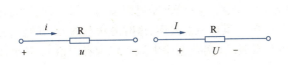

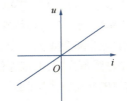

(a) 图形符号   (b) 线性电阻元件的伏安特性

图 1.15 电阻元件

对于直流电路,有

$$U = RI \tag{1.11}$$

式中,R 为电阻元件的电阻,它反映了电阻元件对电流阻碍作用的大小,是一个与电压、电流无关的常数。同时说明,电阻元件的电压和电流总是同时存在、同时消失、同时增大、同时减小的,它们的实际方向总是一致的。电阻元件又称即时元件。

电阻的国际单位为欧姆,简称欧,符号是 Ω。常用的单位还有千欧(kΩ)和兆欧(MΩ),它们之间的关系为

$$1\text{ k}\Omega = 10^3\text{ }\Omega$$
$$1\text{ M}\Omega = 10^6\text{ }\Omega$$

如果电阻元件的电压和电流之间不是线性函数关系,则称为非线性电阻元件。非线性电阻元件的伏安特性是曲线。二极管是典型的非线性电阻元件,在后续课程中会学习其特性。

1.3.2　电阻元件的功率

当电压和电流为关联参考方向时,电阻元件的功率

$$p = ui = Ri^2 = \frac{u^2}{R} \tag{1.12}$$

式(1.12)表明,电阻元件吸收的功率恒为正值。电阻元件是耗能元件,只要有电流流过,就会消耗电能,并将其转化为热能。

例 1.6　试计算将 220 V、40 W 的白炽灯泡分别误接到 110 V 和 380 V 电压时的实际功率,并说明其后果。

解: 根据额定电压和额定功率,得白炽灯的电阻

$$R = \frac{u^2}{p} = \frac{220^2}{40}\Omega = 1\,210\ \Omega$$

接 110 V 电压时,白炽灯的实际功率

$$p' = \frac{u_1^2}{R} = \frac{110^2}{1\,210}\ \text{W} = 10\ \text{W}$$

由于电压过低,导致灯光昏暗。

接 380 V 电压时,白炽灯的实际功率

$$p'' = \frac{u_2^2}{R} = \frac{380^2}{1\,210}\ \text{W} = 119.3\ \text{W}$$

由于电压过高,以至于实际功率超过额定功率,白炽灯会被烧坏。

线性电阻元件有两种特殊情况值得注意:一种情况是电阻值为无限大,电压为任何有限值时(实际电路电压一定为有限值),其电流总是零,这时的状态称为"开路";另一种情况是电阻值为零,电流为任何有限值时(实际电路电流一定为有限值),其电压总是零,这时的状态称为"短路"。

1.4　电压源与电流源

实际使用的电源种类繁多,但它们在电路中的作用都是使电路产生电流和电压。在电路理论中,通常把电源对电路的作用称为激励,而把在电源作用下在电路中产生的电压、电流称为响应。

视频
电压源

1.4.1　理想电压源与实际电压源

1. 理想电压源

理想电压源是一个理想二端元件,能产生并维持一定的输出电压,简称电压源。其图形符号如图 1.16(a)所示,其中,u_s 为电压源的电压。

电压源具有以下两个特点:

(1) 电压源的电压 u_s 为确定的时间函数(电压值固定不变或按某一规律变化),与通过它的电流及它所连接的外电路无关。

(2) 通过电压源的电流随外接电路不同而不同,由其自身参数和所连接的外电路确定。

若电压源的电压为恒定值,则称为直流电压源,又称恒压源,其图形符号如图 1.16(b)所示。

电源的端电压 u 与输出电流 i 之间的关系称为电源的伏安特性,又称电源的外特性。直流电压源的伏安特性如图 1.16(c)所示,是一条平行于 I 轴的直线。它表明:当外接负载变化时,电源提供的电流发生变化,但其端电压始终保持恒定值 U_s。

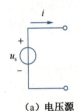 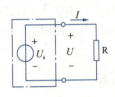 

(a) 电压源　　　　(b) 直流电压源　　　　(c) 直流电压源的伏安特性

图 1.16　电压源的图形符号及伏安特性

例 1.7　在如图 1.17 所示电路中,R 为可调电阻器,其阻值可在 $0 \sim +\infty$ 范围内调节,试分别计算 $R \to \infty$ 和 $R = 0$ 两种情况下电路中的电流。

解:(1) $R \to \infty$ 时,根据欧姆定律,电路中的电流

$$I = \frac{U_s}{R} = 0$$

(2) $R = 0$ 时,因为电压源的电压与外电路无关,所以电压源的电压仍为 $U_s = 5$ V。

根据欧姆定律,电路中的电流

$$I = \frac{U_s}{R} \to \infty$$

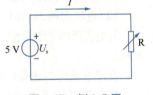

图 1.17　例 1.7 图

电压源的电压为恒定值,电流可为任意值;电压源不能短路,否则从理论上说,此时流过的电流为无穷大。

2. 实际电压源

理想电压源实际上是不存在的,电源内部总是存在一定的电阻,称为内阻,用 R_0 表示。以电池为例,当电池两端接上负载并有电流流过时,内阻就会有能量损耗,且电流越大,损耗越大,输出端电压越低,不具有恒压输出的特性。

实际电压源可以用一个电压源 U_s 与一个内阻 R_0 串联的电路模型来表示,如图 1.18(a)点画线框内所示的电路。图中 R_L 为负载,即电源的外电路。

实际电压源的伏安特性为

$$U = U_s - IR_0 \tag{1.13}$$

其伏安特性如图 1.18(b)所示,为一条直线。从式(1.13)和伏安特性可以看出:电压源的端电压 U 随着电流 I 的增加而下降;内阻 R_0 越小,内阻上的分压 IR_0 越小,直线越平坦,越接近恒压源的情况。常见的直流稳压电源及大型电网的输出电压基本不随外

电路变化,在一定范围内可近似看成是恒压源。

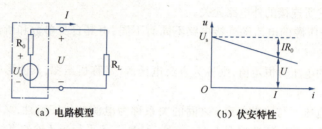

(a) 电路模型　　　　　(b) 伏安特性

图 1.18　实际电压源

实际电压源在使用时不允许短路(负载电阻为 0),这种情况下,短路电流很大,可能烧损电气设备,甚至引发火灾。实际电压源不使用时应开路放置(负载电阻为无穷大),此时电流为零,不消耗电压源的电能。

1.4.2　理想电流源与实际电流源

1. 理想电流源

理想电流源是一种能产生并维持一定输出电流的理想电源元件,简称电流源,其图形符号如图 1.19(a)所示,其中,i_s 为电流源的电流。

电流源具有以下两个特点:

(1) 电流源的电流 i_s 为确定的时间函数(电流值固定不变或按某一规律变化),与它两端的电压及它所连接的外电路无关。

(2) 电流源两端的电压可以是任意值,由其自身参数和所连接的外电路确定。

若电流源的电流为恒定值,则称为直流电流源,又称恒流源,其图形符号如图 1.19(b)所示。

直流电流源的伏安特性如图 1.19(c)所示,是一条垂直于水平轴的直线。这表明:当外接负载变化时,电源两端的电压变化,但其电流始终保持恒定值 I_s。

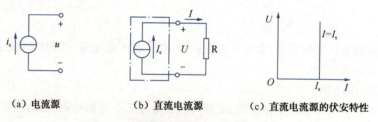

(a) 电流源　　　　(b) 直流电流源　　　　(c) 直流电流源的伏安特性

图 1.19　电流源的图形符号及伏安特性

例 1.8　在如图 1.20 所示的电路中,R 为可调电阻器,其阻值可在 $0 \sim +\infty$ 范围内调节,试分别计算 $R=0$ 和 $R \rightarrow \infty$ 两种情况下电流源两端的电压 U。

解:(1) $R=0$ 时,根据欧姆定律,电流源两端的电压

$$U = RI_s = 0 \times 2 \text{ V} = 0 \text{ V}$$

(2) $R \rightarrow \infty$ 时,因为电流源的电流与外电路无关,所以电流源的电流仍为 $I_s = 2$ A。

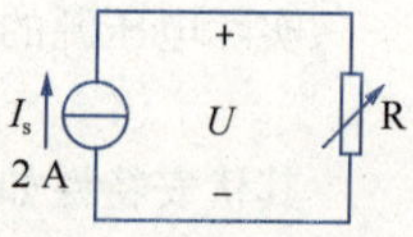

根据欧姆定律,电流源两端的电压

图 1.20　例 1.8 图

$$U = RI_s = 2R \to \infty$$

电流源的电流为恒定值,端电压可为任意值。电流源不能开路,否则从理论上说,此时端电压为无穷大。

2. 实际电流源

理想电流源实际上是不存在的,由于内阻的存在,电流源的电流不可能全部输出到负载,有一部分将被内阻分流。

实际电流源可以用一个电流源 I_s 与一个内阻 R_0' 并联的电路模型来表示,如图 1.21 (a) 点画线框内所示的电路。

实际电流源的伏安特性为

$$I = I_s - \frac{U}{R_0'} \tag{1.14}$$

其伏安特性如图 1.21(b) 所示,为一条直线。从式(1.14)和伏安特性可以看出:电流源的端电压 U 随着电流 I 的增加而下降;内阻 R_0' 越大,分流越小,直线越陡峭,越接近恒流源。晶体管稳流电源及光电池等器件在一定范围内可近似看成是恒流源。

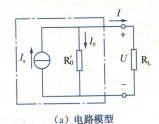

(a) 电路模型 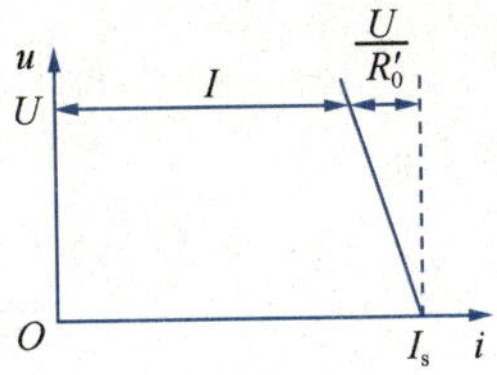 (b) 伏安特性

图 1.21 实际电流源

实际电流源在应用时不允许处于开路状态。开路时,电流源与内阻形成闭合回路,电能全部消耗在内阻上,电流源对负载没有能量输出。

例 1.9 电路如图 1.22 所示,已知电流源 $I_s = 2$ A,电压源 $U_s = 6$ V,电阻 $R = 10$ Ω,试计算电阻器的端电压 U_1 和电流源的端电压 U_2。

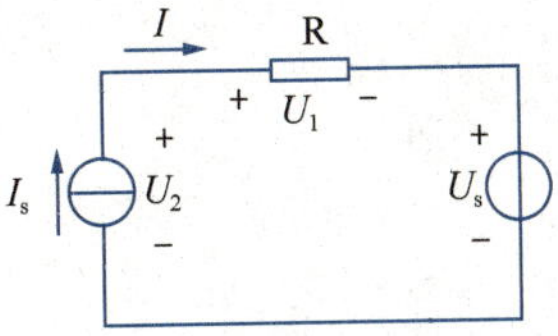

解:在这个简单电路中有一个电流源,根据电流源的性质,由于它向外电路提供恒定不变的电流 I_s,该特性与外电路无关,所以,该电路中的电流

$$I = I_s = 2 \text{ A}$$

图 1.22 例 1.9 图

电阻器的端电压

$$U_1 = IR = 2 \times 10 \text{ V} = 20 \text{ V}$$

设 U_2 的参考方向如图 1.22 所示,电流源的端电压

$$U_2 = U_1 + U_s = (20 + 6) \text{ V} = 26 \text{ V}$$

电压源的端电压 U_2 由外电路确定,如果 R 改变,U_2 也改变。

例 1.10 电路如图 1.23 所示,已知电流源 $I_s = 3$ A,电压源 $U_s = 16$ V,电阻 $R = 8$ Ω,试计算电流 I_R 和 I。

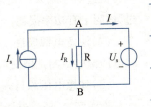

图 1.23 例 1.10 图

解：根据电压源的性质，可知 $U_{AB} = U_s = 16$ V。
流过电阻器的电流

$$I_R = \frac{U_s}{R} = \frac{16}{8} \text{ A} = 2 \text{ A}$$

流过电压源的电流

$$I = I_s - I_R = (3-2) \text{ A} = 1 \text{ A}$$

可见，流过电压源的电流 I 由外电路确定，如果 R 改变，I 也改变。

1.4.3 实际电源模型的等效变换

若实际电压源或实际电流源向同一个负载电阻供电，产生相同的供电效果，即负载上的电压和电流均相等，则这两个电源是等效的，它们之间可以进行等效变换，如图 1.24 所示。

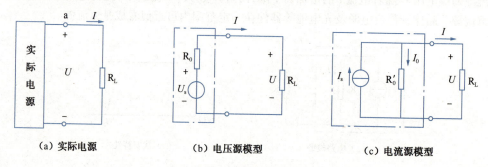

图 1.24 实际电源的两种模型

电压源与电流源之间等效变换的条件为

$$I_s = \frac{U_s}{R_0} \tag{1.15}$$

或

$$U_s = I_s R_0' \tag{1.16}$$

且

$$R_0 = R_0' \tag{1.17}$$

实际电压源和实际电流源进行等效变换时要注意以下几点：

（1）等效关系是对外电路而言的，电源内部不等效。例如，当外电路开路时，实际电压源流过的电流为 0，内阻不消耗功率，电压源不发出功率，而实际电流源内阻有电流流过，内阻上有功率损耗。

（2）注意电源极性。因为电源对外电路产生的电压、电流方向相同，所以，等效变换时电压源电压的正极对应电流源的电流流出端。

（3）理想电压源与理想电流源之间没有等效关系。

推而广之，任一电压源与电阻元件串联的电路都可以等效为电流源与电阻元件并联的电路，反之亦然，如图 1.25 所示。

几个电压源串联的电路,其等效电压源等于各串联电压源电压的代数和;几个电流源并联的电路,其等效电流源等于各并联电流源电流的代数和。根据电路的具体组成,灵活运用电源的等效变换,可以对结构复杂的电路进行化简,下面举例说明。

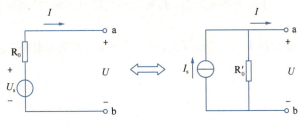

图 1.25 电压源和电流源的等效变换

例 1.11 将如图 1.26(a)所示电路等效化简为一个电压源与电阻元件串联的模型。

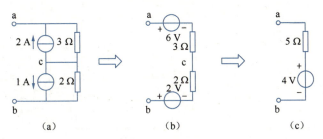

图 1.26 例 1.11 图

解:(1)在图 1.26(a)中,a、c 之间为 2 A 电流源与 3 Ω 电阻元件并联的实际电流源,可变换为实际电压源,其电压为 2×3 V = 6 V,阻值为 3 Ω;c、b 之间为 1 A 电流源与 2 Ω 电阻元件并联的实际电流源,可变换为实际电压源,其电压为 1×2 V = 2 V,阻值为 2 Ω。电路图如图 1.26(b)所示。

(2)将图 1.26(b)化简为图 1.26(c),即为电压源与电阻元件串联的模型,注意电压源极性与图 1.26(b)中较大的电压源极性相同。

例 1.12 将如图 1.27(a)所示电路等效化简为一个实际电压源。

解:(1)将图 1.27(a)中两个实际电压源分别变换成实际电流源,电流源极性及电路图如图 1.27(b)所示。

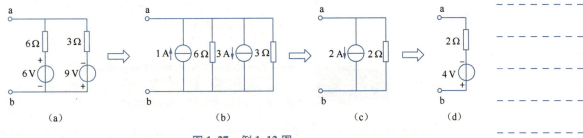

图 1.27 例 1.12 图

(2)将图 1.27(b)化简,电流源极性与图 1.27(b)中较大的电流源电流流出端相同;6 Ω 与 3 Ω 电阻元件并联,化简得

$$R = \frac{6 \times 3}{6+3} \Omega = 2\ \Omega$$

得如图 1.27(c)所示的实际电流源。

(3)将图 1.27(c)变换为如图 1.27(d)所示的实际电压源,其电压为 2×2 V = 4 V,阻值为 2 Ω。

例 1.13 电路如图 1.28(a)所示,试用等效变换的方法求电路中的电流 I。

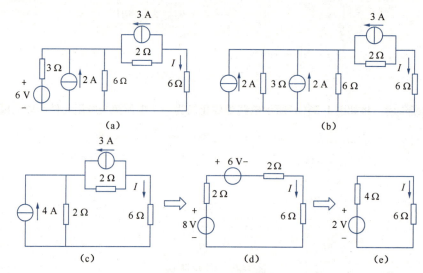

图 1.28 例 1.13 图

解:(1)将图 1.28(a)中 6 V 电压源与 3 Ω 电阻元件串联的实际电压源变换为 2 A 电流源与 3 Ω 电阻元件并联的电流源,如图 1.28(b)所示。

(2)将图 1.28(b)中的电流源合并,并联电阻等效变换,得 4 A 电流源与 2 Ω 电阻元件并联的实际电流源,如图 1.28(c)所示。

(3)将图 1.28(c)中的实际电流源变换为 8 V 电压源与 2 Ω 电阻元件串联的实际电压源,同时将 3 A 电流源与 2 Ω 电阻元件并联的实际电流源变换为实际电压源,如图 1.28(d)所示。

(4)将图 1.28(d)所示电路化简,得图 1.28(e)所示的实际电压源。

由图 1.28(e)所示电路,得

$$I = \frac{2}{4+6}\ \text{A} = 0.2\ \text{A}$$

1.5 基尔霍夫定律

基尔霍夫定律是德国物理学家基尔霍夫(Kirchhoff,又译为基尔荷夫)提出的。基尔霍夫定律是电路理论中最基本也是最重要的定律之一。它概括了电路中电流和电压分别遵循的基本规律,是分析和计算复杂电路的基础。它包括基尔霍夫电流定律(KCL)和基尔霍夫电压定律(KVL)。前者应用于电路中的节点,后者应用于电路中的回路。

1.5.1 电路的几个常用名词

在讨论基尔霍夫定律之前,先以图 1.29 所示基本电路为例介绍几个电路名词。

节点:三个或三个以上元件的连接点称为节点。图 1.29 所示的电路有两个节点:a 点和 b 点。

支路:连接于两个节点之间的一段无分支电路称为支路。图 1.29 所示电路有三条支路:acb 支路、adb 支路、aeb 支路。其中,acb 支路和 adb 支路中接有电源,称为含源支路;aeb 支路没有电源,称为无源支路。

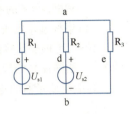

图 1.29 基本电路

回路:电路中的任一闭合路径称为回路。显然,一个电路至少应该有一个回路。如图 1.29 所示电路有三个回路:回路 adbca、回路 aebda 和回路 aebca。

网孔:电路回路内部不含有支路的回路称为网孔。网孔就是不包括其他支路的最简单回路。如图 1.29 所示电路有两个网孔:网孔 adbca、网孔 aebda。注意,回路 aebca 不是网孔,它内部包含了支路 adb。

网孔一定是回路,回路不一定是网孔。在同一电路中,网孔个数小于或等于回路个数。

1.5.2 基尔霍夫电流定律

基尔霍夫电流定律的英文缩写是 KCL,它是描述电路中任意节点所连接的各支路电流之间相互关系的定律。其内容表述为:任一时刻,流入电路中任一节点的电流之和恒等于流出该节点的电流之和。数学表达式为

$$\sum i_\text{入} = \sum i_\text{出} \quad \text{或} \quad \sum I_\text{入} = \sum I_\text{出} \text{(直流)} \tag{1.18}$$

例如,对于如图 1.30 所示的节点,在图示参考方向下,根据 KCL,有

$$I_1 = I_2 + I_3$$

将上式进行等效变换,有

$$I_1 - I_2 - I_3 = 0$$

可见,基尔霍夫定律又可以表述为:任一时刻,电路中任一节点所连接的各支路电流的代数和恒等于 0,即

$$\sum i = 0 \quad \text{或} \quad \sum I = 0 \text{(直流)} \tag{1.19}$$

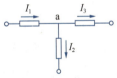

图 1.30 基尔霍夫电流定律

式(1.19)为 KCL 的数学表达式,称为 KCL 方程,又称节点电流方程。

应用式(1.19)时各电流前的符号规定为:参考方向流入(指向)节点 a 的电流取"+"号,流出(背离)节点的电流取"-"号。如图 1.30 所示,流入节点的电流 I_1,前面的符号为"+",流出节点的电流 I_2、I_3 前面的符号为"-"。

基尔霍夫电流定律的理论依据是电流连续性原理,即电荷在电路中的运动是连续的,在任何地方都不能消失,也不能创造,是电荷守恒定律在电路中的体现。基尔霍夫电流定律既适用于线性电路,也适用于非线性电路。

值得注意的是,基尔霍夫电流定律表述的是电路节点所连接的各支路电流之间的关系,与电路所包含元件的性质无关。

列 KCL 方程的步骤如下：
(1) 选定列 KCL 方程的节点。
(2) 假设并标示各电流的参考方向。
(3) 根据各电流的参考方向与该节点的关系(流入还是流出)，确定各电流变量前的符号。
(4) 根据基尔霍夫电流定律，列 KCL 方程。

最后，可根据计算结果(各电流值的正、负号)，确定该电流的实际方向与参考方向的关系(相同还是相反)。

各电流变量前的正、负号与各电流值的正、负号的物理意义完全不同，二者不可混为一谈。

例 1.14 如图 1.31 所示电路中，已知：$I_1 = 2$ A, $I_2 = -1$ A, $I_3 = -5$ A, $I_5 = 3$ A, 求 I_4。

解：由基尔霍夫电流定律，可知
$$I_2 + I_5 = I_1 + I_3 + I_4$$
即
$$I_4 = I_2 + I_5 - I_1 - I_3 = [-1 + 3 - 2 - (-5)] \text{ A} = 5 \text{ A}$$

依据电流连续性原理，KCL 不仅适用于电路中的任意节点，还可以推广应用于电路中的任一假设的封闭面，即在任一瞬间，通过电路中任一假设封闭面的电流代数和为零。

如图 1.32 所示，将这部分电路用一个假想的封闭面包围起来，看成一个节点，称为广义节点，根据基尔霍夫电流定律，有
$$I_1 + I_2 + I_3 = 0$$

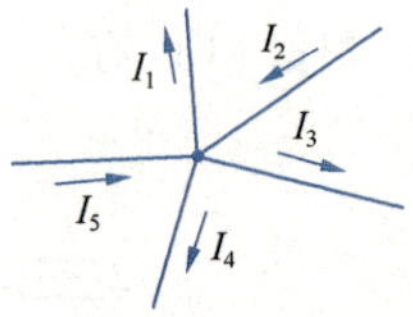

图 1.31 例 1.14 图

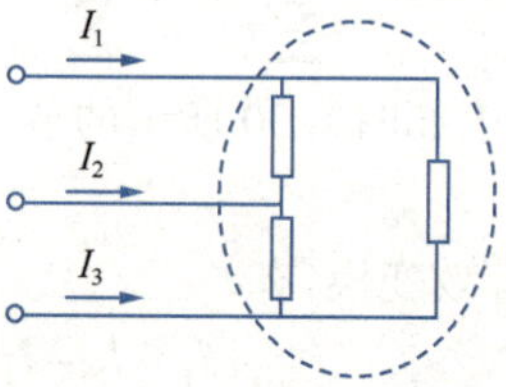

图 1.32 KCL 的扩展应用

例 1.15 如图 1.33 所示是电路的一部分，已知：$I_1 = 2$ A, $I_2 = -1$ A, $I_5 = 3$ A, 计算 AB 支路和 BC 支路的电流。

解：在如图 1.33 所示支路电流参考方向下，对 A 节点，KCL 方程为
$$I_1 - I_2 + I_3 = 0$$
即
$$I_3 = I_2 - I_1 = (-1 - 2) \text{ A} = -3 \text{ A}$$

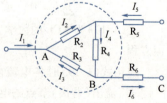

图 1.33 例 1.15 图

将电阻元件 R_4、R_2、R_3 组成的闭合回路看成广义节点，用假想封闭面包围，如图 1.33 虚线所示，该广义节点的 KCL 方程为
$$I_1 + I_5 - I_6 = 0$$

即
$$I_6 = I_1 + I_5 = (2+3)\text{ A} = 5\text{ A}$$

例 1.16 晶体三极管电路如图 1.34 所示,已知:$I_B = 0.05$ mA, $I_C = 2$ mA,计算电流 I_E。

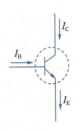

解: 用一个假想的封闭面把晶体三极管包围起来,根据 KCL,有
$$I_E = I_B + I_C = (0.05 + 2)\text{ mA} = 2.05\text{ mA}$$

图 1.34 例 1.16 图

1.5.3 基尔霍夫电压定律

基尔霍夫电压定律的英文缩写是 KVL,是描述电路中任一闭合回路各元件(或各支路)电压之间相互关系的定律。其内容表述为:任一时刻,沿电路任一回路绕行一周,所有电压的代数和恒等于 0,即

$$\sum u = 0 \quad \text{或} \quad \sum U = 0 \text{(直流)} \tag{1.20}$$

式(1.20)为 KVL 的数学表达式,称为 KVL 方程,又称回路电压方程。

式(1.20)各电压前的符号规定:电压参考方向(从 + 到 −)与绕行方向一致时该电压前取"+"号,反之取"−"号。

以如图 1.35 所示电路为例,设绕行方向为顺时针方向,如图 1.35 中虚线所示,从 A 点出发沿回路绕行一周,KVL 方程为

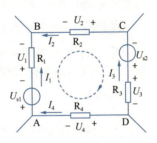

图 1.35 基尔霍夫电压定律

$$U_{s1} + U_1 - U_2 - U_{s2} + U_3 + U_4 = 0$$

根据欧姆定律,上式可改写为

$$U_{s1} + I_1R_1 - I_2R_2 - U_{s2} - I_3R_3 + I_4R_4 = 0$$

归纳:应用式(1.20)时,电阻元件电压降写成 ±IR 形式,若回路绕行方向与电阻元件电流的参考方向一致(绕行时顺着电流的参考方向)时,该电阻元件的电压 IR 前取"+"号,反之取"−"号(可记为顺流取 +,反之取 −);电压源的电压写成 ±U_s 的形式,绕行方向与电压源电压的参考方向一致(绕行时先经过电压源正极)时,U_s 前取"+"号,反之取"−"号(可记为先碰正就取 +,反之取 −)。

将上式作等效变换,有

$$I_1R_1 - I_2R_2 - I_3R_3 + I_4R_4 = -U_{s1} + U_{s2}$$

基尔霍夫电压定律又可表述为:任一时刻回路中所有电阻元件电压降的代数和等于回路中电压源电压的代数和,即

$$\sum IR = \sum U_s \tag{1.21}$$

式(1.21)各变量前的符号规定为:电流参考方向与绕行方向一致时,电阻压降 IR 前取"+"号,反之取"−"号;电压源电压的参考方向与绕行方向一致时,U_s 前取"−"号,反之取"+"号,要注意与式(1.20)的规定进行对比。

基尔霍夫电压定律的理论依据是电位的单值性原理,即相对于电位参考点,任意一点都有确定的电位值。沿任意闭合路径绕行一周,电位有升有降,但电位升的总和一定等于电位降的总和,即其代数和为零,以确保重新回到原出发点,该点电位值不变,是能

量守恒定律在电路中的体现。

基尔霍夫电压定律表述的是电路中任一闭合回路各元件(或各支路)电压之间的相互关系,与电路所包含元件的性质无关。基尔霍夫电压定律既适用于线性电路,也适用于非线性电路。

列 KVL 方程的步骤如下:

(1)选定列 KVL 方程的网孔。

(2)假设并标示回路的绕行方向及各电压、电流的参考方向。

(3)根据各电压、电流的参考方向与该网孔回路的绕行方向的关系(相同还是相反),确定各电压、电流变量前的符号。

(4)根据基尔霍夫电压定律,列 KVL 方程。

最后,可根据计算结果(各电压、电流值的正、负号),确定该电压、电流的实际方向与参考方向的关系(相同还是相反)。

例 1.17 列出如图 1.36 所示电路的节点电流和回路电压方程。

解:设各电流参考方向如图 1.36 所示,根据基尔霍夫电压定律,各节点的电流方程分别为

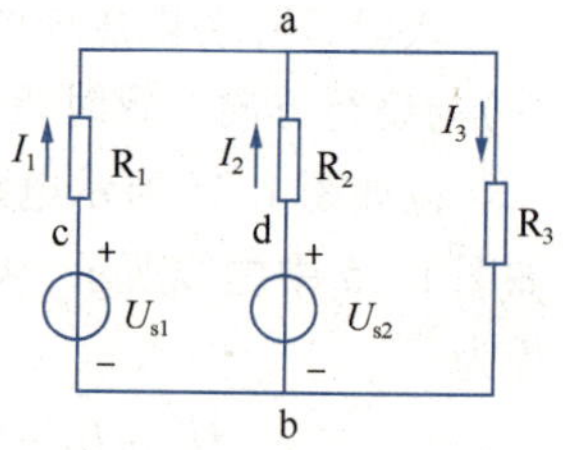

节点 a: $\quad I_1 + I_2 - I_3 = 0 \quad$ ①

节点 b: $\quad -I_1 - I_2 + I_3 = 0 \quad$ ②

上述两个方程中,任意一个都可以由另一个方程导出,即只有一个方程是独立的。

设回路绕行方向为顺时针方向,根据基尔霍夫电压定律,各回路电压方程分别为

adbca 回路: $\quad I_1 R_1 - I_2 R_2 = U_{s1} - U_{s2} \quad$ ③

aR_3bda 回路: $\quad I_2 R_2 + I_3 R_3 = U_{s2} \quad$ ④

aR_3bca 回路: $\quad I_1 R_1 + I_3 R_3 = U_{s1} \quad$ ⑤

图 1.36 例 1.17 图

上述三个方程中,任意一个都可以由其余两个方程导出,即只有两个方程是独立的。

对于具有 n 个节点、b 条支路的复杂电路,只能列出 $(n-1)$ 个独立的 KCL 方程和 $b-(n-1)$ 个独立的 KVL 方程。$b-(n-1)$ 为网孔个数,所以,通常可选网孔来列 KVL 方程。

例 1.18 在如图 1.36 所示电路中,已知:$U_{s1}=20$ V,$U_{s2}=6$ V,$R_1=2$ Ω,$R_2=1$ Ω,$R_3=2$ Ω,试求:各支路电流。

解:将例 1.17 中①、③、④式联立并代入已知数据,得方程组

$$\begin{cases} I_1 + I_2 - I_3 = 0 \\ 2I_1 - I_2 = 20 - 6 \\ I_2 + 2I_3 = 6 \end{cases}$$

解方程组,得

$$I_1 = 6 \text{ A}$$
$$I_2 = -2 \text{ A}$$
$$I_3 = 4 \text{ A}$$

例 1.19 如图 1.37 所示电路,已知:$U_1 = 5$ V,$U_2 = 2$ V,$I = 3$ A,$R_2 = 2$ Ω,试求:U_s、U_3、I_1、I_2、R_1 和 R_3。

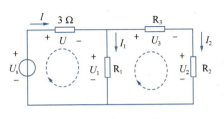

图 1.37 例 1.19 图

解: U_s、R_1 和 3 Ω 电阻元件构成一闭合回路,由基尔霍夫电压定律,得

$$-U_s + U + U_1 = 0$$

即

$$U_s = U + U_1 = 3I + U_1 = (3 \times 3 + 5)\ \text{V} = 14\ \text{V}$$

电阻元件 R_1、R_2 和 R_3 构成一闭合回路,由基尔霍夫电压定律,得

$$-U_1 + U_3 + U_2 = 0$$

即

$$U_3 = U_1 - U_2 = (5 - 2)\ \text{V} = 3\ \text{V}$$

因为 I_2 为通过电阻元件 R_2 的电流,故

$$I_2 = \frac{U_2}{R_2} = \frac{2}{2}\ \text{A} = 1\ \text{A}$$

这个电流也流过电阻元件 R_3,由欧姆定律,得

$$R_3 = \frac{U_3}{I_2} = \frac{3}{1}\ \Omega = 3\ \Omega$$

根据基尔霍夫电流定律,有

$$I - I_1 - I_2 = 0$$

即

$$I_1 = I - I_2 = (3 - 1)\ \text{A} = 2\ \text{A}$$

由欧姆定律,得

$$R_1 = \frac{U_1}{I_1} = \frac{5}{2}\ \Omega = 2.5\ \Omega$$

基尔霍夫电压定律不仅适用于闭合回路,还可以推广应用于电路中的任一不闭合电路,只要将开口处的电压列入方程即可。即在任一瞬间,沿回路绕行一周,假想的回路中各段电压的代数和为零。

例如,在如图 1.38(a) 所示电路中,a、b 两点没有闭合,可以设 a、b 两点间的电压为 U_{ab},参考方向如图所示。从 a 点出发,沿图示方向绕行,基尔霍夫电压方程为

$$U_{ab} + U_{s3} + I_3 R_3 - I_2 R_2 - U_{s2} - I_1 R_1 - U_{s1} = 0$$

可得

$$U_{ab} = U_{s1} + I_1 R_1 + U_{s2} + I_2 R_2 - I_3 R_3 - U_{s3}$$

由此可见,电路中 a、b 两点的电压 U_{ab} 等于以 a 为起点、以 b 为终点,沿任一路径绕行方向上各段电压的代数和。其中,a、b 可以是某一元件或一条支路的两端,也可以是电路中的任意两点。

如图 1.38(b) 所示的电路 KVL 方程为 $U = -IR + U_s$。

例 1.20 在图 1.39 所示的电路,已知:$U_{s1} = 12$ V,$U_{s2} = 3$ V,$R_1 = 3$ Ω,$R_2 = 9$ Ω,$R_3 = 10$ Ω,试求:开口处 ab 两端的电压 U_{ab}。

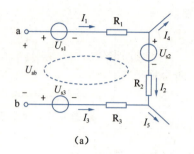
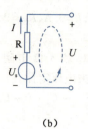

(a)   (b)

图 1.38   KVL 的扩展应用

解：设电流 I_1、I_2、I_3 的参考方向和回路 Ⅰ、Ⅱ 的绕行方向如图 1.39 所示。
对节点 c 列 KCL 方程，有
$$I_1 - I_2 - I_3 = 0$$
因为 ab 处为开路状态，即 $I_3 = 0$，所以 $I_1 = I_2$。
对回路 Ⅰ 列 KVL 方程，有
$$I_1 R_1 + I_2 R_2 - U_{s1} = 0$$
即

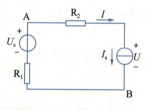

$$I_2 = I_1 = \frac{U_{s1}}{R_1 + R_2} = \frac{12}{3+9} \text{ A} = 1 \text{ A}$$

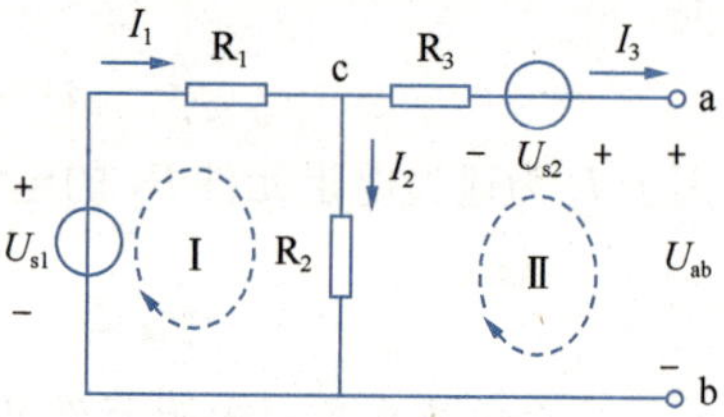

图 1.39   例 1.20 图

对假想的回路 Ⅱ，有
$$U_{ab} = I_2 R_2 - I_3 R_3 + U_{s2} = (1 \times 9 - 0 \times 10 + 3) \text{ V} = 12 \text{ V}$$

例 1.21 在如图 1.40 所示的电路中，已知：$U_s = 11$ V，$I_s = 1$ A，$R_1 = 1$ Ω，$R_2 = 4$ Ω。计算电流源的端电压 U 和电压 U_{AB}。

解：设各电压、电流参考方向如图所示。
根据电流源的性质，电路电流 $I = I_s = 1$ A。
根据基尔霍夫电压定律，列 KVL 方程，有
$$IR_1 - U_s + IR_2 + U = 0$$
代入数据，得
$$U = U_s - IR_1 - IR_2 = (11 - 1 \times 1 - 1 \times 4) \text{ V} = 6 \text{ V}$$
根据 KVL 的扩展应用，列 KVL 方程，有
$$U_{AB} + IR_1 - U_s = 0$$
即
$$U_{AB} = U_s - IR_1 = (11 - 1 \times 1) \text{ V} = 10 \text{ V}$$

图 1.40   例 1.21 图

在包含电流源的电路中，列 KVL 方程时，不要漏掉电流源的端电压。

视频

电路中电位的计算

1.6   电路中电位的计算

在电路分析中，常常利用电路中某些点的电位来分析判断电路的工作情况。例如晶体管的工作状态要根据各个电极的电位来判断；在检测实际工作中的电路时，测量电

位也比测量电流方便。另外,对于比较复杂的电路,用电位表示电路中的某些特殊点可使电路图清晰明了,更便于分析研究。

在1.2节中讲过,电路中某一点的电位 U_A 就是该点到电位参考点 O 的电压,也即 A、O 两点间的电位差,即 $U_A = U_{AO}$。

以图1.41为例,若已知各电源电压、各支路电流和电阻,求 A、B、C 各点电位。

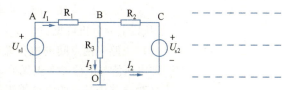

图 1.41 各点电位计算举例

从图可见 $U_O = 0$

$$U_A = U_{AO} = U_{s1} \quad 或 \quad U_A = I_1 R_1 + I_3 R_3$$
$$U_B = U_{BO} = I_3 R_3$$
$$U_C = U_{s2}$$

计算电路中某点电位的方法如下:

(1)确认电位参考点的位置。

(2)确定电路中的电流方向和各元件两端电压的正、负极性。

(3)从被求点开始通过一定的路径绕到电位参考点,则该点的电位等于此路径上所有电压降的代数和。

电阻元件电压降写成 $\pm IR$ 的形式,当电流 I 的参考方向与路径绕行方向一致时,选取"+"号,反之则选取"-"号。电源电压写成 $\pm U_s$ 的形式,当电源电压的方向与路径绕行方向一致(+ → -)时,选取"+"号;反之,则选取"-"号。

例 1.22 如图 1.42 所示电路,已知:$U_{s1} = 45$ V,$U_{s2} = 12$ V,电源内阻忽略不计;$R_1 = 5$ Ω,$R_2 = 4$ Ω,$R_3 = 2$ Ω。求 B、C、D 三点的电位 U_B、U_C、U_D 和电压 U_{AB}、U_{BC}。

解:以电路中 A 点为电位参考点(零电位点),电流方向为顺时针方向,即

$$I = \frac{U_{s1} - U_{s2}}{R_1 + R_2 + R_3} = \frac{45 - 12}{5 + 4 + 2} \text{A} = 3 \text{A}$$

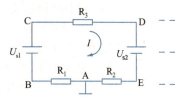

图 1.42 例 1.22 图

B 点电位 $U_B = U_{BA} = -IR_1 = -3 \times 5$ V $= -15$ V;

C 点电位 $U_C = U_{CA} = U_{s1} - IR_1 = (45 - 15)$ V $= 30$ V;

D 点电位 $U_D = U_{DA} = U_{s2} + IR_2 = (12 + 12)$ V $= 24$ V。

$U_{AB} = U_A - U_B = [0 - (-15)]$ V $= 15$ V;

$U_{BC} = U_B - U_C = (-15 - 30)$ V $= -45$ V。

若以 B 点为电位参考点(零电位点),电流的大小和方向不变,则

B 点电位 $U_B = 0$;

C 点电位 $U_C = U_{CB} = U_{s1} = 45$ V;

D 点电位 $U_D = U_{DB} = U_{s2} + IR_2 + IR_1 = (12 + 12 + 15)$ V $= 39$ V;

或者 $U_D = U_{DB} = -IR_3 + U_{s1} = (-6 + 45)$ V $= 39$ V;

A 点电位 $U_A = U_{AB} = IR_1 = 3 \times 5$ V $= 15$ V。

$U_{AB} = U_A - U_B = (15 - 0)$ V $= 15$ V；

$U_{BC} = U_B - U_C = (0 - 45)$ V $= -45$ V。

从以上的分析可见：

(1)电路中两点间的电位差(即电压)是绝对的,不随电位参考点的不同而发生变化,即电压值与电位参考点无关。

(2)电路中某点的电位等于该点与参考点之间的电压,电路中某一点的电位则是相对电位参考点而言的,电位参考点不同,该点电位值也不同。

(3)电位(或者电压)与路径无关。

例如,在例 1.22 中,假如以 E 点为电位参考点,则

A 点的电位变 $U_A = U_{AE} = -IR_2 = -3 \times 4$ V $= -12$ V；

B 点的电位变 $U_B = U_{BE} = -IR_1 - IR_2 = (-3 \times 5 - 3 \times 4)$ V $= -27$ V；

C 点的电位变 $U_C = U_{CE} = IR_3 + U_{s2} = (3 \times 2 + 12)$ V $= 18$ V；

D 点的电位变为 $U_D = U_{DE} = U_{s2} = 12$ V。

$U_{AB} = U_A - U_B = [-12 - (-27)]$ V $= 15$ V；

$U_{BC} = U_B - U_C = (-27 - 18)$ V $= -45$ V。

明确了电位的概念后,就可以简化电路了,当参考点选定以后可以不画出电源,各端钮以电位来表示,例如图 1.41 可简化为如图 1.43 所示的电路。

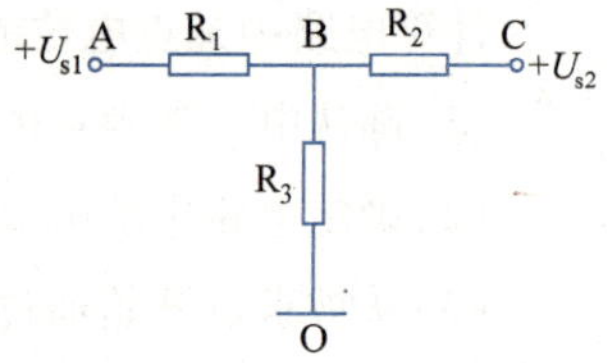

图 1.43 图 1.41 简化结果

小 结

1. 电路及电路模型

(1)基本理想电路元件有电阻元件、电感元件、电容元件、电压源、电流源等。

(2)由理想电路元件组成的电路是实际的电路模型,简称电路。

(3)电路由电源、负载、中间环节三个基本部分组成。

(4)电路有负载、开路、短路三种工作状态。

2. 电路变量及参考方向

(1)电路的基本物理量有电压、电流、功率、电位等。

(2)电压、电流的参考方向是假定的;其值为正,表示实际方向与参考方向相同,否则相反;电压、电流的参考方向一致时为关联参考方向。

(3)功率 $P = \pm UI$;如果元件的电压和电流是关联参考方向,公式取正号,反之取负号;如果计算结果 $P > 0$,表示元件吸收功率,起负载作用,反之释放功率,起电源作用;电路中各元件产生的功率与元件消耗的功率相等。

(4)电路中某点与参考点之间的电压称为该点的电位;一个电路只能有一个参考点;参考点改变,各点电位值随之改变,但任意两点间的电压不变;电路中电位相等的点称为等电位点。

3. 电阻元件

（1）电阻表示元件对电流的阻碍能力。

（2）电阻元件的电压、电流取关联参考方向时，$U=IR,P=UI=I^2R=U^2/R$。

（3）电阻元件是耗能元件，其吸收的能量转换成热能或其他形式的能消耗掉。

4. 电压源和电流源

（1）直流电压源端电压不变，流过的电流可以改变。

（2）直流电流源流过的电流不变，端电压可以改变。

（3）实际电源可由电压源 U_s 与电阻元件 R_0 串联或电流源 I_s 与电阻元件 R_0' 并联的电路模型等效；相互之间等效变换的条件是 $I_s=U_s/R_0$ 或 $U_s=I_sR_0'$，且 $R_0=R_0'$。

（4）电压源不得短路；电流源不得开路。

5. 电路的基本定律

（1）欧姆定律表示电阻元件中电压与电流之间的关系，电压、电流取关联参考方向时，$U=IR$，否则 $U=-IR$。

（2）基尔霍夫电流定律表示电路中任一节点各电流之间的关系，$\sum I=0$，列 KCL 方程时应先假定各电流的参考方向。

（3）基尔霍夫电压定律表示电路中任一闭合回路各电压之间的关系，$\sum U=0$，列 KVL 方程应先假定各电压参考方向和回路绕行方向。

6. 电位的计算

在电路中选定某一点 O 为电位参考点，即规定该点的电位为 0，$U_O=0$。电路中某一点 A 的电位 U_A 是该点到电位参考点 O 的电压，也即 A、O 两点间的电位差，即 $U_A=U_{AO}=U_A-U_O$。

拓展阅读

防电击接地保护电路

在这个迅猛发展的时代随处可以看到各种电子产品和设备。设备正常运行离不开电，在正常用电的同时，特别需要注意用电安全，如果稍有麻痹或疏忽很可能造成人身触电事故，甚至引起火灾或爆炸。

人体是导电体，人体的电阻抗在 700～6 100 W，电阻大小主要取决于皮肤潮湿程度、电流径路、接触面积、接触电压等。一旦有电流通过人体时，将会受到不同程度的危害，而这种危害程度主要取决于通过人体电流的大小和通电时间的长短。能引起人感觉到的最小电流值称为感知电流，交流为 1 mA，直流为 5 mA。人触电后能自己摆脱的最大电流称为摆脱电流，交流为 10 mA，直流为 50 mA，故 10 mA 称为通过人身的交流安全电流。在较短的时间内危及生命的电流称为致命电流。

工业用电电压一般为 380 V，生活用电电压一般为 220 V，一般情况下，人体能够接受的最大安全电压为 36 V。人需谨记安全用电，为了保障设备安全、人身安全，通常采用设备外壳接地、串联熔断器、使用漏电保护器、采用不接地的局部等电位连接等，其中最常见的便是设备外壳接地。一般来说用电设备在使用过程中，设备本身是安全、不导电的,但若设备外壳受损,则会存在漏电,而外壳接地措施则会使得电路中大部分漏电电流通过接地流向大地,流过接触设备外壳的人体的电流便很小,从而在一定程度上保证人身安全,实际电路如图1.44所示。这个过程便可以用理想元件重构电路模型来分析,图1.45所示为防电击接地电路模型。

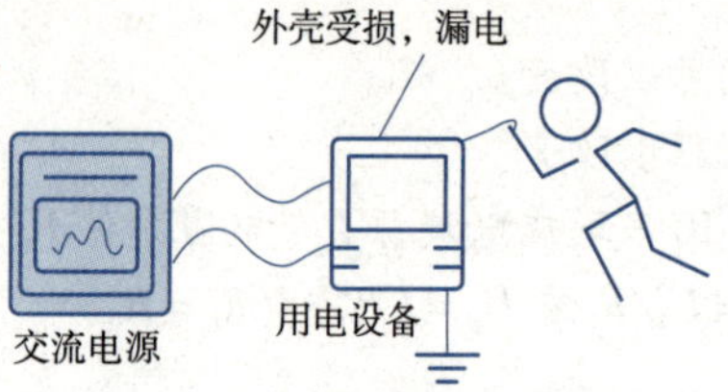

图1.44 防电击接地电路

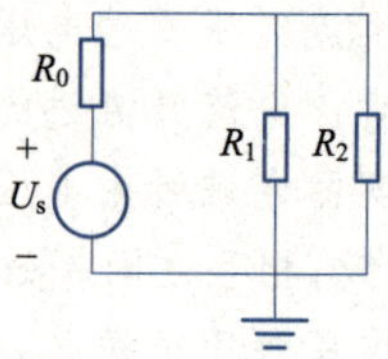

图1.45 防电击接地电路模型

电路模型中,U_s是交流电源,R_0是电源内阻,R_1是用电设备外壳接地电阻,R_2是人体接地的等效电阻。由于R_1比R_2小得多,所以大部分电流经外壳地线直接流向大地。这里,接地电阻越小,流过人体的电流就越小。

习 题 1

1. 填空题

(1) 电路就是_____流过的路径,电路一般由_____、_____和_____三部分组成。

(2) 电阻元件、电感元件、电容元件、理想电压源、理想电流源的图形符号分别为_____、_____、_____、_____、_____。

(3) 当电流、电压、电动势的实际方向与参考方向相同时,其值为_____;实际方向与参考方向相反时,其值为_____。

(4) 单电源闭合回路中,对外电路而言,电流是从_____电位流向_____电位;对内电路而言,电流是从_____电位流向_____电位。

(5) 电压是衡量电场力_____能力的物理量,电路中某两点之间的电压等于该两点的_____。

(6) 在直流电路中,某点的电位等于_____与_____之间的电压。

(7) 某点电位的高低与_____的选择有关,若选择不同,同一点电位的高低可能会不同。

(8) 电阻定律指出,导体的电阻与导体的_____成正比,与导体的_____成反比,并与导体的材料性质有关。

(9) 对于_____电阻,当选择电压的参考方向与电流的参考方向为_____时,有$U=IR$。

(10) 在一段电路中,流过导体的电流与这段导体的_____成正比,而与这段导体的_____成反比。

(11) 电流在单位时间内所做的功称为_____。

(12)基尔霍夫第一定律又称节点电流定律,其内容是_____,数学表达式是_____。

(13)基尔霍夫第二定律又称回路电压定律,其内容是_____,数学表达式是_____。

(14)电路如图 1.46 所示,求 A、B、C、O 各点电位以及 U_{AB}、U_{BC}、U_{AC}。

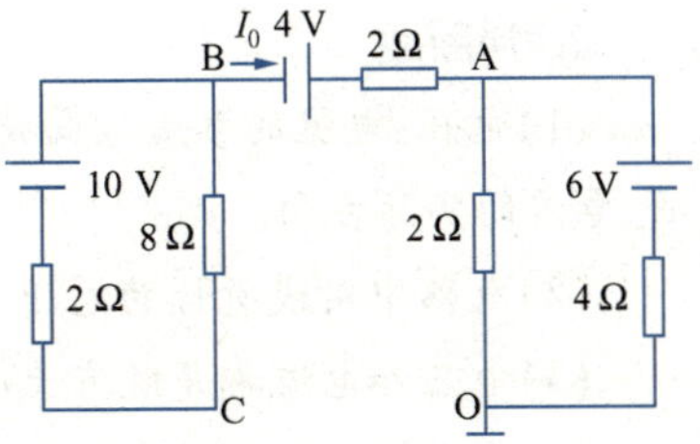

图 1.46 题 1.(14)图

(15)如图 1.47 所示电路,当 $I = 2$ A 时,$U =$ _____,外电路的 $P =$ _____;当 $I = -2$ A 时,$U =$ _____,外电路的 $P =$ _____。

(16)如图 1.48 所示电路,$I_1 =$ _____,$I =$ _____,$R_2 =$ _____。

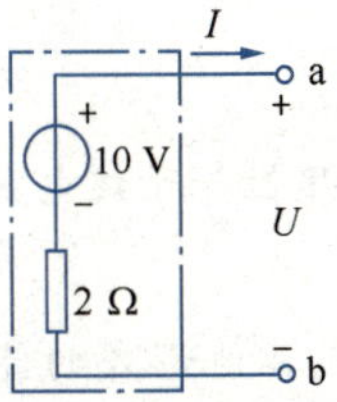

图 1.47 题 1.(15)图

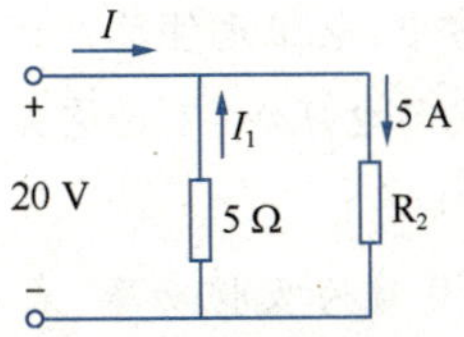

图 1.48 题 1.(16)图

(17)如图 1.49 所示两个电路,图 1.49(a)中 a、b、c 点电位分别为 _____、_____,$U_{ab} =$ _____,$U_{cd} =$ _____。图 1.49(b)中 A 点电位为 _____。

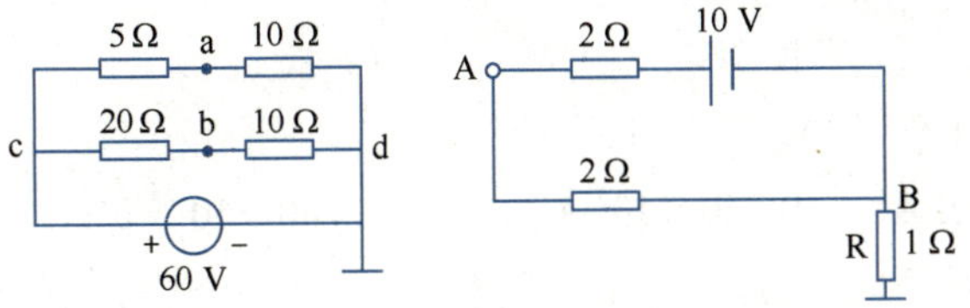

图 1.49 题 1.(17)图

(18)如图 1.50 所示电路,$U_{ab} =$ _____,$I =$ _____,$I' =$ _____,$U =$ _____,$\sum P_R =$ _____,电流源功率 $P_{Is} =$ _____。

(19)如图 1.51 所示电路,$R = 2$ Ω。若选定 D 点为参考点,当 S 闭合时,A、B、C、D 各点的电位分别为 _____、_____、_____、_____,$U_{AB} =$ _____,$U_{BC} =$ _____;当 S 断开时,A、B、C、D 各点的电位分别为 _____、_____、_____、_____,$U_{AB} =$ _____,$U_{BC} =$ _____。

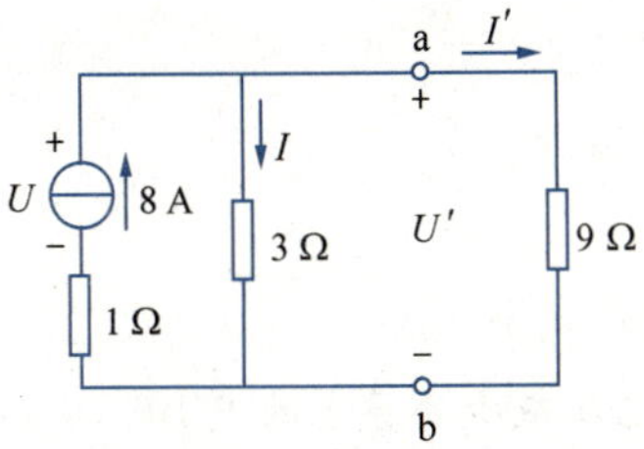

图 1.50 题 1.(18)图

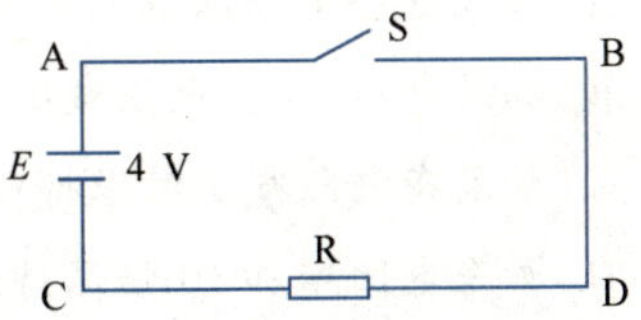

图 1.51 题 1.(19)图

2. 判断题

(1) 电压、电流的参考方向是为了分析计算方便而假设的方向,实际电路中只有电压、电流的实际方向。( )

(2) 电路中实线所标的电压、电流的方向为电压、电流的参考方向。( )

(3) 电压和电流都是既有大小又有方向的物理量,它们都是矢量。( )

(4) 电路中各电压的参考方向是由人为选定的,在计算过程中为了方便,对于同一电压,可多次选择参考方向。( )

(5) 电流的实际方向总是从高电位指向低电位的。( )

(6) 用电位的概念分析电路时,无论如何选择参考电位点,各点电位值总是一样的。( )

(7) 在电路中,电阻元件总是消耗能量的,是耗能元件。( )

(8) 一个实际电压源,不论它是否外接负载,其两端电压恒等于该电源的电动势。( )

(9) 当 $P>0$ 时为吸收功率,表示将电能转换成热能或其他形式的能消耗掉(如负载);当 $P<0$ 时为输出功率,表示向外界提供能量(如电源)。( )

(10) 电位和电压是意义和单位都不相同的两个物理量。( )

3. 选择题

(1) 国际单位制中电流的单位是( )。

    A. 伏   B. 安   C. 欧   D. 库

(2) 40 mA 等于( )。

    A. 4×10^{-3} A   B. 40×10^{3} A   C. 40×10^{-3} μA   D. 40×10^{3} μA

(3) 0.10 mA 等于( )。

    A. 100 μA   B. 10^{-2} μA   C. 10^{3} μA   D. 10^{-3} μA

(4) 电阻元件上电流的实际方向( )。

    A. 与电子的定向流动方向相同   B. 与电子的流动数量相同

    C. 从高电位流向低电位   D. 从低电位流向高电位

(5) 一加热元件接在 220 V 电压上,流过该元件的电流是 1.1 A,则该元件的电阻是( )。

    A. 242 Ω   B. 200 Ω   C. 100 Ω   D. 50 Ω

(6) 在电阻元件 R 两端加上电压 U,使电流 I 流过这个电阻元件,不正确的叙述是( )。

    A. 如果这个电阻两端的电压增加,则电流增加

    B. 如果电压不变,电阻减小,则电流增加

    C. 如果在电阻减小时保持电流不变,则电压减小

    D. 如果电阻增加 10 倍保持电流不变,则电压减小为原来的 1/10

(7) 如图 1.52 所示电路,当 S 断开时,电压表的读数是 24 V,则 S 闭合时,电压表的

读数是(　　)。

　　A. 24 V　　　　B. 20 V　　　　C. 18 V　　　　D. 16 V

(8) 如图 1.53 所示电路,点画线框中的电路可看成一个(　　)。

　　A. 实际电压源　　B. 实际电流源　　C. 理想电压源　　D. 理想电流源

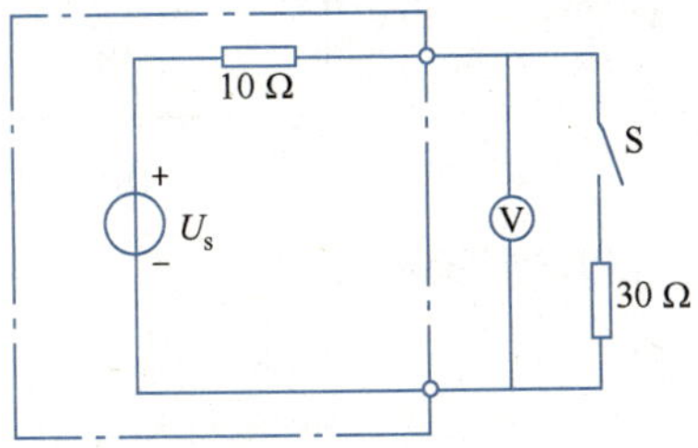

图 1.52　题 3.(7)图

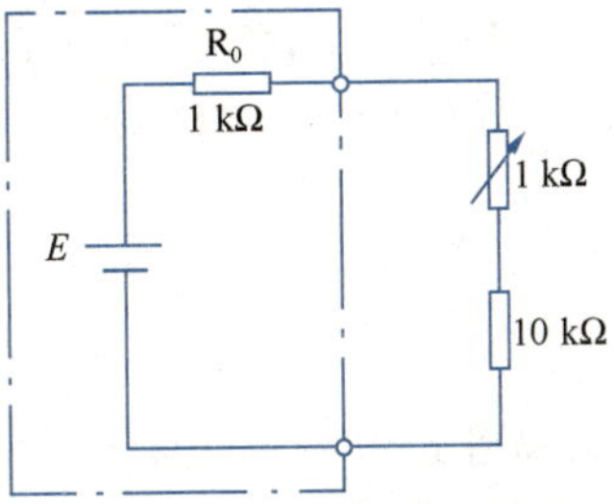

图 1.53　题 3.(8)图

(9) 如果一电池所接的负载为 100 Ω 时,其端电压减小 20%,则该电池内电阻等于(　　)。

　　A. 20 Ω　　　　B. 25 Ω　　　　C. 400 Ω　　　　D. 500 Ω

(10) 电路的伏安特性如图 1.54 所示,电阻器的阻值为(　　)。

　　A. 10^7 Ω　　　B. 10^4 Ω　　　C. 10^2 Ω　　　D. 10 Ω

(11) 如图 1.55 所示电路,该电阻器上的电压是(　　)。

　　A. 1 V　　　　B. 2.5 V　　　　C. 4 V　　　　D. 5 V

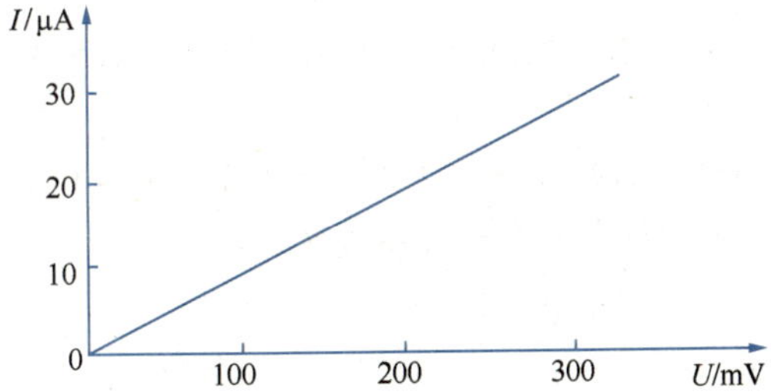

图 1.54　题 3.(10)图

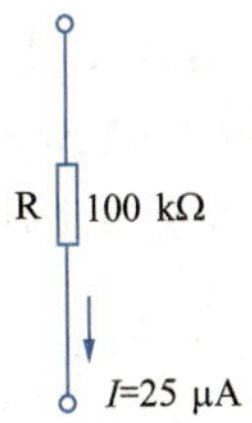

图 1.55　题 3.(11)图

(12) 如图 1.56 所示电路,对阻值为 10 Ω 的电阻器的电压和电流进行了测量,叙述正确的是(　　)。

　　A. P_1 的读数为 100 mV,P_2 的读数为 10 mA

　　B. P_1 的读数为 10 μA,P_2 的读数为 100 mV

　　C. P_1 的读数为 10 V,P_2 的读数为 1 A

　　D. P_1 的读数为 2.5 mA,P_2 的读数为 25 mV

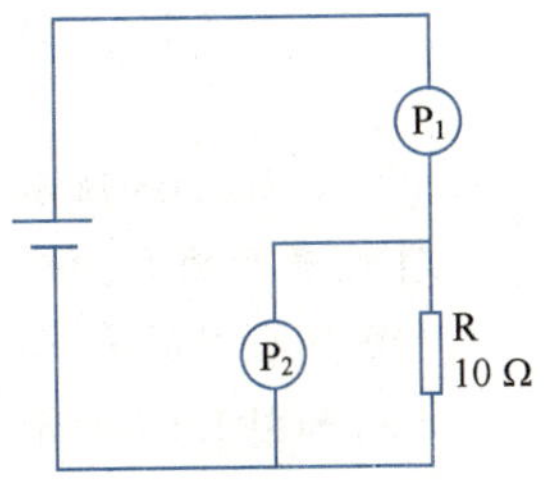

图 1.56　题 3.(12)图

4. 计算题

(1) 如图 1.57 所示电路,已知:$I_1 = 1.5$ A,$I_2 = 2.5$ A,$I_3 = -1$ A,$U_1 = 1$ V,$U_2 = U_3 = 3$ V,$U_4 = -2$ V。确定各电压、电流的实际方向,指出哪段电

压、电流是非关联参考方向。

(2) 如图 1.58 所示电路,分别计算图 1.58(a)、(b) 电路的电压 U。问当电阻元件 R 的阻值变化时,电压 U 是否变化?为什么?

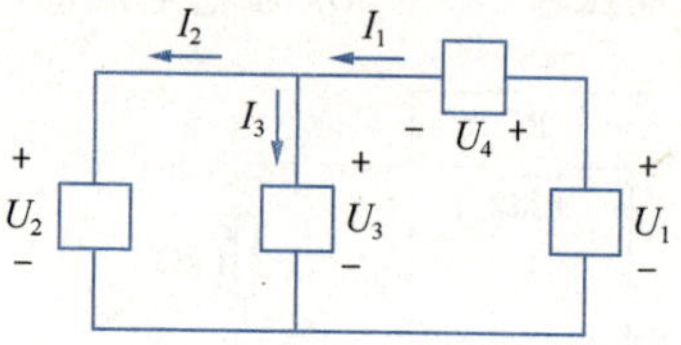

图 1.57 题 4.(1) 图

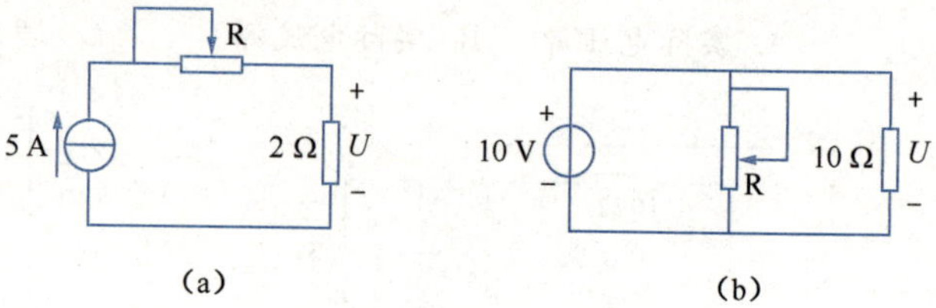

图 1.58 题 4.(2) 图

(3) 如图 1.59 所示电路。
① 计算电流源的端电压;
② 计算电路中各元件的功率,指出是吸收功率还是释放功率。

(4) 如图 1.60 所示电路。
① 计算电流 I_1、I;
② 计算电路中各元件的功率,指出是吸收功率还是释放功率。

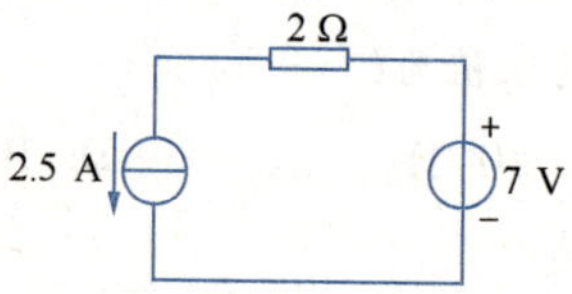

图 1.59 题 4.(3) 图

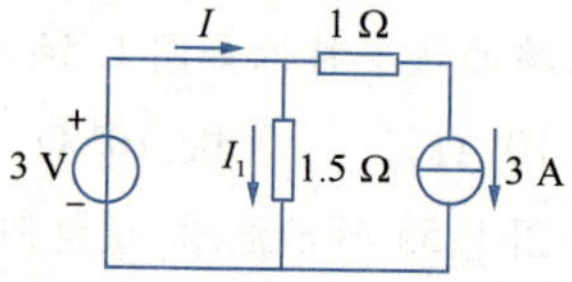

图 1.60 题 4.(4) 图

(5) 如图 1.61 所示为某电路的一部分。已知流过节点 A 的电流 $I_1 = 1.5$ A,$I_2 = -2.5$ A,$I_3 = 3$ A,计算电流 I_4。

(6) 如图 1.62 所示为某电路的一部分。已知:$I_1 = -4$ A,$I_2 = 3.5$ A,$I_3 = 1$ A,$I_4 = 8$ A,计算流过电阻元件 R 的电流 I_R 和汇交于节点 B 另一支路的电流 I_5。

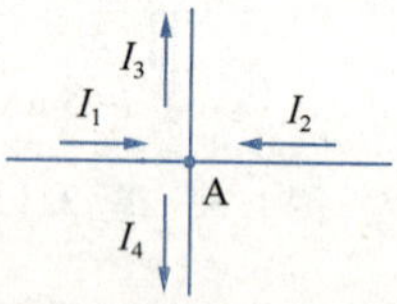

图 1.61 题 4.(5) 图

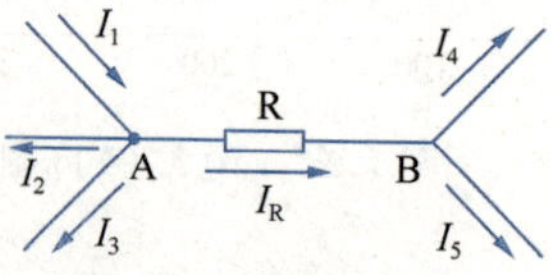

图 1.62 题 4.(6) 图

(7) 如图 1.63 所示电路。求
① 断开时的 U_{ab} 和 I_s;
② S 闭合时的 U'_{ab} 和 I'_s。

(8) 如图 1.64 所示电路,求开路电压 U_{ab}。

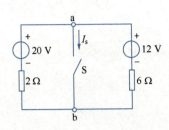

图1.63 题4.(7)图

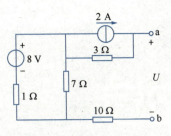

图1.64 题4.(8)图

(9) 如图 1.65 所示电路, 已知 15 Ω 电阻元件上的电压为 30 V, 求电阻元件 R 的阻值及电压 U_{ab}。

(10) 如图 1.66 所示电路, 用等效变换的方法求 3 Ω 电阻中的电流 I。

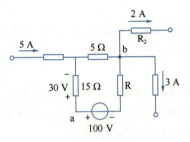

图1.65 题4.(9)图

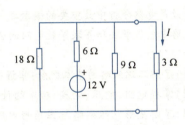

图1.66 题4.(10)图

(11) 如图 1.67 所示电路, 用等效变换的方法求 5 Ω 电阻中的电流 I。

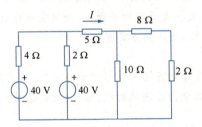

图1.67 题4.(11)图

第2章

线性电路分析方法

等效是电路分析中最重要的概念之一,也是分析电路的重要方法。在中学物理中,学习了电路中电阻串联和并联等效电阻的公式,现在进一步学习电路中有关等效的知识。

学习目标

(1) 了解二端网络的基本概念;掌握电阻串联、并联、混联的连接方式及其等效电路。

(2) 掌握电阻、电压、电流、功率的计算及串联电阻分压、并联电阻分流的关系。

(3) 了解星形电阻网络与三角形电阻网络的相互等效变换关系。

(4) 掌握支路电流法、网孔电流法和节点电压法等电路的一般分析方法。

(5) 理解叠加定理的条件和内容,会用叠加定理分析含有两个直流电源的电路。

(6) 掌握戴维南定理的条件和内容,分析求解有源二端网络的戴维南等效电路。

(7) 了解电压表、电流表扩大量程的原理,会使用直流电压表、电流表和直流稳压电源等。能连接有关直流电路,验证相关定理和定律。

素质目标

(1) 通过多种线性电路分析方法的学习培养多方位、多角度思考、解决问题的能力。

(2) 通过多种线性电路分析方法的对比,培养归纳、总结的能力。

2.1 电阻电路等效变换

2.1.1 二端网络等效的概念

1. 二端网络的概念

在电路分析中,会把由很多元件组成的但只有两个端钮与外部连接的电路看作一个整体。这样,将通过引出一对端钮与外电路连接的电路部分称为二端网络。二端网络中电流从一个端钮流入,从另一个端钮流出,这样的一对端钮形成了网络的一个端口,故二端网络又称一端口网络(或称单口网络),如图2.1所示,$i = i'$。二端网络通常分为无源二端网络和有源二端网络两类。二端网络内部不含有电源的称为无源二端网络,二端网络内部含有电源的称为有源二端网络。

图 2.1 二端网络示意图

2. 二端网络的等效

在二端网络端钮处具有相同的端电压、端电流及其伏安关系(VAR)的两个网络,称为等效(equivalence)。如图 2.2 所示,如果二端网络 N_1 端钮的伏安关系与二端网络 N_2 端钮的伏安关系相同,即 $u_1 = f(i_1)$ 和 $u_2 = f(i_2)$ 相同,则称 N_1 与 N_2 是等效的。相互等效的网络在由它们组成的电路中可以相互替换。

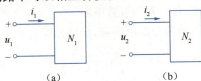

图 2.2 二端网络的等效

3. 等效化简的步骤

(1)在电路中某两个关联的节点处作分解,把电路分解成两个或多个部分。
(2)分别对各部分进行等效化简,求出其最简的等效电路。
(3)用最简的等效电路替代原电路,求出端钮处的电压或电流。
(4)若还需求电路中其他支路上的电压或电流,再回到原电路,根据已求得的端电压或端电流进行计算。

2.1.2 电阻的串联及等效

电阻的串联:电路中的电阻一个一个地顺序相连,并且流过同一电流,这样的连接方式称为电阻的串联。

电阻串联时可以用一个等效电阻,又称总电阻来代替,等效的条件是在同一电压作用下电流保持不变。

图 2.3(a)所示三个电阻串联时,根据 KVL 有

$$U = U_1 + U_2 + U_3 = I(R_1 + R_2 + R_3) = IR$$

式中,R 为等效电阻,$R = R_1 + R_2 + R_3$。

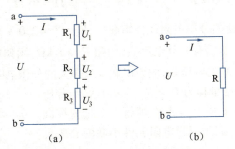

图 2.3 电阻的串联及等效电阻

设电阻串联电路中电流为 I、总电压为 U,则串联电路有以下特点:
(1)电流处处相等。
(2)总电压等于各个电阻电压之和,即

$$U = U_1 + U_2 + U_3 + \cdots + U_n \tag{2.1}$$

(3)等效电阻等于各个电阻之和,即

$$R = R_1 + R_2 + R_3 + \cdots + R_n \tag{2.2}$$

（4）电阻上的电压分配与电阻成正比，即

$$U_1 : U_2 : U_3 : \cdots : U_n = R_1 : R_2 : R_3 : \cdots : R_n \tag{2.3}$$

$$U_1 = \frac{R_1 U}{R} \quad U_2 = \frac{R_2 U}{R} \quad U_3 = \frac{R_3 U}{R} \tag{2.4}$$

电阻串联具有分压作用，其中 R 为等效电阻。

式（2.4）称为分压公式，若两个电阻串联，分压公式为

$$\begin{cases} U_1 = \dfrac{R_1}{R}U = \dfrac{R_1}{R_1 + R_2}U \\ U_2 = \dfrac{R_2}{R}U = \dfrac{R_2}{R_1 + R_2}U \end{cases}$$

可见电阻串联时，阻值大的电阻分到的电压大。

（5）电阻上的功率分配与电阻成正比。

$$P_1 : P_2 : P_3 : \cdots : P_n = R_1 : R_2 : R_3 : \cdots : R_n \tag{2.5}$$

例 2.1 有一盏额定电压为 $U_1 = 40$ V、额定电流为 $I = 5$ A 的照明灯，应该怎样把它接入电压为 220 V 的照明电路中。

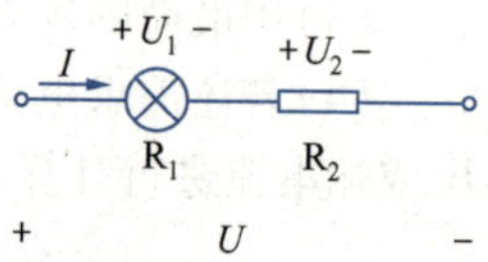

解：应将照明灯（设电阻为 R_1）与一只分压电阻元件 R_2 串联后，接入 $U = 220$ V 电源上，如图 2.4 所示。

解法 1：分压电阻元件 R_2 上的电压

$$U_2 = U - U_1 = (220 - 40) \text{ V} = 180 \text{ V}$$

且 $U_2 = R_2 I$，则

$$R_2 = \frac{U_2}{I} = \frac{180}{5} \text{ Ω} = 36 \text{ Ω}$$

图 2.4 例 2.1 图

解法 2：利用两只电阻元件串联的分压公式 $U_1 = \dfrac{R_1}{R_1 + R_2}U$，且 $R_1 = \dfrac{U_1}{I} = \dfrac{40}{5}$ Ω $= 8$ Ω，可得

$$R_2 = R_1 \frac{U - U_1}{U_1} = 8 \times \frac{220 - 40}{40} \text{ Ω} = 36 \text{ Ω}$$

即将照明灯与一只 36 Ω 的分压电阻元件串联后，接入 $U = 220$ V 电源上即可。

例 2.2 如图 2.5 所示有一只电流表，内阻 $R_g = 1$ kΩ，满偏电流为 $I_g = 100$ μA，要把它改成量程为 $U_n = 3$ V 的电压表，应该串联一只多大的分压电阻元件？

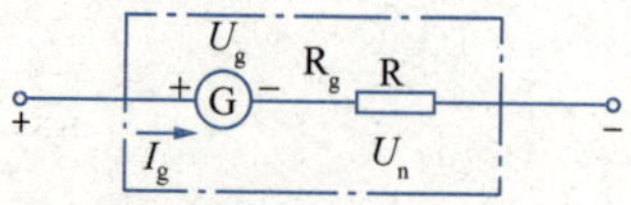

解：该电流表的电压量程为 $U_g = R_g I_g = 0.1$ V，与分压电阻元件 R 串联后的总电压 $U_n = 3$ V，即将电压量程扩大到 $n = U_n / U_g = 30$（倍）。利用两只电阻元件串联的分压公式，可得 $U_g = \dfrac{R_g}{R_g + R} U_n$，则

$$R = \frac{U_n - U_g}{U_g} R_g = \left(\frac{U_n}{U_g} - 1\right) R_g = (n - 1) R_g = 29 \text{ kΩ}$$

图 2.5 例 2.2 图
（注：两个端钮的 +、- 号表示 U_n 的极性）

上式表明，将一只量程为 U_g、内阻为 R_g 的表头扩大到量程为 U_n，所需要的分压电阻为 $R = (n - 1) R_g$，其中 $n = (U_n / U_g)$ 称为电压量程扩大倍数。请思考是否可用式（2.3）计算 R。

2.1.3 电阻的并联及等效

电阻的并联:两个或两个以上的电阻连接在两个公共的节点之间,并且承受同一电压,这样的连接方式称为电阻的并联,图 2.6(a)所示为三个电阻并联的情况,图 2.6(b)所示为其等效电阻电路。

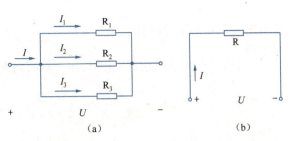

图 2.6 电阻的并联及等效电阻

视频

电阻并联的小秘密

如图 2.6(a)中三个电阻并联时,根据 KCL 有

$$I_1 + I_2 + I_3 = \left(\frac{1}{R_1} + \frac{1}{R_2} + \frac{1}{R_3}\right)U = (G_1 + G_2 + G_3)U = GU$$

式中,$G = G_1 + G_2 + G_3 = \dfrac{1}{R}$,为总电阻的倒数,称为总电导。

设电阻并联电路中总电流为 I、电压为 U、总功率为 P,并联电路有以下特点:

(1)并联电阻两端电压相等。
(2)等效电导等于各个支路电导之和。

$$G = G_1 + G_2 + \cdots + G_n$$

即

$$\frac{1}{R} = \frac{1}{R_1} + \frac{1}{R_2} + \cdots + \frac{1}{R_n} \tag{2.6}$$

动画

电阻的并联特点

(3)总电流等于各个支路电流之和。

$$I = I_1 + I_2 + \cdots + I_n \tag{2.7}$$

(4)电流分配与电阻成反比(与电导成正比)。

$$I_1 : I_2 : I_3 : \cdots : I_n = \frac{1}{R_1} : \frac{1}{R_2} : \frac{1}{R_3} : \cdots : \frac{1}{R_n} = G_1 : G_2 : G_3 : \cdots : G_n \tag{2.8}$$

(5)功率分配与电阻成反比。

$$P_1 : P_2 : P_3 : \cdots : P_n = \frac{1}{R_1} : \frac{1}{R_2} : \frac{1}{R_3} : \cdots : \frac{1}{R_n} = G_1 : G_2 : G_3 : \cdots : G_n \tag{2.9}$$

特例:两只电阻 R_1、R_2 并联时,等效电阻 $R = \dfrac{R_1 R_2}{R_1 + R_2}$,则分流公式为

$$I_1 = \frac{R_2}{R_1 + R_2} I \quad I_2 = \frac{R_1}{R_1 + R_2} I \tag{2.10}$$

例 2.3 如图 2.7 所示,电源供电电压 $U = 220$ V,每根输电导线的电阻均为 $R_1 = 1\ \Omega$,电路中一共并联 100 盏额定电压 220 V、额定功率 40 W 的照明灯。假设照明灯在工作(发光)时电阻值为常数。试求:

(1)当只有 10 盏照明灯工作时,每盏照明灯的电压 U_L 和功率 P_L。

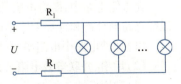

图 2.7 例 2.3 图

(2)当 100 盏照明灯全部工作时,每盏照明灯的电压 U_L 和功率 P_L。

解: 每盏照明灯的电阻为 $R = \dfrac{U^2}{P} = 1\ 210\ \Omega$,$n$ 盏照明灯并联后的等效电阻为 $R_n = \dfrac{U^2}{nP}$,根

据分压公式,可得每盏照明灯的电压为 $U_L = \dfrac{R_n}{2R_1 + R_n}U$。每盏照明灯的功率为 $P_L = \dfrac{U_L^2}{R}$。

(1)当只有10盏照明灯工作时,即 $n = 10$,则 $R_n = \dfrac{R}{n} = 121\ \Omega$,可得

$$U_L = \dfrac{R_n}{2R_1 + R_n}U = \dfrac{121}{2 \times 1 + 121} \times 220\ \text{V} = 216.4\ \text{V}$$

$$P_L = \dfrac{U_L^2}{R} = \dfrac{216.4^2}{1\ 210}\ \text{W} = 38.7\ \text{W}$$

(2)当100盏照明灯全部工作时,即 $n = 100$,则 $R_n = \dfrac{R}{n} = 12.1\ \Omega$,

$$U_L = \dfrac{R_n}{2R_1 + R_n}U = \dfrac{12.1}{2 \times 1 + 12.1} \times 220\ \text{V} = 188.8\ \text{V}$$

$$P_L = \dfrac{U_L^2}{R} = \dfrac{188.8^2}{1\ 210}\ \text{W} = 29.5\ \text{W}$$

请读者从这个例题归纳出负载不同的情况下,输电线上的电阻(电压)对负载实际功率有何影响。

例 2.4 有一只微安表,满偏电流为 $I_g = 100\ \mu\text{A}$、内阻 $R_g = 1\ \text{k}\Omega$,要改装成量程为 $I = 100\ \text{mA}$ 的电流表,试求:所需分流电阻 R。

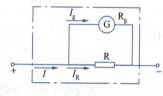

图 2.8 例 2.4 图

解:如图 2.8 所示,设 $n = \dfrac{I}{I_g}$(称为电流量程扩大倍数),根据分流公式,可得

$$I_g = \dfrac{R}{R_g + R}I$$

式中,$R = \dfrac{R_g}{n - 1}$,本题中 $n = \dfrac{I}{I_g} = 1\ 000$,$R = \dfrac{R_g}{n - 1} = \dfrac{1\ \text{k}\Omega}{1\ 000 - 1} \approx 1\ \Omega$。

上式表明,将一只量程为 I_g、内阻为 R_g 的表头扩大到量程为 I,所需要的分流电阻为 $R = \dfrac{R_g}{n - 1}$,式中,$n = \dfrac{I}{I_g}$ 称为电流量程扩大倍数。请思考如何利用式(2.8)计算本题。

2.1.4 电阻的混联及等效

在电阻电路中,既有电阻的串联又有电阻的并联的连接关系,称为电阻的混联。对混联电路的分析和计算大体上可分为以下几个步骤:

(1)厘清电路中电阻串、并联关系,必要时重新画出串、并联关系明确的电路图。
(2)用串、并联等效电阻公式计算出电路中总的等效电阻。
(3)利用已知条件进行计算,确定电路的总电压与总电流。
(4)根据电阻分压关系和分流关系,逐步推算出各支路的电流或电压。

例 2.5 如图 2.9 所示,已知:$R_1 = R_2 = 8\ \Omega$,$R_3 = R_4 = 6\ \Omega$,$R_5 = R_6 = 4\ \Omega$,$R_7 = R_8 = 24\ \Omega$,$R_9 = 16\ \Omega$;电压 $U = 224\ \text{V}$。试求:

(1)电路总的等效电阻 R_{AB} 与总电流 I;

(2) 电阻元件 R_9 两端的电压 U_9 与通过它的电流 I_9。

解：(1) R_5、R_6、R_9 三个电阻元件串联后,再与 R_8 并联,E、F 两端等效电阻为 $R_{EF}=(R_5+R_6+R_9)//R_8=24\ \Omega//24\ \Omega=12\ \Omega$(符号"//"表示并联关系)。

R_{EF}、R_3、R_4 串联后,再与 R_7 并联,C、D 两端等效电阻 $R_{CD}=(R_3+R_{EF}+R_4)//R_7=24\ \Omega//24\ \Omega=12\ \Omega$。

总的等效电阻 $R_{AB}=R_1+R_{CD}+R_2=28\ \Omega$。

总电流 $I=\dfrac{U}{R_{AB}}=\dfrac{224}{28}\ \text{A}=8\ \text{A}$。

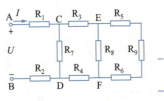

图 2.9 例 2.5 图

(3) 利用分压关系求各部分电压：

$$U_{CD}=R_{CD}I=96\ \text{V}$$

$$U_{EF}=\dfrac{R_{EF}}{R_3+R_{EF}+R_4}U_{CD}=48\ \text{V}$$

$$I_9=\dfrac{U_{EF}}{R_5+R_6+R_9}=2\ \text{A}$$

$$U_9=R_9I_9=32\ \text{V}$$

例 2.6 如图 2.10 电路所示,求电路中 a、b 两端的等效电阻。

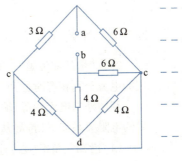

图 2.10 例 2.6 图

解：逐步化简,可得图 2.11(a)、(b)、(c),由此可得 $R_{ab}=(2+3)\ \Omega=5\ \Omega$。

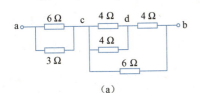
(a)

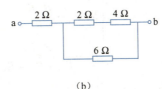
(b)

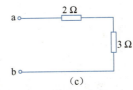
(c)

图 2.11 图 2.10 电路化简结果

2.2 星形电阻网络与三角形电阻网络等效变换

在电路中,有时电阻的连接既非串联又非并联,无法用串、并联的方法化简电路,是一个复杂电路。在电路分析中,有时将电路中的电阻进行适当的等效变换后才可用串、并联方法化简。

2.2.1 电阻的星形连接(Y接)与三角形连接(△接)

1. 电阻的星形(Y)连接

三个电阻的一端接在同一个端钮上,另一端分别接到三个不同端钮上,如图 2.12(a) 所示,这种连接称为星形(Y)**连接**。

2. 电阻的三角形(△)连接

三个电阻分别接到三个端钮的每两个端钮之间,如图 2.12(b)所示,这种连接称为三角形（△）连接。

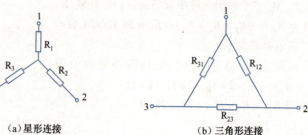

(a) 星形连接　　　　(b) 三角形连接

图 2.12　电阻星形连接与三角形连接

2.2.2　等效变换方法

等效（指外部等效）：当星形网络与三角形网络对应端钮间的电压相同，流入对应端钮的电流分别相等时称两网络等效。

利用外部电流相等、端电压相等的等效条件，列出三个联立方程，从而解出变换前后的电阻关系如下（推导从略），即 Y↔△ 的等效变换公式。

（1）已知三角形（△）连接时的电阻 R_{12}、R_{23}、R_{31}，求等效星形（Y）电阻 R_1、R_2、R_3：

$$\begin{cases} R_1 = \dfrac{R_{12}R_{31}}{R_{12}+R_{23}+R_{31}} \\ R_2 = \dfrac{R_{23}R_{12}}{R_{12}+R_{23}+R_{31}} \\ R_3 = \dfrac{R_{31}R_{23}}{R_{12}+R_{23}+R_{31}} \end{cases} \tag{2.11}$$

若 $R_{12}=R_{23}=R_{31}=R_\triangle$，则 $R_1=R_2=R_3=\dfrac{1}{3}R_\triangle=R_Y$。

对照图 2.12，总结式（2.11）△→Y 公式的记忆方法：分子夹边乘，分母三边和。

（2）已知星形（Y）连接时的电阻 R_1、R_2、R_3，求等效三角形（△）电阻 R_{12}、R_{23}、R_{31}（即由 R_1、R_2、R_3 求 R_{12}、R_{23}、R_{31}）：

$$\begin{cases} R_{12} = \dfrac{R_1R_2+R_2R_3+R_3R_1}{R_3} \\ R_{23} = \dfrac{R_1R_2+R_2R_3+R_3R_1}{R_1} \\ R_{31} = \dfrac{R_1R_2+R_2R_3+R_3R_1}{R_2} \end{cases} \tag{2.12}$$

若 $R_1=R_2=R_3=R_Y$，则 $R_{12}=R_{23}=R_{31}=3R_Y=R_\triangle$。

对照图 2.12，总结式（2.12）Y→△ 公式的记忆方法：分子乘积和，分母对面找。

例 2.7　如图 2.13(a) 所示电路，已知：$R_1=10\ \Omega$，$R_2=30\ \Omega$，$R_3=22\ \Omega$，$R_4=4\ \Omega$，$R_5=60\ \Omega$，$U_s=22\ \text{V}$，求电流 I。

解：这是一个电桥电路，既含有 △ 电路又含有 Y 电路，等效变换方案有多种，现仅选一种，如图 2.13(b) 所示。根据 △→Y 公式（2.11）可得

$$R_a = \frac{R_1 R_5}{R_1 + R_2 + R_5} = \frac{10 \times 60}{10 + 30 + 60}\,\Omega = 6\,\Omega$$

$$R_b = \frac{R_1 R_2}{R_1 + R_2 + R_5} = \frac{10 \times 30}{10 + 30 + 60}\,\Omega = 3\,\Omega$$

$$R_c = \frac{R_2 R_5}{R_1 + R_2 + R_5} = \frac{30 \times 60}{10 + 30 + 60}\,\Omega = 18\,\Omega$$

再用串、并联的方法求出等效电阻 R_{bd}，$R_{bd} = 11\,\Omega$，则总电流为

$$I = \frac{U_s}{R_{bd}} = \frac{22}{11}\,\text{A} = 2\,\text{A}$$

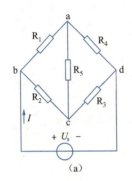 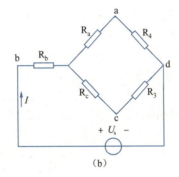

图 2.13　例 2.7 图

此题的其他方法读者可以自主练习，得到的结果均相同。

2.3　直流电路基本分析方法

2.3.1　支路电流法

视频

支路电流法

分析、计算电路的首要任务是在给定电路结构和元件参数的条件下，计算电路元件的电压和电流。简单电路可以用电阻串并联等效变换的方法，把电路化简后用欧姆定律求解。分析、计算复杂电路的方法有很多，最基本的方法是支路电流法。

1. 支路电流法基本思想

以各支路电流为未知变量，按 KCL、KVL 以及电路元件的伏安关系（VAR）列出个数与支路电流数量相同的相互独立的电路方程，联立求解，即可求得各支路电流，再在各支路电流基础上按要求求取其他电路变量。

2. 支路电流法分析步骤

运用支路电流法解题的步骤如下：

（1）分析电路结构，确定电路的支路数 b 和节点数 n。

（2）标出各支路电流参考方向和回路绕行方向。

（3）根据基尔霍夫电流定律，列 $(n-1)$ 个独立的 KCL 方程。

（4）根据基尔霍夫电压定律，列 $b-(n-1)$ 个独立的 KVL 方程。

（5）解联立方程，求出各支路电流。

(6) 根据题目需要,求解其他物理量。

例 2.8 在如图 2.14 所示的电路中,已知:$U_{s1} = 70$ V,$U_{s2} = 45$ V,$R_1 = 20$ Ω,$R_2 = 5$ Ω,$R_3 = 6$ Ω,用支路电流法求各支路电流。

解:(1) 在图 2.14 所示的电路中有 2 个节点,3 条支路,2 个网孔。

(2) 设各支路电流 I_1、I_2、I_3 的参考方向如图 2.14 所示,网孔的回路绕行方向取顺时针方向。

(3) 根据基尔霍夫电流定律,列 KCL 方程,节点 a 有

$$I_1 + I_2 - I_3 = 0$$

(4) 根据基尔霍夫电压定律,列 KVL 方程,网孔 $aR_3bU_{s1}R_1a$ 有

$$-U_{s1} + I_1R_1 + I_3R_3 = 0$$

网孔 $bR_3aR_2U_{s2}b$ 有

$$U_{s2} - I_2R_2 - I_3R_3 = 0$$

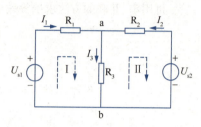

图 2.14 例 2.8 图

(5) 将已知条件代入,联立以上三式,解方程组,得各支路电流:

$$I_1 = 2 \text{ A}$$
$$I_2 = 3 \text{ A}$$
$$I_3 = 5 \text{ A}$$

3. 应用注意的问题

(1) 支路电流法适用于分析含受控源的电路。

(2) 支路电流法要求电路中的未知量都用含有支路电流的关系式表示。如一条支路仅含电流源且不直接与任何电阻并联情况下,可以增加一个未知变量(电流源两端电压),最后再补充一个电路方程(该支路电流等于电流源电流)。

4. 支路电流法特点

从支路电流法分析思想可知,为求取各支路电流,必须列出 b 个相互独立的电路方程。一个电路包含的支路数目越多,求取各支路电流所需的电路方程数目就越多,解方程组的难度就越大。因此支路电流法宜于利用计算机求解。人工计算时,对于支路数不太多的电路,应用支路电流法较为方便,但为进一步减少分析所需的电路方程数量,可采用网孔电流法和节点电压法。

2.3.2 网孔电流法

视频
网孔电流法

1. 网孔电流及其特点

所谓网孔电流是一种为了简化电路分析而人为引入的电路变量,是一种假想的沿着网孔连续流动的电流(实际上不存在而只有支路电流)。网孔电流具有以下特点:

(1) 电路中实际上不存在网孔电流,网孔电流是一种假想电流。

(2) 引入网孔电流旨在简化电路分析,减少分析所需的电路独立方程数。

(3) 引入网孔电流后,电路中各支路电流可以用网孔电流来表示。

(4) 一般指定网孔电流的参考方向与网孔的绕行方向一致。

(5) 电路中各网孔电流在任意节点上满足 KCL。

如图 2.15 所示,i_{m1}、i_{m2} 为网孔电流,各支路电流可用网孔电流表示:

$$i_1 = i_{m1}, i_2 = i_{m1} - i_{m2}, i_3 = i_{m2}$$

根据 KVL 列方程，可得

网孔 1：$R_1 i_{m1} + R_2(i_{m1} - i_{m2}) + u_{s2} - u_{s1} = 0$

网孔 2：$R_2(i_{m2} - i_{m1}) + R_3 i_{m2} + u_{s3} - u_{s2} = 0$

整理，可得

$$(R_1 + R_2)i_{m1} - R_2 i_{m2} = u_{s1} - u_{s2}$$
$$-R_2 i_{m1} + (R_2 + R_3)i_{m2} = u_{s2} - u_{s3}$$

即
$$R_{11} i_{m1} - R_{12} i_{m2} = u_{s11}$$
$$-R_{21} i_{m1} + R_{22} i_{m2} = u_{s22}$$

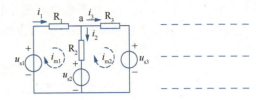

图 2.15 网孔电流法

R_{11}、R_{22} 为自电阻，R_{12}、R_{21} 为互电阻。u_{s11}、u_{s22} 分别为网孔 1 和网孔 2 中独立电压源电压的代数和。

一般对于 m 个网孔，网孔电流方程的一般形式为

$$R_{11}i_{m1} + R_{12}i_{m2} + R_{13}i_{m3} + \cdots + R_{1m}i_{mm} = u_{s11}$$
$$R_{21}i_{m1} + R_{22}i_{m2} + R_{23}i_{m3} + \cdots + R_{2m}i_{mm} = u_{s22}$$
$$\vdots$$
$$R_{m1}i_{m1} + R_{m2}i_{m2} + R_{m3}i_{m3} + \cdots + R_{mm}i_{mm} = u_{smm}$$

即自电阻×本网孔电流 + $\sum$ 互电阻×相邻网孔电流 = 本网孔中独立电压源电压的代数和。

自电阻前面取正号，互电阻前面的正负号取决于两网孔电流在公共支路上方向是否相同。当电压源电压参考方向（从 + 到 -）与绕行方向相反时取正，反之取负。

2. 网孔电流法

以网孔电流为未知变量，根据基尔霍夫电压定律列出 $m = l - (n-1)$ 个网孔的 KVL 方程，联立求得各网孔电流，最后根据网孔电流特点求取各支路电流及其他电路变量。

3. 网孔电流法分析步骤

运用网孔电流法解题的步骤如下：

(1) 确定各网孔电流，指定其参考方向并以其参考方向作为网孔的绕行方向。

(2) 按 KVL 列写 $m = l - (n-1)$ 个网孔的 KVL 方程（相互独立）。

(3) 联立求解得到各网孔电流。

(4) 在所得网孔电流基础上，按分析要求再求取电路变量。

网孔电流的个数以及所列 KVL 约束方程的个数，都一定等于网孔个数。

例 2.9 在图 2.16 所示电路中，用网孔电流法列写出电路方程。

解：设网孔Ⅰ、Ⅱ、Ⅲ的网孔电流分别为 i_a、i_b、i_c，则电路方程为

$$\begin{cases} (R_1 + R_2 + R_3)i_a - R_3 i_b - R_2 i_c = -u_{s3} \\ -R_3 i_a + (R_3 + R_4 + R_5)i_b - R_4 i_c = u_{s3} \\ -R_2 i_a - R_4 i_b + (R_6 + R_4 + R_2)i_c = -u_{s6} \end{cases}$$

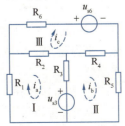

图 2.16 例 2.9 图

当电路中的独立网孔个数少于独立节点个数且支路间无交叉时，用网孔电流法分析电路比较方便。

4. 几种特殊情况

（1）电路中含有电流源与电阻的并联组合：将其等效变换成电压源与电阻的串联组合后列电路方程。

（2）电路中含有受控电压源：列电路方程时，先用网孔电流将控制量表示出来，并暂时将受控电压源当作独立电压源，最后再将用网孔电流表示的受控电压源移至方程的左边。

（3）电路中含有电流源且无电阻直接与之并联。处理方法：①选取网孔电流时只让一个回路电流通过电流源，该网孔电流仅由电流源电流决定；②以电流源两端电压为变量，并且在每引入一个这样的变量的同时，增加一个网孔电流与电流源电流间的约束关系的方程。

例 2.10 用网孔电流法求图 2.17 电路中的电压 U。

解法 1：如图 2.17(a)所示，列电路方程

$$\begin{cases} 6I_a + U = 3U \\ -U + 6I_b = -10 \\ I_b - I_a = 4 \text{（增加方程）} \end{cases}$$

最后解得 $U = -34$ V。

解法 2：如图 2.17(b)所示，列电路方程

$$\begin{cases} I_a = -4 \\ U = 6I_b + 10 \\ 6(I_a + I_b) - 3U + U = 0 \end{cases}$$

最后解得 $I_b = -\dfrac{22}{3}$ A，$U = -34$ V。

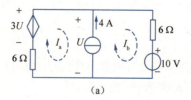 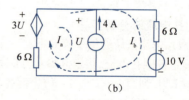

(a)   (b)

图 2.17 例 2.10 图

2.3.3 节点电压法

当分析一个比较复杂的电路时，在支路个数相对于节点较多的情况下，若用支路电流法来解题，则联立求解的方程个数较多，计算工作量大，这时可考虑采用节点电压法来求解。

1. 节点电压法

以节点电压作为未知量，列写出 $(n-1)$ 个节点电压方程，求解节点电压，然后求出支路电流的方法称为节点电压法。

节点电压：任一节点与参考点之间的电压。

在图 2.18 所示的电路中，节点数 $n=3$，支路数 $b=5$，节点 1 和节点 2 的节点电压分

别表示为 U_1 和 U_2，它们均以 0 点处为"-"极性，各支路电流的方向如图 2.18 所示。

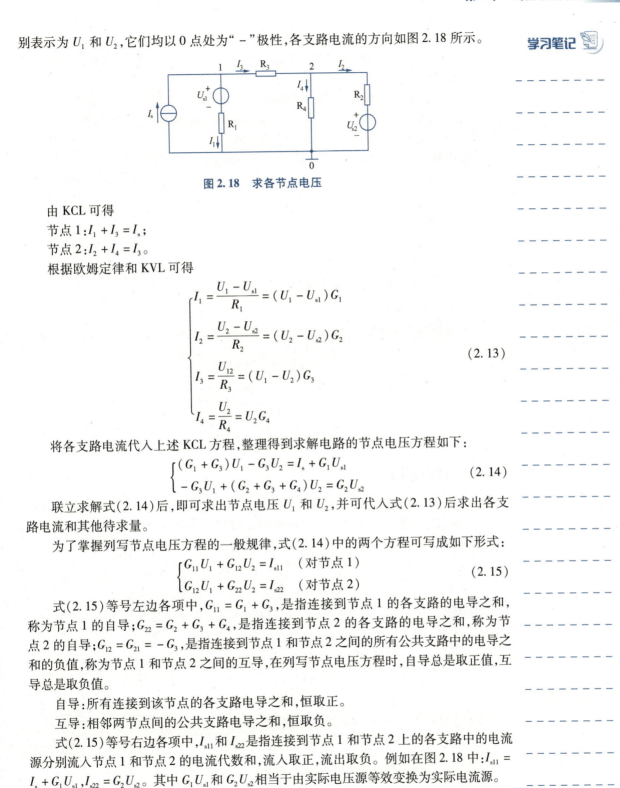

图 2.18　求各节点电压

由 KCL 可得

节点 1：$I_1 + I_3 = I_s$；

节点 2：$I_2 + I_4 = I_3$。

根据欧姆定律和 KVL 可得

$$\begin{cases} I_1 = \dfrac{U_1 - U_{s1}}{R_1} = (U_1 - U_{s1})G_1 \\ I_2 = \dfrac{U_2 - U_{s2}}{R_2} = (U_2 - U_{s2})G_2 \\ I_3 = \dfrac{U_{12}}{R_3} = (U_1 - U_2)G_3 \\ I_4 = \dfrac{U_2}{R_4} = U_2 G_4 \end{cases} \quad (2.13)$$

将各支路电流代入上述 KCL 方程，整理得到求解电路的节点电压方程如下：

$$\begin{cases} (G_1 + G_3)U_1 - G_3 U_2 = I_s + G_1 U_{s1} \\ -G_3 U_1 + (G_2 + G_3 + G_4)U_2 = G_2 U_{s2} \end{cases} \quad (2.14)$$

联立求解式（2.14）后，即可求出节点电压 U_1 和 U_2，并可代入式（2.13）后求出各支路电流和其他待求量。

为了掌握列写节点电压方程的一般规律，式（2.14）中的两个方程可写成如下形式：

$$\begin{cases} G_{11}U_1 + G_{12}U_2 = I_{s11} \quad （对节点 1） \\ G_{12}U_1 + G_{22}U_2 = I_{s22} \quad （对节点 2） \end{cases} \quad (2.15)$$

式（2.15）等号左边各项中，$G_{11} = G_1 + G_3$，是指连接到节点 1 的各支路的电导之和，称为节点 1 的自导；$G_{22} = G_2 + G_3 + G_4$，是指连接到节点 2 的各支路的电导之和，称为节点 2 的自导；$G_{12} = G_{21} = -G_3$，是指连接到节点 1 和节点 2 之间的所有公共支路中的电导之和的负值，称为节点 1 和节点 2 之间的互导，在列写节点电压方程时，自导总是取正值，互导总是取负值。

自导：所有连接到该节点的各支路电导之和，恒取正。

互导：相邻两节点间的公共支路电导之和，恒取负。

式（2.15）等号右边各项中，I_{s11} 和 I_{s22} 是指连接到节点 1 和节点 2 上的各支路中的电流源分别流入节点 1 和节点 2 的电流代数和，流入取正，流出取负。例如在图 2.18 中：$I_{s11} = I_s + G_1 U_{s1}$，$I_{s22} = G_2 U_{s2}$。其中 $G_1 U_{s1}$ 和 $G_2 U_{s2}$ 相当于由实际电压源等效变换为实际电流源。

2. 节点电压法分析步骤

运用节点电压法解题的步骤如下：

(1) 指定参考点。

(2) 列出节点电压方程(请注意:自导取 + 、互导取 - ;I_s 流入节点取 + 、流出节点取 -)。

(3) 联立求解,解出节点电压。

(4) 标出各支路电流参考方向,由支路电流与节点电压的关系求出各支路电流。

注意:在列写节点电压方程时,可以不必事先指定各支路中电流的参考方向,只有当需要求出各支路电流时才有必要指定参考方向。

例 2.11 试用节点电压法求图 2.19 所示电路中的各支路电流。

解:取节点 0 为参考节点,节点 1、2 的节点电压分别为 U_1、U_2,按式(2.15)列写方程式如下:

$$\begin{cases} \left(\dfrac{1}{1}+\dfrac{1}{2}\right)U_1 - \dfrac{1}{2}U_2 = 3 \\ -\dfrac{1}{2}U_1 + \left(\dfrac{1}{2}+\dfrac{1}{3}\right)U_2 = 7 \end{cases}$$

$$U_1 = 6 \text{ V} \quad U_2 = 12 \text{ V}$$

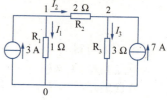

图 2.19 例 2.11 图

取各支路电流的参考方向,如图 2.19 所示。根据支路电流与节点电压的关系,有

$$I_1 = \dfrac{U_1}{R_1} = \dfrac{6}{1} \text{ A} = 6 \text{ A}$$

$$I_2 = \dfrac{U_1 - U_2}{R_2} = \dfrac{6-12}{2} \text{ A} = -3 \text{ A}$$

$$I_3 = \dfrac{U_2}{R_3} = \dfrac{12}{3} \text{ A} = 4 \text{ A}$$

2.3.4 弥尔曼定理

当电路中支路很多,但是只有两个节点时,用节点电压法只要列一个节点电压方程求出 U_1,再求各支路电流,非常简便。这种情况下的节点电压法,称为弥尔曼定理,其一般表达式为

$$U_1 = \dfrac{\sum G_i U_{si}}{\sum G_i} = \dfrac{I_{s11}}{G_{11}} \tag{2.16}$$

例 2.12 应用弥尔曼定理求如图 2.20 所示电路中的各支路电流。

解:本电路只有一个独立节点,设其电压为 U_1,由式(2.16)得

$$U_1 = \dfrac{\dfrac{20}{5}+\dfrac{10}{10}}{\dfrac{1}{5}+\dfrac{1}{20}+\dfrac{1}{10}} \text{ V} = 14.3 \text{ V}$$

设各支路电流 I_1、I_2、I_3 的参考方向如图 2.20 所示,求得各支路电流分别为

$$I_1 = \dfrac{20-14.3}{5} \text{ A} = 1.14 \text{ A}$$

$$I_2 = \dfrac{14.3}{20} \text{ A} = 0.72 \text{ A}$$

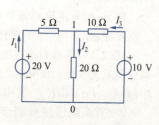

图 2.20 例 2.12 图

$$I_3 = \frac{10 - 14.3}{10} \text{ A} = -0.43 \text{ A}$$

2.4 叠加定理

叠加定理是分析线性电路的一个重要定理,它反映了线性电路普遍具有的基本性质。应用叠加定理来分析电路,可以把一个复杂的电路简化成几个简单的电路来处理。

叠加定理的内容可表述为:在线性电路中,当有几个独立电源共同作用时,各支路的电流(或电压)等于各个电源分别单独作用时在该支路产生的电流(或电压)的代数和(叠加)。图2.21用图例的方法表述了叠加定理。图中 $I = I' - I''$。

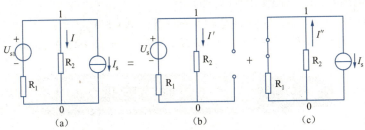

动画

叠加定理

图 2.21 叠加定理

在使用叠加定理分析计算电路时应注意以下几点:

(1) 叠加定理只能用于计算线性电路的支路电流或电压,不能直接进行功率的叠加计算。

(2) 电压源不作用时应视为短路,电流源不作用时应视为开路。

(3) 叠加时要注意电流或电压的参考方向,正确选取各分量的正、负号。若各电流分量或电压分量的参考方向与原电路电流或电压参考方向相同时,在电流或电压分量前选取"+"号,反之选取"-"号。

例 2.13 如图 2.22(a) 所示电路,已知: $U_{s1} = 17$ V, $U_{s2} = 17$ V, $R_1 = 2$ Ω, $R_2 = 1$ Ω, $R_3 = 5$ Ω, 试应用叠加定理求各支路电流 I_1、I_2、I_3。

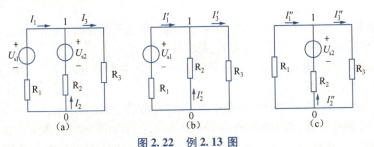

图 2.22 例 2.13 图

解:(1) 当电源 U_{s1} 单独作用时,将 U_{s2} 视为短路,如图 2.22(b) 所示。
设 $R_{23} = R_2 // R_3 = 0.83$ Ω,则

$$I_1' = \frac{U_{s1}}{R_1 + R_{23}} = \frac{17}{2.83} \text{ A} = 6 \text{ A}$$

$$I'_2 = -\frac{R_3}{R_2+R_3}I'_1 = -\frac{5}{1+5}\times 6 \text{ A} = -5 \text{ A}$$

$$I'_3 = \frac{R_2}{R_2+R_3}I'_1 = \frac{1}{1+5}\times 6 \text{ A} = 1 \text{ A}$$

(2)当电源 U_{s1} 单独作用时,将 U_{s1} 视为短路,设 $R_{13} = R_1 // R_3 = 1.43$ Ω,则

$$I''_2 = \frac{U_{s2}}{R_2+R_{13}} = \frac{17}{2.43} \text{ A} = 7 \text{ A}$$

$$I''_1 = -\frac{R_3}{R_1+R_3}I''_2 = -\frac{5}{2+5}\times 7 \text{ A} = -5 \text{ A}$$

$$I''_3 = \frac{R_1}{R_1+R_3}I''_2 = \frac{2}{2+5}\times 7 \text{ A} = 2 \text{ A}$$

(3)当电源 U_{s1}、U_{s2} 共同作用时(叠加),有

$$I_1 = I'_1 + I''_1 = [6+(-5)] \text{ A} = 1 \text{ A}$$

$$I_2 = I'_2 + I''_2 = (-5+7) \text{ A} = 2 \text{ A}; I_3 = I'_3 + I''_3 = (1+2) \text{ A} = 3 \text{ A}$$

视频
戴维南定理

2.5 戴维南定理

前面介绍了二端网络的基本概念,即具有两个引出端与外电路相连的网络称为二端网络,又称一端口网络。二端网络又分为无源二端网络和有源二端网络,内部不含有电源的二端网络,称为无源二端网络,如图 2.23 所示;内部含有电源的二端网络,称为有源二端网络,如图 2.24 所示。

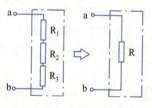
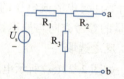

图 2.23 无源二端网络   图 2.24 有源二端网络

等效的概念:如果两个二端网络的两引出端间的电压相等时,流出(或流入)引出端的电流也相等,称这两个网络对外等效,简称等效。

无源二端网络的等效电路仍是一条无源支路,支路中的电阻等于二端网络内所有电阻化简后的等效电阻。

有源二端网络的等效电路可由戴维南(又译作戴维宁)定理求出。

任何一个线性有源二端电阻网络,对外电路来说,总可以用一个电压源 U_{OC} 与一个电阻元件 R_0 相串联的模型来替代。电压源的电压 U_{OC} 等于该二端网络的开路电压,电阻 R_0 等于该二端网络中所有电源不作用时(即令电压源短路、电流源开路)的等效电阻(称为该二端网络的等效内阻)。该定理称为戴维南定理,又称等效电压源定理。电路结构如图 2.25 所示。

例 2.14 如图 2.26 所示电路,已知:$U_{s1} = 7$ V,$U_{s2} = 6.2$ V,$R_1 = R_2 = 0.2$ Ω,$R = 3.2$ Ω,试应用戴维南定理求电阻元件 R 中的电流 I。

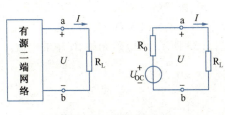
图 2.25 戴维南定理

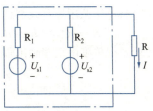
图 2.26 例 2.14 图

解：(1)将电阻元件 R 所在支路开路，如图 2.27 所示，求开路电压 U_{OC}。

$$I_1 = \frac{U_{s1} - U_{s2}}{R_1 + R_2} = \frac{0.8}{0.4} \text{ A} = 2 \text{ A}$$

$$U_{OC} = U_{ab0} = R_2 I_1 + U_{s2} = (0.4 + 6.2) \text{ V} = 6.6 \text{ V}$$

(2)将电压源用短路线替代，如图 2.28 所示，求等效电阻 R_0。

$$R_0 = R_{ab} = R_1 // R_2 = 0.1 \text{ Ω}$$

(3)画出戴维南等效电路，如图 2.29 所示，求电阻 R 中的电流 I。

$$I = \frac{U_{OC}}{R_0 + R} = \frac{6.6}{3.3} \text{ A} = 2 \text{ A}$$

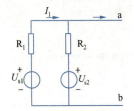
图 2.27 求开路电压 U_{OC}

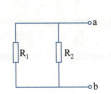
图 2.28 求等效电阻 R_0

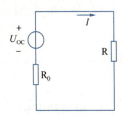
图 2.29 求电阻元件 R 中的电流 I

例 2.15 如图 2.30 所示的电路，已知：$U_s = 8$ V，$R_1 = 3$ Ω，$R_2 = 5$ Ω，$R_3 = R_4 = 4$ Ω，$R_5 = 0.125$ Ω，试应用戴维南定理求电阻元件 R_5 中的电流 I_5。

解：(1)将 R_5 所在支路开路，如图 2.31 所示，求开路电压 U_{OC}。

$$U_{OC} = U_{ab0} = R_2 I_2 - R_4 I_4 = (5 - 4) \text{ V} = 1 \text{ V}$$

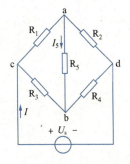
图 2.30 例 2.15 图

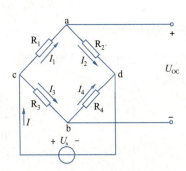
图 2.31 求开路电压 U_{OC}

(2)将电压源用短路线替代,如图 2.32 所示,求等效电阻 R_0。
$$R_0 = R_{ab} = (R_1//R_2) + (R_3//R_4) = (1.875 + 2)\ \Omega = 3.875\ \Omega$$
(3)根据戴维南定理画出等效电路,如图 2.33 所示,求电阻元件 R_5 中的电流。
$$I_5 = \frac{U_{OC}}{R_0 + R_5} = \frac{1}{4}\ A = 0.25\ A$$

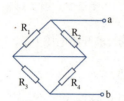

图 2.32　求等效电阻 R_0

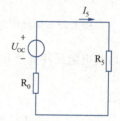

图 2.33　求电阻元件 R_5 中的电流

综上所述得到用戴维南定理求解某一支路电流(或电压)的步骤如下:
(1)断开待求支路,求有源二端网络开路电压 U_{OC}。
(2)断开待求支路,求对应的等效电阻 R_0(电压源短路;电流源开路)。
(3)画出戴维南等效电路。
(4)补上断开的待求支路,求电流 I 或电压 U。

小　结

1. 电阻的串联
(1)等效电阻:$R = R_1 + R_2 + \cdots + R_n$。
(2)分压关系:$U_1 : U_2 : U_3 : \cdots : U_n = R_1 : R_2 : R_3 : \cdots : R_n$。
(3)功率分配:$P_1 : P_2 : P_3 : \cdots : P_n = R_1 : R_2 : R_3 : \cdots : R_n$。

2. 电阻的并联
(1)等效电导:$G = G_1 + G_2 + \cdots + G_n$,即 $\frac{1}{R} = \frac{1}{R_1} + \frac{1}{R_2} + \cdots + \frac{1}{R_n}$。

(2)分流关系:$I_1 : I_2 : I_3 : \cdots : I_n = \frac{1}{R_1} : \frac{1}{R_2} : \frac{1}{R_3} : \cdots : \frac{1}{R_n} = G_1 : G_2 : G_3 : \cdots : G_n$。

(3)功率分配:$P_1 : P_2 : P_3 : \cdots : P_n = \frac{1}{R_1} : \frac{1}{R_2} : \frac{1}{R_3} : \cdots : \frac{1}{R_n} = G_1 : G_2 : G_3 : \cdots : G_n$。

3. 星形(Y)↔三角形(△)等效变换
△→Y 公式:
$$\begin{cases} R_1 = \dfrac{R_{12}R_{31}}{R_{12}+R_{23}+R_{31}} \\ R_2 = \dfrac{R_{23}R_{12}}{R_{12}+R_{23}+R_{31}} \\ R_3 = \dfrac{R_{31}R_{23}}{R_{12}+R_{23}+R_{31}} \end{cases}$$

Y→△ 公式：

$$\begin{cases} R_{12} = \dfrac{R_1R_2 + R_2R_3 + R_3R_1}{R_3} \\ R_{23} = \dfrac{R_1R_2 + R_2R_3 + R_3R_1}{R_1} \\ R_{31} = \dfrac{R_1R_2 + R_2R_3 + R_3R_1}{R_2} \end{cases}$$

4. 直流电路的基本分析方法

(1) 支路电流法

以各支路电流为未知变量，按 KCL、KVL 以及电路元件的伏安关系(VAR)列出个数与支路电流数量相同的相互独立的电路方程，联立求解，即可求得各支路电流，再在各支路电流基础上按要求求取其他电路变量。

(2) 网孔电流法

以网孔电流为未知变量，根据基尔霍夫电压定律列出 $m = l - (n-1)$ 个网孔的 KVL 方程，联立求得各网孔电流，最后根据网孔电流特点求取各支路电流及其他电路变量。

网孔电流法的通式为

$$自电阻 \times 本网孔电流 + \sum 互电阻 \times 相邻网孔电流 = $$
$$本网孔中独立电压源电压的代数和$$

自电阻前面取正号，互电阻前面的正负号取决于两网孔电流在公共支路上方向是否相同。当电压源电压参考方向(从 + 到 −)与绕行方向相反时取正，反之取负。

(3) 节点电压法

节点电压法：以节点电压作为未知量，列出 $(n-1)$ 个节点电压方程，从而解得节点电压然后求出支路电流或电压的方法。

节点电压法的通式为

$$自导纳 \times 该节点电压 + \sum 互导纳 \times 相邻节点的电压 = $$
$$流入该节点的电流源的电流代数和$$

自导：所有连接到该节点的各支路电导之和，恒取正。

互导：相邻两节点间的公共支路电导之和，恒取负。

弥尔曼定理：节点电压法的特例，即两个节点的节点电压法。

5. 叠加定理

当线性电路中有几个电源共同作用时，各支路的电流(或电压)等于各个电源分别单独作用时在该支路产生的电流(或电压)的代数和(叠加)。

6. 戴维南定理

任何一个线性有源二端电阻网络，对外电路来说，总可以用一个电压源 U_{OC} 与一个电阻元件 R_0 相串联的模型来替代。

电压源的电压 U_{OC} 等于该二端网络的开路电压，电阻 R_0 等于该二端网络中所有电源不作用时(即令电压源短路、电流源开路)的等效电阻。

拓展阅读

替 代 定 理

解决实际生活中遇到的问题,并非只有一种方法。正所谓"条条大道通罗马,水流千遭归大海",有时候变换思路,多角度思考问题,另辟蹊径,或许能找到更优的解决方法。

电路中,戴维南定理在应用过程中有着一定的局限性,首先它必须是线性的,其次它主要应用于有源二端网络的等效。除了使用等效的方式来分析电路之外,还有另一种分析复杂电路的方法——"替代",它的典型代表是电学的基本理论之一"替代定理",或者称为"置换定理"。

替代定理是指任意一个电路网络 N,如图 2.34(a)所示,它由二端网络 N_R 和二端网络 N_L 连接而成。

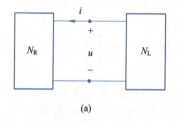
(a)

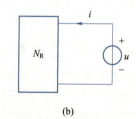
(b)

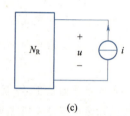
(c)

图 2.34 替代定理

(1)若已知端口处电压有唯一解为 u,则可以使用电压 $U_s = u$ 的电压源代替二端网络 N_L,如图 2.34(b)所示。

(2)若已知端口处电流有唯一解为 i,则可以使用电流 $I_s = i$ 的电流源代替二端网络 N_L,如图 2.34(c)所示。

(3)电路在改变前后,电路中全部的电压和电流都将保持原值不变,其中的 N_L 可以是任意二端网络。

例 2.16 如某电路中各元件参数如图 2.35(a)所示,请利用替代定理求电路中的 U_s 和 R_0。

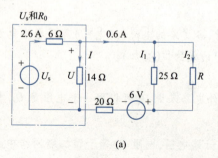
(a)

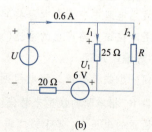
(b)

图 2.35 替代定理示例

解:①根据 KCL 可知,图 2.35(a)中 $I = (2.6 - 0.6)$ A = 2 A,则 $U = 2 \times 14$ V = 28 V。
②根据 KVL 可知,$U_s = (2.6 \times 6 + 28)$ V = 43.6 V。
③根据替代定理,用一个电压源 $U = 28$ V 替代原二端网络可得图 2.35(b)。
④根据 KVL 可知,$U_1 = (28 - 20 \times 0.6 - 6)$ V = 10 V,所以 $I_1 = (10/25)$ A = 0.4 A。
⑤根据 KCL 可知,$I_2 = (0.6 - 0.4)$ A = 0.2 A,所以 $R = (10/0.2)$ Ω = 50 Ω。

注意:
①替代定理不仅适用于线性网络,同样也适用于非线性网络。
②替代之后,只能用来求解电路中各部分的电压和电流,不能用来求取电路中的等效电阻。
③如果该部分电路有控制量存在(如受控源等),而替代后该控制量不复存在,则这部分电路不能替代。

替代和等效一样,都是把电路中某一部分元件用另一元件替换掉。但替代又不是等效,它只能够在特定的外部电路下才成立,外部电路改变,替代的部分也会改变。替代定理最常见的一种应用,就是实际的电源(或者电网)后面接了一大串电路,这时实际的电源就用一个电压源或者电流源代替了。不管这个实际的电源有多少支路,有多复杂,它的输出电压是不变的,那就可以用一个电压源代替它,达到简化分析的目的。

习 题 2

1. 判断题

(1)在电路中,如果两个电阻是串联连接,这两个电阻的电流一定相等。( )
(2)三电阻的比为 $R_1 : R_2 : R_3 = 1 : 3 : 5$,如果它们并联在电路中,其电流比 $I_{R_1} : I_{R_2} : I_{R_3} = 5 : 3 : 1$。 ( )
(3)电阻串联时,阻值大的电阻分得的电压大,阻值小的电阻分得的电压小,但是通过的电流是一样的。 ( )
(4)通过电阻并联可以达到分流的目的,电阻越大,分流作用越显著。 ( )
(5)要扩大电压表的量程,应串联一个适当阻值的电阻。 ( )
(6)电路中两点间的电压具有相对性,当参考点变化时,两点间的电压将随之发生变化。 ( )
(7)利用戴维南定理求解有源二端网络的等效电源只对外电路等效,对内电路不等效。 ( )
(8)几个用电器不论是串联使用还是并联使用,它们消耗的总功率总是等于各电器实际消耗功率之和。 ( )
(9)叠加定理适用于任何电路电压、电流和功率的叠加。 ( )
(10)利用戴维南定理求解有源二端网络的输入端等效电阻时,可将理想电压源用开路代替,理想电流源用短路线代替。 ( )
(11)功率之所以不能用叠加定理来计算,是因为功率不是电压或电流的一次函数。 ( )
(12)含有两个电源的线性电路中的某一支路电流,等于两个电源分别单独作用时,

在该支路产生的电流代数和。　　　　　　　　　　　　　　　　　　（　　）

(13) 通过星形电阻网络与三角形电阻网络的等效变换，可将复杂电路变为简单电路。　　　　　　　　　　　　　　　　　　　　　　　　　　　　　　（　　）

(14) 马路上的路灯总是同时亮、同时灭，这些灯都是串联接入电网的。　（　　）

(15) 电阻值 $R_1 = 20\ \Omega$，$R_2 = 10\ \Omega$ 的两个电阻串联，因电阻小的电阻对电流的阻碍小，故 R_2 中的电流大一些。　　　　　　　　　　　　　　　　　　（　　）

2. 选择题

(1) 三个阻值均为 R 的电阻并联时，其阻值为(　　)。

    A. R　　　　　B. $\dfrac{2}{3}R$　　　　　C. $\dfrac{1}{3}R$　　　　　D. $3R$

(2) 两个阻值均为 968 Ω 的电阻，串联连接时的等效电阻与并联连接时的等效电阻之比为(　　)。

    A. 2∶1　　　　B. 1∶2　　　　C. 4∶1　　　　D. 1∶4

(3) 阻值为 R 的两个电阻串联接在电压为 U 的电路中，每个电阻获得的功率为 P；若将两个电阻改为并联，仍接在 U 下，则每个电阻获得的功率为(　　)。

    A. P　　　　　B. $2P$　　　　C. $P/2$　　　　D. $4P$

(4) 实验测得某有源二端线性网络的开路电压为 6 V，短路电流为 2 A，当外接负载电阻为 3 Ω 时，其端电压是(　　)。

    A. 2 V　　　　B. 3 V　　　　C. 4 V　　　　D. 6 V

(5) 在如图 2.36 所示电路中，变阻器 R 获得最大功率的条件是(　　)。

    A. $R = 2\ \Omega$　　B. $R = 1.2\ \Omega$　　C. $R = 3\ \Omega$　　D. $R = 5\ \Omega$

(6) 电路如图 2.37 所示，将其等效为实际电压源时，等效电压源电压 U_{OC} 及内阻 R_0 为(　　)。

    A. 8 V，7.33 Ω　　B. 12 V，10 Ω　　C. 10 V，2 Ω　　D. 6 V，7 Ω

(7) 在直流电路中，$R_1 = 1\ \Omega$，$R_2 = 2\ \Omega$，它们分别串联和并联时，分到的电压和电流关系是(　　)。

    A. R_1 分到的电压和电流都较大　　　B. R_1 分到的电压和电流都较小

    C. R_1 分到的电压较大，电流较小　　D. R_1 分到的电压较小，电流较大

(8) 如图 2.38 所示，通过 2 Ω 电阻中的电流 I 为(　　)。

    A. 4 A　　　　B. 2 A　　　　C. −2 A　　　　D. 0 A

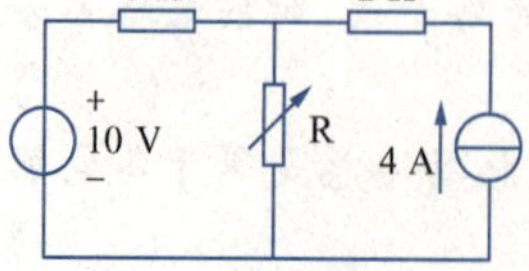

图 2.36　题 2.(5)图 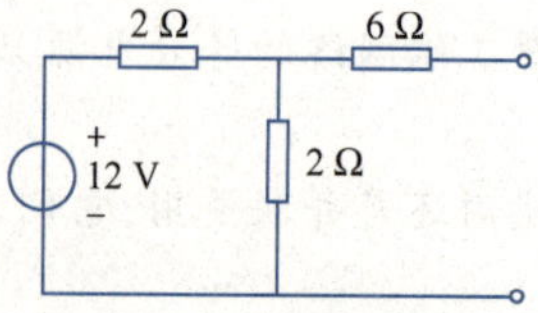　　　　图 2.37　题 2.(6)图 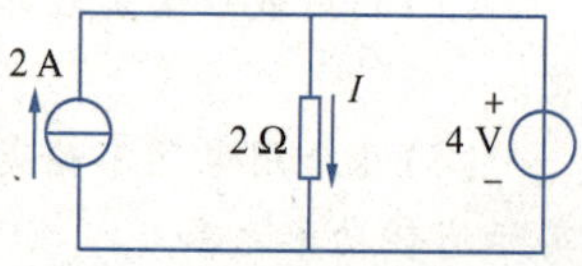　　　　图 2.38　题 2.(8)图

(9) 一个直流二端网络，测得其开路电压为 20 V，短路电流为 2 A，则该网络的戴维南定理等效电路参数 U_{OC} 和 R_0 分别为(　　)。

    A. 20 V，2 Ω　　B. 20 V，10 Ω　　C. 20 V，20 Ω　　D. 10 V，10 Ω

(10) 如图 2.39 所示电路中的等效电阻 R_{AB} 为(　　)。

A. 2 Ω   B. 4 Ω   C. 3 Ω   D. 以上答案都不对

(11) 电路如图 2.40 所示，电压 U_{ab} 已知，正确的关系式是（　　）。

A. $I_1 = \dfrac{U_{s1} - U_{s2}}{R_1 + R_2}$ B. $I_2 = \dfrac{U_{s2}}{R_2}$ C. $I_1 = \dfrac{U_{s1} - U_{ab}}{R_1 + R_2}$ D. $I_2 = \dfrac{U_{s2} - U_{ab}}{R_2}$

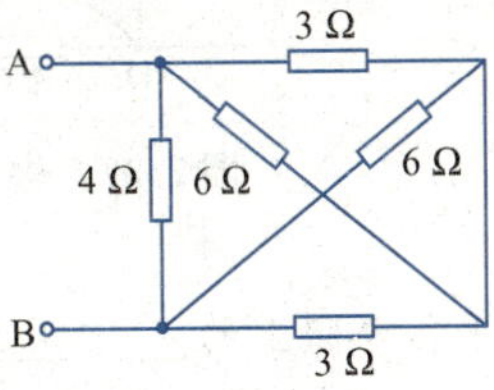

图 2.39　题 2.(10)图 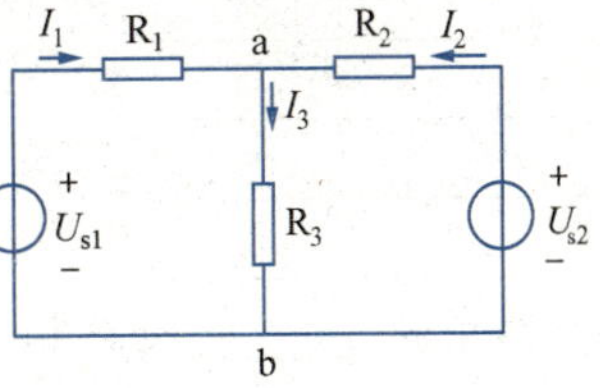　　　图 2.40　题 2.(11)图

3. 填空题

(1) 有两个 10 Ω 的电阻并联，等效电阻是_____Ω，若将它们串联，等效电阻是_____Ω。

(2) 有三个电阻 $R_1 > R_2 > R_3$ 串联接到电源电压 U 上，_____电阻的功率大，如果并联接到电源电压 U 上，_____电阻的功率大。

(3) 在电路中，$R_1 = 10$ Ω，$R_2 = 40$ Ω，两电阻连接方式为串联，则等效电阻为_____，两电阻的电压比 $U_{R_1} : U_{R_2} =$ _____，两电阻的功率比 $P_{R_1} : P_{R_2} =$ _____，两电阻的电流比 $I_{R_1} : I_{R_2} =$ _____；若将这两个电阻并联，则等效电阻为_____，两电阻电压比 $U_{R_1} : U_{R_2} =$ _____，两电阻的功率比 $P_{R_1} : P_{R_2} =$ _____，两电阻的电流比 $I_{R_1} : I_{R_2} =$ _____。

(4) 写出图 2.41 所示各段电路的电压 U_{ab} 的表达式。

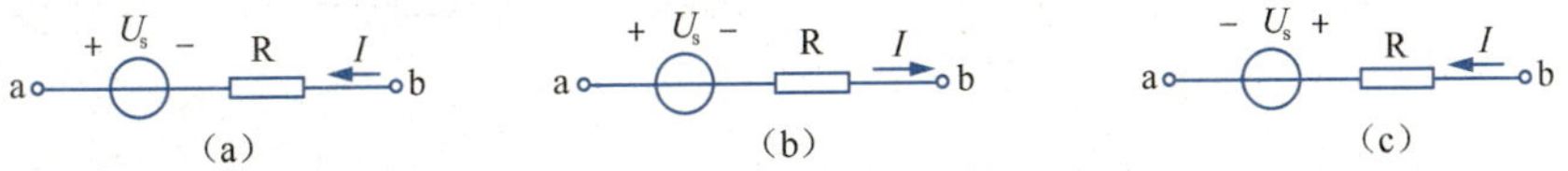

图 2.41　题 3.(4)图

(5) 应用叠加定理分析电路时，所谓电压源不作用，就是用_____代替，电流源不作用，就是在该电源处用_____代替。叠加定理适用于_____电路，只能用来计算_____，而不能用来计算_____。

(6) 求如图 2.42(a)所示电路中的戴维南定理等效电路参数。

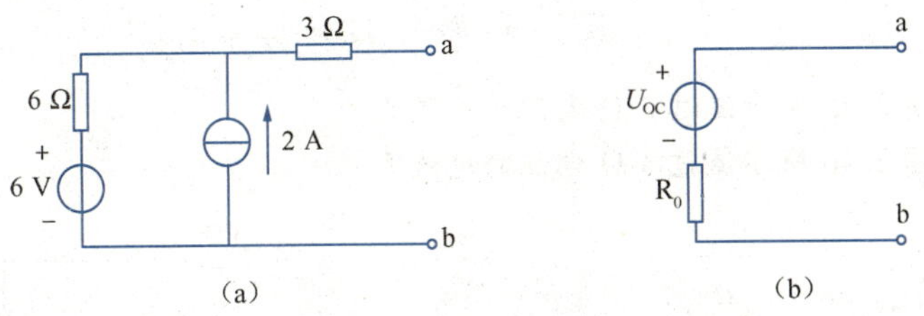

图 2.42　题 3.(6)图

其中，U_{OC} = _____ ; R_0 = _____ 。

(7) 写出如图 2.43 所示的任意两点间等效电阻阻值。

R_{AB} = _____ ;
R_{BC} = _____ ;
R_{AC} = _____ ;
R_{AD} = _____ ;
R_{DC} = _____ ;
R_{BD} = _____ 。

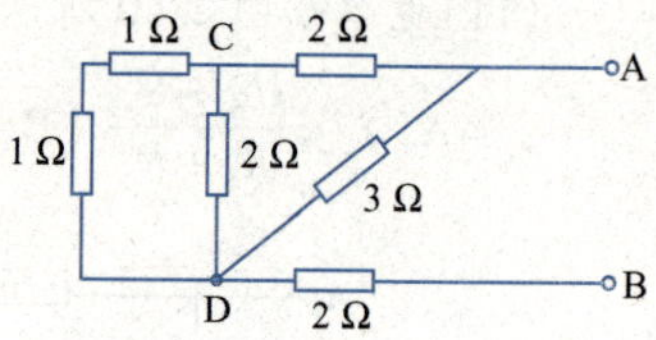

图 2.43 题 3.(7) 图

(8) 串联电路中的 _____ 处处相等，总电压等于各电阻上的 _____ 之和。

(9) 一只 220 V/15 W 的灯泡与一只 220 V/100 W 的灯泡串联后，接到 220 V 电源上，则 220 V/_____ W 灯泡较亮，而 220 V/_____ W 灯泡较暗。

(10) 凡是具有两个接线端子的部分电路都可以称为 _____，内部不含有电源的称为 _____，内部含有电源的称为 _____。

(11) 叠加定理适用于线性电路，只能用来计算 _____ 和 _____，不能计算 _____。

4. 计算题

(1) 求如图 2.44 所示电路等效电阻 R_{ab}。

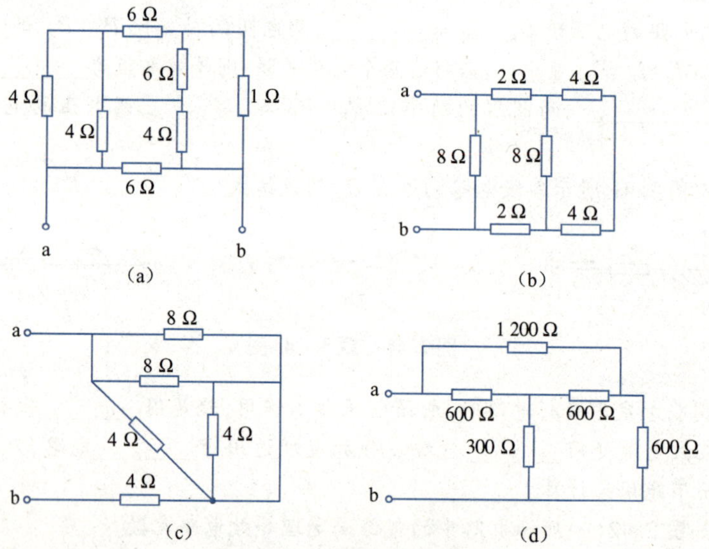

图 2.44 题 4.(1) 图

(2) 求如图 2.45 所示流过 2 Ω 电阻的电流 I。

(3) 求如图 2.46 所示流过 3 Ω 电阻的电流 I。

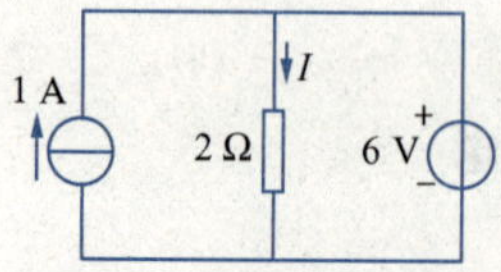

图 2.45 题 4.(2) 图

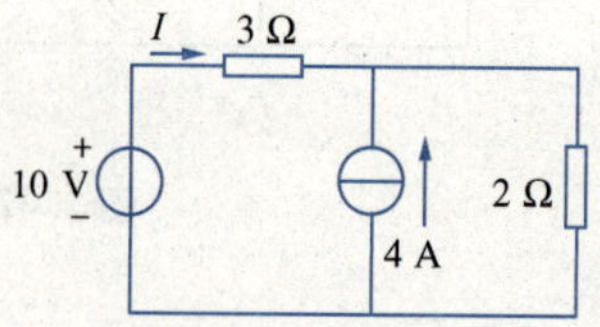

图 2.46 题 4.(3) 图

(4) 用戴维南定理求如图 2.47 所示电路中电流表的读数。已知：$R_1 = R_2 = 20\ \Omega$，$R_3 = R_4 = 40\ \Omega$，$U_{s1} = 12\ V$，$U_{s2} = 3\ V$。

(5) 如图 2.48 所示中 $R_1 = 10\ \Omega$，$R_2 = 2.5\ \Omega$，$R_3 = 5\ \Omega$，$R_4 = 20\ \Omega$，$R = 14\ \Omega$，$U_{s1} = 12.5\ V$，$U_{s2} = 22.5\ V$，求电流 I。

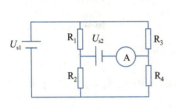

图 2.47　题 4.(4) 图

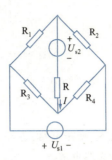

图 2.48　题 4.(5) 图

(6) 请用节点电压法、叠加定理、戴维南定理等方法求图 2.49 所示电路中的电流 I。

(7) 电路如图 2.50 所示，已知：$U_{s1} = 10\ V$，$U_{s2} = 8\ V$，$R_1 = 4\ \Omega$，$R_2 = 2\ \Omega$，$R_3 = 3\ \Omega$。请用节点电压法、网孔电流法求各支路电流和各点电位。

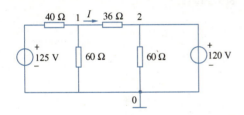

图 2.49　题 4.(6) 图

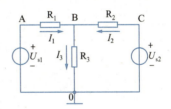

图 2.50　题 4.(7) 图

(8) 图 2.51 所示电路中，电流源 $I_s = 3\ A$，电压源 $U_s = 2\ V$。求：①电流源两端电压 U 是多少？②电压源 U_s 是释放功率还是吸收功率？

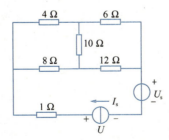

图 2.51　题 4.(8) 图

(9) 求如图 2.52 所示电路的 R_{AB}，R_{BC}，R_{CD}，R_{CA}。

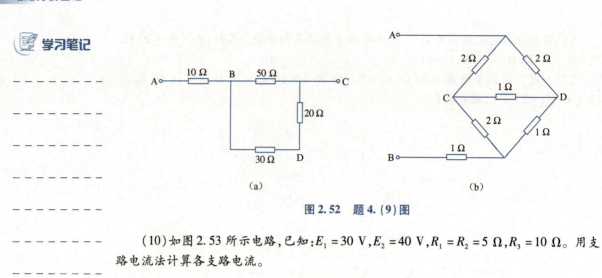

图 2.52　题 4.(9) 图

(10) 如图 2.53 所示电路,已知:$E_1 = 30$ V,$E_2 = 40$ V,$R_1 = R_2 = 5$ Ω,$R_3 = 10$ Ω。用支路电流法计算各支路电流。

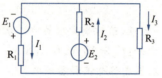

图 2.53　题 4.(10) 图

第3章

正弦交流电路及应用

在稳恒直流电路中,电压、电流的大小和方向都是不变的,如图3.1(a)所示。但在工农业生产和日常生活中应用更广泛的是交流电。交流电之所以得到广泛应用,是因为它在发电、输电和用电等方面具有以下明显的优点:

(1)在发电方面,交流发电机比直流发电机构造简单,价格便宜。

(2)在电能传输方面,交流电可以通过变压器变压,使之便于输送和分配。

(3)在用电方面,交流异步电动机比直流电动机结构简单,运行可靠,维修方便。即使在某些需要直流电的地方,也都是通过变压整流电路将交流电变换为直流电的。

学习目标

(1)了解交流电的基本概念,掌握正弦量有效值、最大值、平均值的关系以及正弦量的频率、角频率、周期关系;理解初相、相位差的概念。

(2)理解正弦量的不同表示法之间的关系。

(3)掌握R、L、C单一元件电路中电流与电压的关系及R、L、C串、并联电路的分析计算方法,理解电压三角形、阻抗三角形、功率三角形的关系;掌握有功功率、无功功率、视在功率及功率因数的计算。

(4)理解谐振的意义,掌握产生谐振的条件及谐振频率的计算及谐振电路的特征。

(5)了解提高功率因数的方法和意义。

(6)会安装荧光灯电路并测量其工作电压,了解交流电路的实际元件在不同的条件下具有不同的等效电路。学会使用电笔、单相调压器、交流电压表、电流表、信号发生器。

素质目标

(1)通过了解我国各种发电站的发展历程,培养爱国主义情怀。

(2)通过串联谐振的实际应用引入战争时期电台的重要性,培养忧国忧民意识,认识落后就要挨打,坚定努力奋斗建设好伟大祖国的信念。

3.1 正弦交流电的基本概念

视频

正弦交流电

1. 正弦交流电的变化规律

正弦交流电路中电压、电流和电动势的大小和方向均随时间按正弦规律变化,把按照正弦规律变化的电压、电流和电动势统称为正弦量,如图 3.1(b)所示。

除了正弦交流电之外,还有一些其他形式的交流电。如图 3.1(c)、(d)所示分别为锯齿波和方波,为非正弦周期交流电。

2. 正弦交流电的产生

图 3.2 是一个交流发电机的原理示意图。在电磁铁的两极 N 和 S 之间放一个由硅钢片叠成的圆柱体,称为电枢铁芯,在它上面固定着导体线圈,铁芯和线圈合起来称为电枢,电枢是绕着它的轴转动的。铁芯的一个作用是支撑线圈,另一个作用是增加电枢表面的磁感应强度,并使磁感线的方向都和电枢表面相垂直。线圈的两端分别接到两个互相绝缘并和电枢固定在同一轴上的铜环上,这两个铜环称为集电环或滑环,通过电刷将集电环与外电路接通。当电枢被原动机拖动,绕轴做匀速旋转时,线圈就以一定的角速度 ω 切割磁感线。根据电磁感应原理,线圈中将感应出随时间接正弦规律变化的电压。

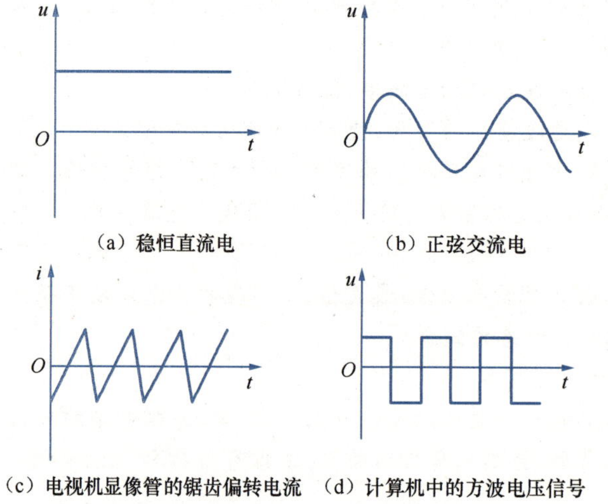

(a) 稳恒直流电　　(b) 正弦交流电

(c) 电视机显像管的锯齿偏转电流　　(d) 计算机中的方波电压信号

图 3.1　电流波形

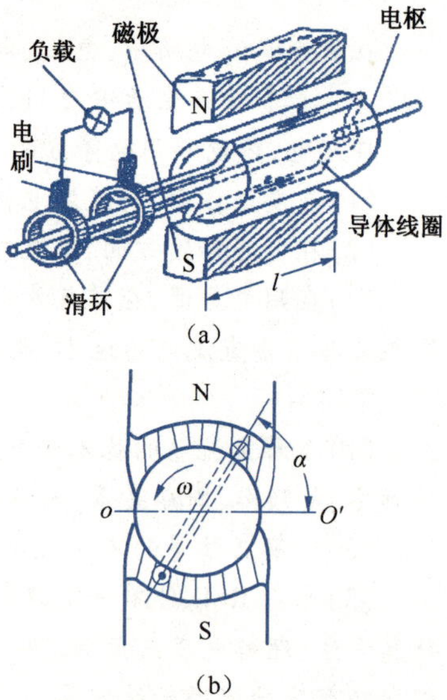

图 3.2　交流发电机的原理示意图

3. 正弦交流电的表示方法

正弦量的大小和方向随时间按照正弦规律变化,其每一时刻的数值称为瞬时值,用小写字母表示。

正弦交流电路中的电压、电流的表示方法有解析式法、波形图法和相量图法。

图 3.3(a)所示是正弦交流电路的一条支路,设电路中电压和电流的参考方向为关联参考方向,电路中的电压和电流可分别用三种方法表示,以电流为例表示为

解析式法:$i = I_m \sin(\omega t + \varphi)$。其中:$\omega$ 为角频率;φ 为初相。

波形图法:波形如图 3.3(b)所示。

相量图法:$\dot{I} = I \angle \varphi$。

在指定了电流参考方向和计算时间的坐标原点 O 之后,就可画出正弦交流电的波形,称为正弦波,如图 3.3(b)所示。横坐标可定为 ωt,也可定为时间 t,依需要而定。图上标出了 t_1 时刻的瞬时值 $i(t_1)$ 以及其他一些特征量。

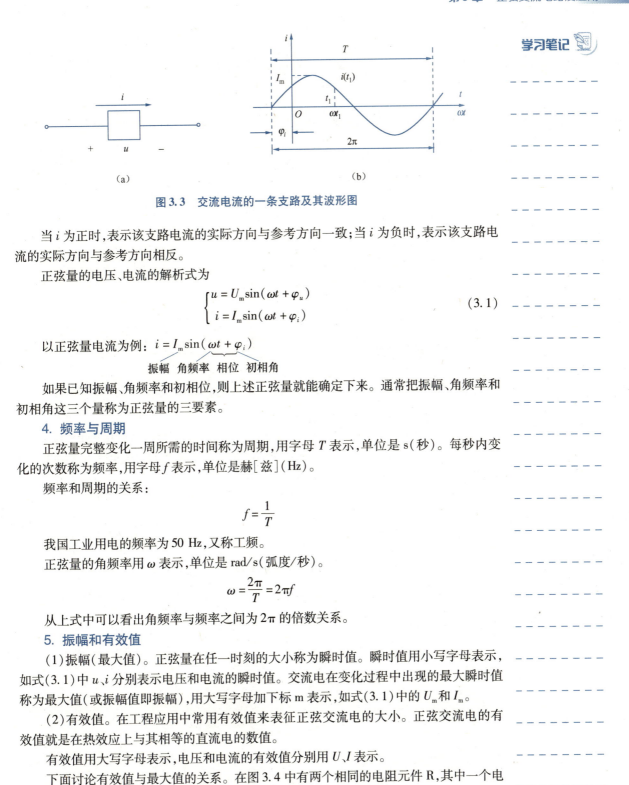

图 3.3　交流电流的一条支路及其波形图

当 i 为正时,表示该支路电流的实际方向与参考方向一致;当 i 为负时,表示该支路电流的实际方向与参考方向相反。

正弦量的电压、电流的解析式为

$$\begin{cases} u = U_m \sin(\omega t + \varphi_u) \\ i = I_m \sin(\omega t + \varphi_i) \end{cases} \tag{3.1}$$

以正弦量电流为例：$i = I_m \sin(\omega t + \varphi_i)$

　　　　　　　　振幅　角频率　相位　初相角

如果已知振幅、角频率和初相位,则上述正弦量就能确定下来。通常把振幅、角频率和初相角这三个量称为正弦量的三要素。

4. 频率与周期

正弦量完整变化一周所需的时间称为周期,用字母 T 表示,单位是 s(秒)。每秒内变化的次数称为频率,用字母 f 表示,单位是赫[兹](Hz)。

频率和周期的关系：

$$f = \frac{1}{T}$$

我国工业用电的频率为 50 Hz,又称工频。

正弦量的角频率用 ω 表示,单位是 rad/s(弧度/秒)。

$$\omega = \frac{2\pi}{T} = 2\pi f$$

从上式中可以看出角频率与频率之间为 2π 的倍数关系。

5. 振幅和有效值

(1) 振幅(最大值)。正弦量在任一时刻的大小称为瞬时值。瞬时值用小写字母表示,如式(3.1)中 u、i 分别表示电压和电流的瞬时值。交流电在变化过程中出现的最大瞬时值称为最大值(或振幅值即振幅),用大写字母加下标 m 表示,如式(3.1)中的 U_m 和 I_m。

(2) 有效值。在工程应用中常用有效值来表征正弦交流电的大小。正弦交流电的有效值就是在热效应上与其相等的直流电的数值。

有效值用大写字母表示,电压和电流的有效值分别用 U、I 表示。

下面讨论有效值与最大值的关系。在图 3.4 中有两个相同的电阻元件 R,其中一个电阻元件通以周期电流 i,另一个电阻元件通以直流电流 I,在一个周期内电阻元件消耗的电能分别为

$$W_{周} = \int_0^T i^2 R \, dt$$

$$W_{直} = I^2 RT$$

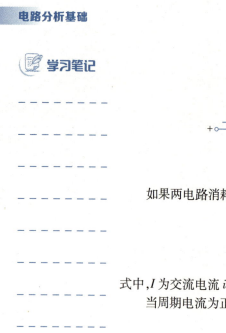

图 3.4 交流电有效值示意图

如果两电路消耗的电能相等,则

$$I^2 RT = \int_0^T i^2 R \, dt$$

$$I = \sqrt{\frac{1}{T} \int_0^T i^2 \, dt}$$

式中,I 为交流电流 i 的有效值,又称方均根值。

当周期电流为正弦量时,设 $i = I_m \sin \omega t$,则

$$I = \sqrt{\frac{1}{T} \int_0^T i^2 \, dt} = \sqrt{\frac{1}{T} \int_0^T I_m^2 \sin^2 \omega t \, dt}$$

经过积分运算可得

$$I = \frac{I_m}{\sqrt{2}}$$

从上式可见:正弦量的有效值是最大值(振幅)的 $\frac{1}{\sqrt{2}}$ 倍,即 $I_m = \sqrt{2} I$,可见有效值小于最大值,是介于正弦量的最大值和零值之间的一个数值。

在电工技术中,通常所说的交流电的大小指的是有效值,如交流电压 220 V 或 380 V 等。常用的交流电压表、交流电流表所测得的读数是有效值,各种交流电气设备铭牌标出的额定电压、额定电流也都是指有效值。

我国工业和民用交流电源电压的有效值为 220 V、频率为 50 Hz,通常将这一交流电压简称为工频电压。

例 3.1 在如图 3.3 所示的交流电路中,已知:交流电流 $i = 100\sin\left(314t + \frac{\pi}{4}\right)$ A,

(1)求它的振幅 I_m、频率 f、周期 T 及角频率 ω。

(2)求 i 第一次出现最大值的时刻 t_1 以及当 $t_2 = \frac{1}{200}$ s 和 $t_3 = 15$ ms 时的瞬时值。

解:(1)由正弦电流 i 的解析式可得 i 的振幅

$$I_m = 100 \text{ A}$$

角频率

$$\omega = 314 \text{ rad/s}$$

频率

$$f = \frac{\omega}{2\pi} = \frac{314}{2 \times 3.14} \text{ Hz} = 50 \text{ Hz}$$

周期

$$T = \frac{1}{f} = \frac{1}{50} \text{ s} = 0.02 \text{ s} = 20 \text{ ms}$$

(2)当 $\omega t_1 + \frac{\pi}{4} = \frac{\pi}{2}$ 时,i 第一次出现正的最大值

$$t_1 = \left(\frac{\pi}{2} - \frac{\pi}{4}\right) \times \frac{1}{\omega} = 0.0025 \text{ s} = 2.5 \text{ ms}$$

在 $t_2 = \frac{1}{200}$ s 时 i 的瞬时值

$$i(t_2) = 100\sin\left(314t_2 + \frac{\pi}{4}\right) \text{ A} = 100\sin\left(100\pi \times \frac{1}{200} + \frac{\pi}{4}\right) \text{ A} = 100\left(\sin\frac{3\pi}{4}\right) \text{ A} = 70.7 \text{ A}$$

在 $t_3 = 15$ ms $= 0.015$ s 时 i 的瞬时值

$$i(t_3) = 100\sin\left(314t_3 + \frac{\pi}{4}\right) \text{ A} = 100\sin\left(100\pi \times 0.015 + \frac{\pi}{4}\right) \text{ A} = 100\left(\sin\frac{7\pi}{4}\right) \text{ A} = -70.7 \text{ A}$$

由计算结果可知,电流瞬时值有正、负之分。当电路中设定的参考方向与实际方向一致时,瞬时值为正(波形在正半周);反之,瞬时值为负(波形在负半周)。

例3.2 用交流电压表测得一交流电源的电压为 380 V,求该电源的最大值。正弦电流 $i = 0.282\sin\omega t$ A,求该电流的有效值。

解:电源电压的最大值

$$U_m = \sqrt{2}\,U = \sqrt{2} \times 380 \text{ V} = 537 \text{ V}$$

电流的有效值

$$I = \frac{I_m}{\sqrt{2}} = \frac{0.282}{\sqrt{2}} = 0.2 \text{ A}$$

例3.3 已知某正弦电压的有效值是 220 V,频率 50 Hz,初相角 φ_u 为 30°,试求最大值并写出它的瞬时值表达式。

解:

$$U_m = \sqrt{2}\,U = \sqrt{2} \times 220 \text{ V} = 311 \text{ V}$$
$$u = 311\sin(314t + 30°) \text{ V}$$

6. 相位、初相、相位差

正弦电流解析式为

$$i = I_m\sin(\omega t + \varphi_i)$$

式中,$\omega t + \varphi_i$ 称为相位角或相位,它反映了正弦量随时间变化的进程,当相位角随时间连续变化时,正弦量的瞬时值随之变化。$t = 0$ 时的相位,φ_i 称为初相角(又称初相位或初相)。

一般规定初相位 $|\varphi| \leq \pi$。

假定有两个同频率的正弦量 u、i,则

$$u = U_m\sin(\omega t + \varphi_u)$$
$$i = I_m\sin(\omega t + \varphi_i)$$

它们的相位之差(称为相位差)φ_{ui} 为

$$\varphi_{ui} = (\omega t + \varphi_u) - (\omega t + \varphi_i)$$
$$= \varphi_u - \varphi_i$$

上式表明,两个同频率正弦量的相位之差就是两个正弦量初相位之差,相位差与计时起点及时间 t 无关。只讨论同频率正弦量的相位差,不同频率之间的相位差随时变化,没有意义。一般规定相位差 $|\varphi_{12}| \leq \pi$。

相位差描述了两个同频率正弦量随时间变化进程的差异,它能定量地判别哪一个正弦量先到达 0 值点,或者哪一个正弦量先到达最大值。以正弦电压 u 和正弦电流 i 的

视频

相位差

相位差 $\varphi_{ui} = \varphi_u - \varphi_i$ 为例,分析如图 3.5 所示的四种情况。

当 $\varphi_{ui} > 0$ 时,如图 3.5(a)所示。电压 u 比电流 i 先达到正的最大值,称电压 u 超前电流 i 一个角度 φ,或电流 i 滞后电压 u 一个角度 φ。

当 $\varphi_{ui} = \dfrac{\pi}{2}$ 时,如图 3.5(b)所示。电压 u 比电流 i 早 1/4 周期达到正的最大值,称电压 u 和电流 i 正交。

当 $\varphi_{ui} = 0$ 时,如图 3.5(c)所示。电压 u 与电流 i 同时达到正的最大值,同时达到 0 值,步调完全一致,称电压 u 和电流 i 同相。

当 $\varphi_{ui} = \pi$ 时,如图 3.5(d)所示。电压 u 达到正的最大值的同时电流 i 达到负的最大值(即反向最大值),称电压 u 和电流 i 反相。

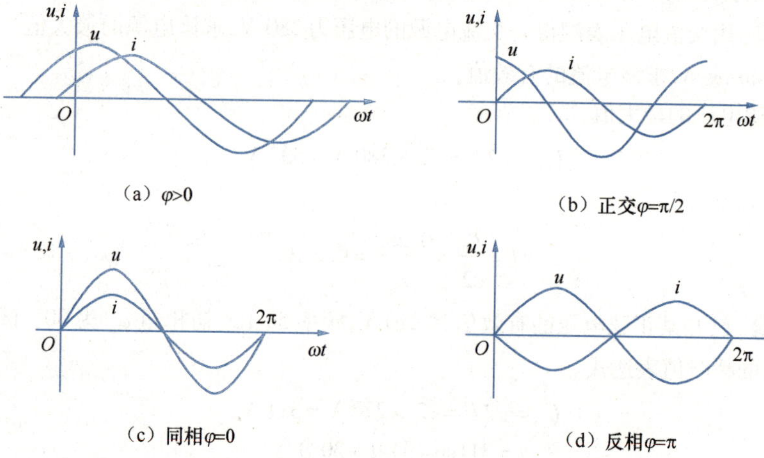

(a) $\varphi > 0$

(b) 正交 $\varphi = \pi/2$

(c) 同相 $\varphi = 0$

(d) 反相 $\varphi = \pi$

图 3.5 电压、电流波形

例 3.4 正弦电压 $u_1(t)$ 和 $u_2(t)$ 分别如下式所示,两个正弦量能否进行相位比较?

$$u_1 = U_{1m}\sin(\omega t + 60°) \text{ V}$$
$$u_2 = U_{2m}\sin(2\omega t + 45°) \text{ V}$$

解:由于两个正弦电压的角频率不同(u_1 的角频率为 ω,u_2 的角频率为 2ω),所以两者不能比较相位差。如果以为相位差 $\varphi_{12} = 60° - 45° = 15°$ 而得出 u_1 超前 u_2 的结论,那是错误的。

例 3.5 试比较 u_1 和 u_2 的相位差。已知:

$$u_1 = 5\sin(314t - 30°) \text{ V}$$
$$u_2 = -3\sin(314t + 30°) \text{ V}$$

解:两个交流电压的角频率 ω 及函数形式(都是正弦函数)都一致,可以进行比较,但在比较前首先要把 u_2 的负号通过相位体现。若式中原初相位 $\varphi > 0$,就减去 180°;若原初相位 $\varphi < 0$,就加上 180°,则初相的绝对值小于等于 180°,u_2 改写为

$$u_2 = 3\sin(314t + 30° - 180°) \text{ V} = 3\sin(314t - 150°) \text{ V}$$

可见

$$\varphi_{12} = -30° - (-150°) = 120°$$

表示 u_1 超前 u_2 120°或 u_2 滞后 u_1 120°。

例 3.6 已知 $i_1 = I_{1m}\sin\left(\omega t + \dfrac{3}{4}\pi\right)$ A,$i_2 = I_{2m}\sin\left(\omega t - \dfrac{1}{2}\pi\right)$ A,试求哪一个电流滞

后？滞后多少？

解：按相位差 $\varphi_{12} = \dfrac{3}{4}\pi - \left(-\dfrac{1}{2}\pi\right) = \dfrac{5}{4}\pi$ 计算，得 i_1 超前 i_2 的结论是不对的。因为已规定相位差 $|\varphi_{12}| \leqslant \pi$。相位差的绝对值 $|\varphi_{12}| > \pi$ 时，应按照 $\varphi_{12} = \varphi_1 - \varphi_2 \pm 2\pi$ 处理，相位差 $\varphi_{12} > 0$，2π 前符号取 $-$；若 $\varphi_{12} < 0$，2π 前符号取 $+$。故

$$\varphi_{12} = \dfrac{5}{4}\pi - 2\pi = -\dfrac{3}{4}\pi$$

可见，i_1 比 i_2 滞后 $\dfrac{3}{4}\pi$。

两个正弦量进行相位比较时，要注意同频率，同函数，同符号，并在相位差的绝对值 $|\varphi_{12}| \leqslant \pi$ 的前提下确定超前或滞后的关系。

当两个同频率正弦量的计时起点改变时，它们之间的初相也随之改变，但二者的相位差却保持不变。

3.2 正弦交流电的相量表示法

正弦交流电（即正弦交流电压、电流）可用解析式和波形图来表示。它们是交流电的基本表示方法，但是这些方法不便于对电路中的正弦量进行分析计算，为了方便对电路中的正弦量进行分析计算，常用复数表示相对应的正弦量，称为正弦量的相量表示法。为了与一般的复数相区别，在大写字母上加一黑点，如 $\dot{A}$。下面先简要复习有关的数学知识。

3.2.1 复数

1. 复数的表示法

在图 3.6 所示的直角坐标系中，横轴为实轴，以 $+1$ 为单位，纵轴为虚轴，以 $+j$（$j = \sqrt{-1}$，为虚数单位）为单位。由实轴和虚轴构成的平面称为复平面。

复平面中有一相量（有向线段）$\dot{A}$，它在实轴上的投影即为实部 a，表示复数的实部；在虚轴上的投影即为虚部 b，则相量 $\dot{A}$ 的复数形式有如下几种：

（1）代数形式：

图 3.6 复平面上的相量

视频

复数

$$\dot{A} = a + \mathrm{j}b \quad (\mathrm{j} = \sqrt{-1}，为虚数单位)$$

（2）三角函数式：

令复数 $\dot{A}$ 的模等于 $r = \sqrt{a^2 + b^2}$，幅角为 φ，先计算 $|\varphi| = \arctan\left|\dfrac{b}{a}\right|$，再由实部和虚部的正、负号判断对应的相量所在的象限，保证 φ 的绝对值小于 π。

若 $a > 0, b > 0$，相量在第一象限，$\varphi = \arctan\dfrac{b}{a}$；若 $a < 0, b > 0$，相量在第二象限，$\varphi =$

$\pi - \arctan\left|\dfrac{b}{a}\right|$；若 $a<0, b<0$，相量在第三象限，$\varphi = -\left(\pi - \arctan\left|\dfrac{b}{a}\right|\right)$；若 $a>0, b<0$，相量在第四象限，$\varphi = -\arctan\left|\dfrac{b}{a}\right|$。

(3) 指数形式：根据欧拉公式有

$$e^{j\varphi} = \cos\varphi + j\sin\varphi$$

复数可以写为 $\dot{A} = re^{j\varphi}$。

(4) 极坐标式：极坐标式是复数指数式的简写，即 $\dot{A} = r\angle\varphi$。

同一个相量 $\dot{A}$（或正弦量）可用上述四种复数形式来表示。这四种形式可以互相转换。

$$a = r\cos\varphi \quad b = r\sin\varphi$$

$$\dot{A} = a + jb = r\cos\varphi + jr\sin\varphi = r(\cos\varphi + j\sin\varphi) = re^{j\varphi} = r\angle\varphi$$

例 3.7 将下列复数化为代数形式：

(1) $\dot{A} = 10\angle 36.9°$；(2) $\dot{A} = 10\angle -110°$；(3) $\dot{A} = 10\angle 90°$。

解：(1) $\dot{A} = 10\angle 36.9° = 10\cos 36.9° + j10\sin 36.9° = 8 + j6$；

(2) $\dot{A} = 10\angle -110° = 10\cos(-110°) + j10\sin(-110°) = -3.42 - j9.40$；

(3) $\dot{A} = 10\angle 90° = 10\cos 90° + j10\sin 90° = j10$。

例 3.8 将下列复数化为极坐标形式：

(1) $\dot{A} = 6 + j8$；(2) $\dot{A} = 6 - j8$；(3) $\dot{A} = -6 - j8$；(4) $\dot{A} = -j10$。

解：(1) 因为 $a = \sqrt{6^2 + 8^2} = 10$，$\varphi = \arctan\dfrac{8}{6} = 53.1°$，所以 $\dot{A} = 6 + j8 = 10\angle 53.1°$。

(2) 因为 $a = \sqrt{6^2 + (-8)^2} = 10$，$|\varphi| = \arctan\left|\dfrac{-8}{6}\right| = 53.1°$，相量在第四象限，取 $\varphi = -53.1°$，所以 $\dot{A} = 6 - j8 = 10\angle -53.1°$。

(3) 因为 $a = \sqrt{(-6)^2 + (-8)^2} = 10$，$|\varphi| = \arctan\left|\dfrac{-8}{-6}\right| = 53.1°$，相量在第三象限，取 $\varphi = -(\pi - 53.1°) = -126.9°$，所以 $\dot{A} = -6 - j8 = 10\angle -126.9°$。

注意：要由实部和虚部的正、负号来判断辐角 φ 所在的象限，并保证 φ 的绝对值小于 π。

不要表达为 $\dot{A} = -6 - j8 = 10\angle 233.1°$。

(4) 因为 $a = \sqrt{0^2 + (-10)^2} = 10$，$\varphi = \arctan\dfrac{-10}{0} = -90°$，所以 $\dot{A} = -j10 = 10\angle -90°$。

今后利用相量法对正弦交流电路进行分析和计算时，常常需要在代数形式和极坐标形式之间进行转换。转换时需注意，相量的模永远为正值，辐角取值根据复数在复平面上的象限而定。

2. 复数的四则运算

（1）加减运算。几个复数相加或相减，就是把它们的实部和虚部分别相加或相减。先将复数化成代数形式再进行加、减运算。

例如，$\dot{A} = a_1 + ja_2$，$\dot{B} = b_1 + jb_2$，则

$$\dot{A} \pm \dot{B} = (a_1 + ja_2) \pm (b_1 + jb_2) = (a_1 \pm b_1) + j(a_2 \pm b_2)$$

复数的加减运算也可在复平面上用平行四边形法则作图完成，如图 3.7 所示。

（2）乘法运算。设 $\dot{A} = a_1 + ja_2$，$\dot{B} = b_1 + jb_2$，则

$$\dot{A} \cdot \dot{B} = (a_1 + ja_2)(b_1 + jb_2) = a_1b_1 + ja_1b_2 + j^2 a_2b_2 + ja_2b_1$$

因为 $j^2 = -1$，所以

$$\dot{A} \cdot \dot{B} = (a_1b_1 - a_2b_2) + j(a_1b_2 + a_2b_1)$$

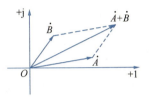

图 3.7 复数的加减运算

通常这种计算方法比较麻烦，要先化成极坐标形式或指数形式：若 $\dot{A} = a\angle\varphi_1$、$\dot{B} = b\angle\varphi_2$，则

$$\dot{A} \cdot \dot{B} = a\angle\varphi_1 \cdot b\angle\varphi_2 = ab\angle(\varphi_1 + \varphi_2)$$

即两复数相乘，等于其模相乘、辐角相加。

（3）除法运算。设 $\dot{A} = a_1 + ja_2$，$\dot{B} = b_1 + jb_2$，则

$$\frac{\dot{A}}{\dot{B}} = \frac{a_1 + ja_2}{b_1 + jb_2} = \frac{a_1b_1 + a_2b_2}{b_1^2 + b_2^2} + j\frac{a_2b_1 - a_1b_2}{b_1^2 + b_2^2}$$

通常这种计算方法比较麻烦，要先化成极坐标形式或指数形式。若 $\dot{A} = a\angle\varphi_1$、$\dot{B} = b\angle\varphi_2$，则

$$\frac{\dot{A}}{\dot{B}} = \frac{ae^{j\varphi_1}}{be^{j\varphi_2}} = \frac{a}{b}\angle(\varphi_1 - \varphi_2)$$

可见，两复数相除，等于其模相除、辐角相减。

例 3.9 已知 $\dot{A} = 6 + j8 = 10\angle 53.1°$，$\dot{B} = 4 - j3 = 5\angle -36.9°$。

试计算：(1) $\dot{A} + \dot{B}$；(2) $\dot{A} - \dot{B}$；(3) $\dot{A} \cdot \dot{B}$；(4) $\frac{\dot{A}}{\dot{B}}$。

解：(1) $\dot{A} + \dot{B} = 6 + j8 + 4 - j3 = 10 + j5 = 11.18\angle 26.6°$。

(2) $\dot{A} - \dot{B} = 6 + j8 - 4 + j3 = 2 + j11 = 11.18\angle 79.7°$。

(3) $\dot{A} \cdot \dot{B} = (10\angle 53.1°) \cdot (5\angle -36.9°) = 50\angle 16.2°$。

(4) $\frac{\dot{A}}{\dot{B}} = \frac{10\angle 53.1°}{5\angle -36.9°} = 2\angle 90°$。

复数相乘除的几何意义如图 3.8 所示。

把模等于 1 的复数如 $e^{j\varphi}$、$e^{j\pi/2}$、$e^{j\pi}$ 等称为旋转因子，例如把任意相量 $\dot{A}$ 乘以 j（$e^{j\pi/2} = j$）就等于把相量 $\dot{A}$ 在复平面上逆时针旋转 $\pi/2$，表示为 $j\dot{A}$，如图 3.9 所示。

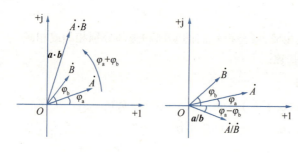
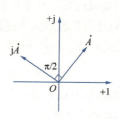

图 3.8　复数相乘除的几何意义　　　　　图 3.9　复数 $\dot{A}$ 与 j$\dot{A}$ 在同一复平面上

3.2.2　正弦量的相量表示法

视频

正弦交流电的相量表示法

为了便于分析计算正弦交流电路,用一个复平面上的相量对应地表示正弦量,相量的模表示正弦量的最大值或有效值,该相量与正向实轴间的夹角表示正弦量的初相位 φ,用大写字母上加黑点表示。

图 3.10 所示为正弦电流的有效值相量和最大值相量,分别记为 $\dot{I}$ 和 $\dot{I}_m$。

初相位有正值和负值,一般规定相量的辐角逆时针方向旋转时角度为正角,顺时针方向旋转的角度为负角,即当正弦交流电的初相位 φ 为正,相量应从实轴开始按逆时针转过一角度 φ;若初相位 φ 为负,相量应从实轴开始按顺时针转过一角度 $|\varphi|$。

将一些相同频率的正弦量的相量画在同一复平面上所构成的图形称为相量图。可选择某一相量作为参考相量先画出,参考正弦量相量的辐角为 $0°$,又称参考相量,再根据其他正弦量与参考正弦量的相位差画出其他相量。不同频率的正弦量的相量不能画在同一个复平面上。

注意:(1)今后若无特别说明,凡相量均指有效值相量。

(2)相量只是用复数的形式表达了一个正弦量,它不等于正弦量。

现有一交流电路,两端电压 u 及流入的电流 i 分别为 $u = U_m\sin(\omega t + 35°)$ V,$i = I_m\sin(\omega t - 20°)$ A,它们的相量表示为 $\dot{U} = U\angle 35°$ V;$\dot{I} = I\angle -20°$ A。相量图如图 3.11 所示。

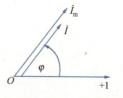
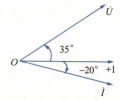

图 3.10　电流的最大值相量和有效值相量　　　　图 3.11　相量图

在相量图上能够清楚地看出各个正弦量间相位关系。从图 3.11 中可以看出,电压相量 $\dot{U}$ 超前电流相量 $\dot{I}$ 55°。如果是同一正弦量,还可以看出大小关系。

用相量图分析交流电路各电量间的关系,简明实用,是分析交流电路的主要方法之一。用相量图表示正弦交流量时,应明确以下几点:

(1)只有正弦量才能用相量来表示,相量不能表示非正弦量。

(2)正弦量是随时间交变的量,它不是矢量。相量仅是一种正弦量的表示方法,相量不等于正弦量。

(3) 只有同频率的正弦量才能画在同一相量图上。同频率的交流电在任何瞬间的相位差不变。在相量图中，它们之间的相对位置不变，从而能在同一相量图上分析同频率各正弦量间的关系，并能用平行四边形法则对交流电流或电压进行加、减运算。

例 3.10 已知：$i_1 = 8\sqrt{2}\sin(314t + 60°)$ A，$i_2 = 6\sqrt{2}\sin(314t - 30°)$ A。试用相量法求 $i_1 + i_2$。

解：因为 $i_1 = 8\sqrt{2}\sin(314t + 60°)$ A，$i_2 = 6\sqrt{2}\sin(314t - 30°)$ A，所以

$$\dot{I}_1 = 8\angle 60° \text{ A} \qquad \dot{I}_2 = 6\angle -30° \text{ A}$$

则

$$\dot{I} = \dot{I}_1 + \dot{I}_2 = 8\angle 60° + 6\angle -30° = 10\angle 23.1° \text{ A}$$

得

$$i = 10\sqrt{2}\sin(314t + 23.1°) \text{ A}$$

例 3.11 分别写出代表下列正弦电流的相量，并画出相量图：

$$i_1 = 10\sqrt{2}\sin\omega t \text{ A};$$
$$i_2 = 10\sqrt{2}\sin(\omega t + 60°) \text{ A};$$
$$i_3 = 10\sqrt{2}\sin(\omega t - 60°) \text{ A}。$$

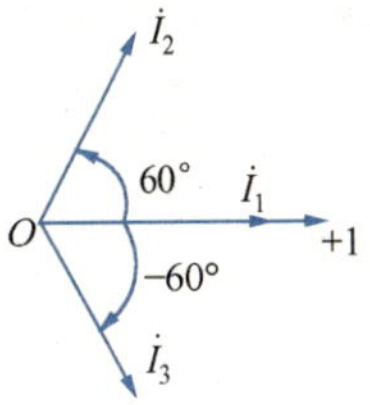

解：(1) $\dot{I}_1 = 10\angle 0° = 10\cos 0° + j10\sin 0° = 10$ A。

(2) $\dot{I}_2 = 10\angle 60° = 10\cos 60° + j10\sin 60° = (5 + j8.66)$ A。

(3) $\dot{I}_3 = 10\angle -60° = 10\cos 60° - j10\sin 60° = (5 - j8.66)$ A。

其相量图如图 3.12 所示，这三个正弦电流是大小相等的，画图时应注意。

图 3.12 例 3.11 相量图

例 3.12 分别写出下列相量所代表的正弦量，并画出相量图：

(1) $\dot{I} = (5 + j10)$ A；

(2) $\dot{U} = (8 - j6)$ V。

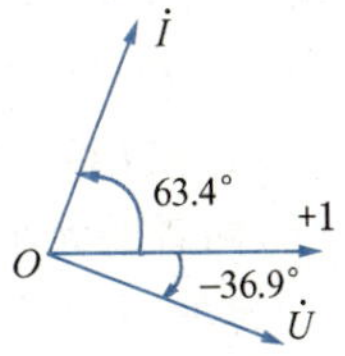

解：(1) 因为 $\dot{I} = (5 + j10)$ A $= 11.18\angle 63.4°$ A，所以

$$i = 11.18\sqrt{2}\sin(\omega t + 63.4°) \text{ A}$$

(2) 因为 $\dot{U} = (8 - j6)$ V $= 10\angle -36.9°$ V，所以

$$u = 10\sqrt{2}\sin(\omega t - 36.9°) \text{ V}$$

图 3.13 例 3.12 相量图

其相量图如图 3.13 所示。

电压和电流在同一相量图上是没有大小之分的，一定要注意只有相同的物理量才能比较大小。

3.3 单一元件的正弦交流电路

在正弦交流电路中，一般都含有电阻元件 R、电感元件 L、电容元件 C 这三种元件

(理想元件),各种实际电路不外乎三种元件的不同组合,因此,掌握这三种元件在正弦交流电路中的电压与电流关系、能量的转换及功率,是分析各种正弦交流电路的基础。

在正弦交流电路中,各电流和电压都是与电源同频率的正弦量,将这些正弦量分别用相量来表示,则直流电路中所学习的定律、定理和公式等,可以表示为对应的相量形式。基尔霍夫定律的相量形式为

$$\sum \dot{I} = 0 \qquad \sum \dot{U} = 0$$

即第1章和第2章介绍的直流电路的分析计算方法,在正弦交流电路中同样适用,所不同的是,正弦交流电路中的电压和电流以相量形式来表示的。

3.3.1 纯电阻元件的正弦交流电路

1. 电阻元件的伏安关系

当电阻元件上的电压 u 与电流 i 取关联参考方向时,如图3.14(a)所示。电阻两端的电压与通过的电流成正比,即 $u_R = iR$。

电阻元件相量模型如图3.14(b)所示。

电阻元件的相量图和电流、电压波形及瞬时值关系分别如图3.15所示。

动画
纯电阻元件的
正弦交流电路

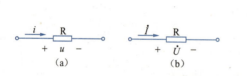

图3.14 电阻元件电路及相量模型　　图3.15 电阻元件的电流、电压相量图和波形图

若电阻两端的电压 $u_R = U_{Rm}\sin \omega t = \sqrt{2}U_R\sin \omega t$,根据欧姆定律,得电流瞬时值

$$i = \frac{u_R}{R} = \frac{U_{Rm}}{R}\sin \omega t = I_m\sin \omega t = \sqrt{2}I\sin \omega t$$

根据图3.15(b)所示的 u_R 和 i 波形图可见:

(1) u_R 和 i 两者为同频率的正弦量。

(2) u_R 和 i 两者同相。

(3) 两者的大小关系为 $U_{Rm} = I_m R$ 或 $U_R = IR, u_R = iR$。

2. 电阻元件电压、电流的相量关系

电阻元件欧姆定律的相量形式为

$$\dot{U}_R = \dot{I}R$$

相量图如图3.15(a)所示。

例3.13 在图3.14(a)中,已知:$u = 4\sqrt{2}\sin(100t + 20°)$ V,电阻 $R = 2$ Ω,求电流 i。

解:(1) 写出已知电压正弦量的相量 $\dot{U} = 4\angle 20°$ V。

(2) 根据相量关系式进行计算,得 $\dot{I} = \frac{\dot{U}}{R} = \frac{4\angle 20°}{2}$ A $= 2\angle 20°$ A。

(3) 根据求出的相量写出对应的正弦量的解析式为 $i = 2\sqrt{2}\sin(100t + 20°)$ A。

3. 电阻元件的功率

电阻元件的功率分为瞬时功率和平均功率。

(1)瞬时功率。由于电压、电流是随时间按正弦规律变化的,故电阻元件在电路中消耗(或吸收)的功率也是随时间而变化的,电路中元件在任何瞬间所消耗的功率称为瞬时功率,用小写字母 p 表示。取 u_R 和 i 为关联参考方向,在电阻元件上消耗的瞬时功率

$$p_R = u_R i = \sqrt{2}U_R \sin \omega t \sqrt{2}I \sin \omega t$$
$$= 2U_R I \sin^2 \omega t$$
$$= U_R I(1 - \cos 2\omega t)$$
$$= U_R I - U_R I \cos 2\omega t$$

P_R 由两部分组成,$U_R I$ 为固定分量,另一部分是幅值为 $U_R I$ 以 2ω 的角频率变化的余弦量,即 $P_R \geq 0$,可见 R 总是消耗功率的元件。

(2)平均功率(有功功率)。由于电阻元件上消耗的瞬时功率随时间变动,不便用来衡量元件消耗功率的大小,电工技术中常采用平均功率(有功功率)来计量。在交流电气设备上所标的额定功率指的就是平均功率。平均功率又称有功功率。以后讨论时,若不加特殊说明,交流电路中的功率均指有功功率。

瞬时功率在一周期内的平均值,称为平均功率,用大写字母 P 表示。电阻元件上的平均功率

$$P = \frac{1}{T}\int_0^T p_R dt = \frac{1}{T}\int_0^T (U_R I - U_R I \cos 2\omega t) dt$$
$$P = U_R I = I^2 R = \frac{U_R^2}{R}$$

上式表明,电阻元件交流电路的平均功率等于电压与电流有效值的乘积,它和直流电路中计算功率的公式具有相同的形式,在国际单位制中平均功率的单位是瓦特,简称瓦(W),实际使用时常用的单位是千瓦(kW)。

例 3.14 已知电阻炉由四根各为 10 Ω 的电阻丝串、并联组成,如图 3.16 所示。现接入电压为 $u = 311\sin(314t + 30°)$ V 的电路中,求总电流 i、电阻炉的功率 P 及每根电阻丝的功率。

解:(1)先将串、并联电阻等效为一个电阻,即

$$R = \frac{20 \times 20}{20 + 20} \Omega = 10 \ \Omega$$

(2)求出交流电压有效值

$$U = \frac{1}{\sqrt{2}}U_m = \frac{311}{\sqrt{2}} V = 220 \ V$$

求出电阻电路的电流有效值

$$I = \frac{U}{R} = \frac{220}{10} A = 22 \ A$$

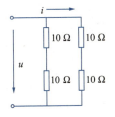

图 3.16 例 3.14 图

由于 u_R 和 i 同相,所以

$$i = 22\sqrt{2}\sin(314t + 30°) \ A$$

(3)功率

$$P = UI = 220 \times 22 \ W = 4.84 \ kW$$

(4)由分流原理可知,每根电阻丝流过的电流为 $\frac{1}{2}I = \frac{1}{2} \times 22$ A = 11 A。每根电阻丝的

功率

$$P = UI = \frac{1}{2} \times 220 \times 11 \text{ W} = 1.21 \text{ kW}$$

可见,电阻在交流电路中的总功率等于各个电阻元件上消耗的功率之和。

3.3.2 纯电感元件的正弦交流电路

动画
纯电感元件的正弦交流电路

1. 电感元件上电压与电流的相量关系

将电感元件接入正弦交流电路,并设定 u、i 的参考方向,如图 3.17(a) 所示。若流过电感元件的电流 $i = I_m \sin \omega t$,则电感元件两端的电压

$$u_L = L \frac{di}{dt} = L \frac{d(I_m \sin \omega t)}{dt} = I_m \omega L \cos \omega t = U_{Lm} \sin(\omega t + 90°)$$

由 i 及 u_L 的解析式可画出它们的波形图及相量图,如图 3.17(b)、(c) 所示。由分析可知,在电感元件的交流电路中,电压与电流是同频率的正弦量,它们之间有如下的关系:

(1) 在相位上,电压超前电流 90°,或者说电流滞后电压 90°。

(2) 在大小上,电压和电流在幅值或有效值之间的关系为 $U_{Lm} = I_m \omega L$ 或 $U_L = I \omega L$。

令 $X_L = \omega L = 2\pi f L$,$X_L$ 称为电感元件的电抗,简称感抗。若 f 的单位为 Hz,L 的单位为 H,则 X_L 的单位为 Ω,则

$$X_L = \frac{U_{Lm}}{I_{Lm}} \quad \text{或} \quad X_L = \frac{U_L}{I}$$

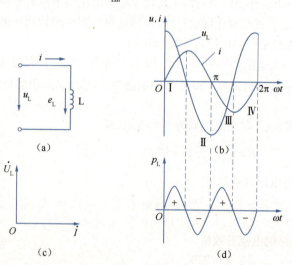

图 3.17 电感元件电路图、波形图与相量图

当电路中电压一定时,X_L 值越大,则电流越小,所以感抗 X_L 是表示电感对电流阻碍能力大小的物理量,其大小跟 L 和 f 成正比。

用相量表示电感元件两端电压和电流的关系为

$$\dot{I} = I \angle 0°$$

$$\dot{U}_L = U_L \angle 90°$$

由此得 $\dfrac{\dot{U}_L}{\dot{I}} = \dfrac{U_L\angle 90°}{I\angle 0°} = X_L\angle 90° = jX_L$，或 $\dot{U}_L = j\dot{I}X_L$。

这个表达式就是纯电感元件电路电压与电流的关系，称为电感元件的欧姆定律。

2. 电感元件的功率

（1）瞬时功率（又称即时功率）。当 u_L 与 i 在关联参考方向下，其瞬时功率

$$\begin{aligned}p_L &= u_L i \\ &= U_{Lm}I_m\sin(\omega t + 90°)\sin\omega t \\ &= U_{Lm}I_m\cos\omega t\sin\omega t \\ &= U_L I\sin 2\omega t\end{aligned}$$

图 3.17(d)为电感元件的平均功率波形图。由图可见，在第一及第三个 $\dfrac{1}{4}$ 周期内，u_L 和 i 同为正值或同为负值，故瞬时功率 p_L 为正值，这期间电流增大，说明电感元件从电源吸收功率，并把电能转换为磁场能量存在电感线圈中。在第二和第四个 $\dfrac{1}{4}$ 周期内，u_L 和 i 为一正一负，p_L 为负值。这期间电流减小，磁场能量随之减小，说明电感元件在此期间释放能量，将磁能转换为电能送还给电源。

由此可见，纯电感元件（理想元件）在电路中并不消耗能量，而是和电源不断地进行能量交换，这是一个可逆的能量转换过程。

（2）有功功率 $P_L = \dfrac{1}{T}\int_0^T p_L \mathrm{d}t = \dfrac{1}{T}\int_0^T (U_L I\sin 2\omega t)\mathrm{d}t = 0$，由此式可知，电感元件不消耗功率，是储能元件。

（3）无功功率。电感元件在交流电路中虽然不消耗能量，但在储能、放能过程中与电源之间不断地进行着能量互换。规定将即时功率 p_L 的最大值称为无功功率，用来衡量能量交换的规模。为了区别于耗能元件 R 的有功功率，故电感元件的无功功率用大写字母 Q_L 表示，即

$$Q_L = U_L I = I^2 X_L = \dfrac{U_L^2}{X_L}$$

在法定计量单位中，无功功率的单位是伏·安（V·A）、千伏·安（kV·A），也可用乏（var）或千乏（kvar）作单位。1 V·A = 1 var。

例 3.15 电感为 0.2 mH 的线圈分别接在频率 $f_1 = 5$ kHz 和 $f_2 = 100$ kHz 的交流电源上，电源电压均为 0.3 V，求线圈的感抗和电流有效值。若将此线圈接在直流电源上将会怎样？

解：（1）将线圈接在 0.3 V、5 kHz 的交流电源上时

$$X_{L_1} = 2\pi f_1 L = (2 \times 3.14 \times 5 \times 10^3 \times 0.2 \times 10^{-3})\ \Omega = 6.28\ \Omega$$

$$I_1 = \dfrac{U}{X_{L_1}} = \dfrac{0.3}{6.28}\ \text{A} = 0.048\ \text{A}$$

（2）将线圈接在 0.3 V、100 kHz 的交流电源上时

$$X_{L_2} = 2\pi f_2 L = (2 \times 3.14 \times 100 \times 10^3 \times 0.2 \times 10^{-3})\ \Omega = 125.6\ \Omega$$

$$I_2 = \dfrac{U}{X_{L_2}} = \dfrac{0.3}{125.6}\ \text{A} = 0.002\ 4\ \text{A}$$

(3)当线圈接在直流电源上时,相当于短路。此时电路中电流由电源内阻及线圈电阻决定。由于电压源内阻和线圈电阻均非常小,所以电流会很大。以致烧坏电源和线圈。

例 3.16 已知电感线圈 $L = 35$ mH,外接电压 $u_L = 220\sqrt{2}\sin(314t + 45°)$ V,求感抗 X_L、电流 i,并求线圈的有功功率和无功功率。

解:(1)感抗 $X_L = \omega L = 314 \times 35 \times 10^{-3}$ Ω = 11 Ω。

(2)电流有效值 $I = \dfrac{U_L}{X_L} = \dfrac{220}{11}$ A = 20 A。

两者的相量分别为 $\dot{U}_L = 220\angle 45°$ V;$\dot{I} = \dfrac{\dot{U}_L}{jX_L} = \dfrac{220\angle 45°}{11\angle 90°}$ A = $20\angle -45°$ A。

(3)电流 $i = 20\sqrt{2}\sin(314t - 45°)$ A。

(4)有功功率 $P_L = 0$。

(5)无功功率 $Q_L = U_L I = 220 \times 20$ var = 4.4 kvar。

3.3.3 纯电容元件的正弦交流电路

动画
纯电容元件的正弦交流电路

1. 电容元件相量形式的伏安关系

纯电容元件的交流电路及 u_C、i 的参考方向如图 3.18(a)所示。设电容两端的电压 $u_C = U_{Cm}\sin \omega t$,则流过电容元件中的电流

$$i = C\dfrac{du_C}{dt} = C\dfrac{d(U_{Cm}\sin \omega t)}{dt} = \omega C U_{Cm}\cos \omega t = I_m \sin(\omega t + 90°)$$

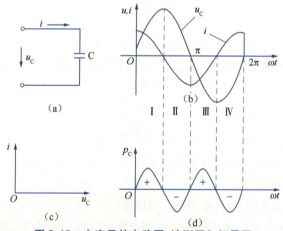

图 3.18 电容元件电路图、波形图与相量图

由 u_C 和 i 的解析式可得到它们的波形图及相量图,如图 3.18(b)、(c)所示。电容元件的交流电压 u_C 和 i 是同频率的正弦量,它们之间有如下关系:

(1)在相位上,电流超前于电压 90°或者说电压滞后于电流 90°。

(2)在大小上,电压和电流在幅值或有效值之间的关系为

$$I_m = \omega C U_{Cm} \quad \text{或} \quad I = \omega C U_C$$

令 $X_C = \dfrac{1}{\omega C} = \dfrac{1}{2\pi f C}$,$X_C$ 称为电容元件的电抗,简称容抗,若 f 的单位为 Hz,C 的单位为 F,则 X_C 的单位为 Ω。

则
$$X_C = \frac{U_C}{I_m} \quad \text{或} \quad X_C = \frac{U_C}{I}$$

X_C 表示了电容元件对电流的阻碍作用。

X_C 的大小与电容 C 及频率 f 成反比。当电容越大、频率越高时，X_C 越小，说明电容对电流的阻碍作用越小。在直流电路中，$f=0$，$X_C = \infty$，电容两端虽有电压，但电路中电流为 0，即电容有隔直作用。若用复数形式表示电压和电流的关系，则为

$$\dot{U}_C = U_C \angle 0° \qquad \dot{I} = I \angle 90°$$

所以
$$\frac{\dot{U}_C}{\dot{I}} = \frac{U_C \angle 0°}{I \angle 90°} = X_C \angle -90° = -jX_C$$

或者 $\dot{U}_C = -j\dot{I}X_C$，这个表达式就是纯电容元件电路电压与电流的关系，称为电容元件的欧姆定律。

2. 电容元件的功率

(1) 瞬时功率。电容元件电路中的瞬时功率

$$p_C = u_C i = U_{Cm} I_m \sin \omega t \sin(\omega t + 90°) = U_C I \sin 2\omega t$$

瞬时功率的变化曲线如图 3.18(d) 所示。由波形图可见，在第一和第三个 $\frac{1}{4}$ 周期内（u_C 和 i 同为正或同为负），$p_C = u_C i$ 为正值，表示电容元件起负载作用，从电源吸收功率并把它转换成电场能。在这期间，电容元件上电压增大，电场能量也在增加。在第二和第四个 $\frac{1}{4}$ 周期内，因 u_C 与 i 方向相反，故 $p_C < 0$，在这期间 u_C 减小，电场能量也在减小，电容器内的电场能量又转换为电能，并全部送还给电源。

由此可见，纯电容元件（理想元件）在电路中并不消耗能量，而是和电源不断地进行能量交换。这是一个可逆的能量转换过程。

(2) 平均功率。电容元件电路中的平均功率

$$P_C = \frac{1}{T}\int_0^T p_C dt = \frac{1}{T}\int_0^T (U_C I \sin 2\omega t) dt = 0$$

说明电容元件是不消耗功率的，是储能元件。

(3) 无功功率。电容元件在交流电路中虽然不消耗能量，但在充、放电过程中与电源之间不断地进行着能量互换。将 p_C 的最大值称为无功功率，用来衡量能量交换的规模。用 Q_C 表示，即

$$Q_C = U_C I = I^2 X_C = \frac{U_C^2}{X_C}$$

Q_C 的单位也是乏(var)、千乏(kvar)或用伏·安(V·A)、千伏·安(kV·A)。

例 3.17 有一个 5 μF 的电容元件分别接在频率为 1 000 Hz、电压为 10 V 的交流电源上，求电路中的电源。

解： 电容元件接在 1 000 Hz、10 V 的电源上时，容抗

$$X_C = \frac{1}{\omega C} = \frac{1}{2\pi f C} = \frac{1}{2 \times 3.14 \times 1\,000 \times 5 \times 10^{-6}} \Omega = 31.8\ \Omega$$

$$I = \frac{U_C}{X_C} = \frac{10}{31.8} \text{ A} = 314 \text{ mA}$$

例 3.18 电容元件电路中,已知 $C = 4.7 \text{ μF}$, $f = 50 \text{ Hz}$, $i = 0.2\sqrt{2}\sin(\omega t + 60°)$ A,求 $\dot{U}_C$ 并作相量图。

解:(1)先求容抗 X_C 值。

$$X_C = \frac{1}{2\pi f C} = \frac{1}{2 \times 3.14 \times 50 \times 4.7 \times 10^{-6}} \text{ Ω} = 677.6 \text{ Ω}$$

(2)求 $\dot{U}_C$。已知 $\dot{I} = 0.2\angle 60°$ A,所以

$$\dot{U}_C = -\text{j}\dot{I}X_C$$
$$= 1\angle -90° \times 0.2\angle 60° \times 677.6 \text{ V} = 135.52\angle -30° \text{ V}$$

相量图如图 3.19 所示。

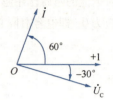

图 3.19 例 3.18 图

3.4 RLC 交流电路的分析

许多实际电路是由两个或三个不同参数的元件组成,如电动机、继电器等设备都含有线圈,而线圈的电阻往往不可忽略;又如一些电子设备,放大器、信号源等的电路内含有电阻元件、电容元件或电感元件等元件,所以分析含有三种参数的交流电路具有实际意义。

3.4.1 RLC 串联交流电路的分析

动画

RLC串联交流电路的分析

电阻元件、电感元件和电容元件串联的交流电路如图 3.20(a)所示,各元件在外加正弦电压 u 的作用下,流过同一电流 i。其相量模型如图 3.20(b)所示。

设 i 为参考正弦量,令 $i = I_m \sin \omega t$,则其相量 $\dot{I} = I \angle 0°$。

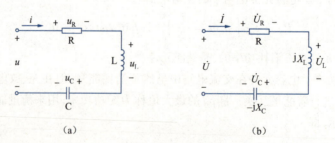

图 3.20 RLC 串联电路图、相量模型

则各个元件上的电压为

$$\dot{U}_R = \dot{I}R \qquad \dot{U}_L = \text{j}\dot{I}X_L \qquad \dot{U}_C = -\text{j}\dot{I}X_C$$

根据基尔霍夫电压定律(KVL),有

$$\dot{U} = \dot{U}_R + \dot{U}_L + \dot{U}_C = \dot{I}R + \text{j}\dot{I}X_L + (-\text{j}\dot{I}X_C)$$
$$= \dot{I}[R + \text{j}(X_L - X_C)]$$

即 $\dot{U} = \dot{I}Z$。

上式为 RLC 串联电路伏安关系的相量表示式,又称相量形式的欧姆定律。阻抗 Z 是一个复数,上式中的 $R + j(X_L - X_C)$ 称为电路的复阻抗,用大写字母 Z 表示,即

$$Z = R + j(X_L - X_C) = R + jX = |Z| \angle \varphi_Z$$

上式中实部为电阻,虚部 $X = X_L - X_C$ 称为电抗;φ_Z 称为阻抗角,φ_Z 的大小是由电路负载的参数决定的;$|Z|$ 称为阻抗的模,$|Z|$ 的单位是 Ω。它们之间的关系为

$$\begin{cases} |Z| = \sqrt{R^2 + X^2} \\ \varphi_Z = \arctan \dfrac{X}{R} \\ R = |Z| \cos \varphi_Z \\ X = |Z| \sin \varphi_Z \end{cases}$$

根据阻抗的定义,有

$$Z = \frac{\dot{U}}{\dot{I}} = \frac{U \angle \varphi_u}{I \angle \varphi_i} = \frac{U}{I} \angle (\varphi_u - \varphi_i) = |Z| \angle \varphi_Z$$

式中,$|Z| = \dfrac{U}{I}$;$\varphi_Z = \varphi_u - \varphi_i$。

复阻抗 Z 的模 $|Z|$ 反映了总电压与电流之间的大小关系,复阻抗的阻抗角 φ_Z 表示了 u 与 i 两者的相位关系。由此可见,在正弦交流电路中,对于一个无源二端网络,阻抗的模等于其端口的正弦电压与正弦电流的有效值(或振幅)之比,阻抗角等于电压超前电流的相位角。

由电压 $\dot{U}_R$、$\dot{U}_L$ 和 $\dot{U}$ 组成的直角三角形,称为电压三角形,如图 3.21(a)所示。由 R、X、$|Z|$ 组成的直角三角形,称为阻抗三角形,如图 3.21(b)所示。其中

$X = X_L - X_C$,$\dot{U}_X = \dot{U}_L + \dot{U}_C$(注意:因为 $\dot{U}_L$ 与 $\dot{U}_C$ 反相,$U_X = U_L - U_C$)

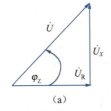
(a)

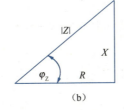
(b)

图 3.21 电压三角形与阻抗三角形

令电抗 $X = X_L - X_C = \omega L - \dfrac{1}{\omega C}$,可见,电抗 X 随着 ω、L 和 C 值的不同而不同,电路有三种不同情况。

(1) 当 $X_L > X_C$ 时,$X = X_L - X_C > 0$,电路中 $U_L > U_C$,$\varphi_Z > 0$,表示电压超前于电流,电路呈电感性;电压相量图如图 3.22(a)所示。

(2) 当 $X_L < X_C$ 时,$X = X_L - X_C < 0$,电路中 $U_L < U_C$,$\varphi_Z < 0$,表示电压滞后于电流,电路呈电容性;电压相量图如图 3.22(b)所示。

(3) 当 $X_L = X_C$ 时,$X = X_L - X_C = 0$,电路中 $U_L = U_C$,$\varphi_Z = 0$,若 $\varphi_Z = 0$,表示电压与电流

同相,电路呈电阻性。电压相量图如图 3.22(c)所示。

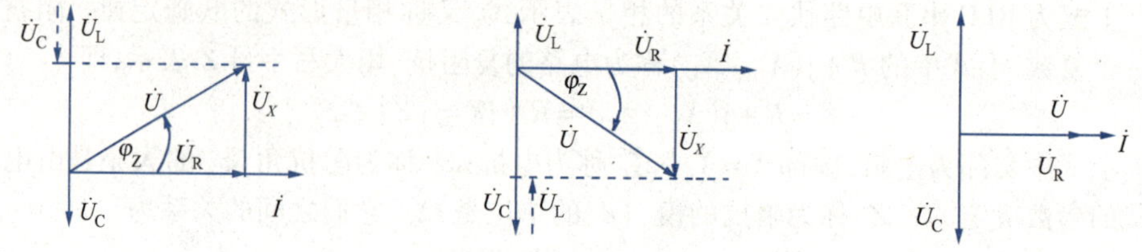

(a) $X>0$　　(b) $X<0$　　(c) $X=0$

图 3.22　RLC 串联电路相量图

例 3.19　有一 RC 电路,如图 3.23(a)所示。已知:$U_i = 10$ V,$f = 500$ Hz,$C = 0.1$ μF,为了使输出电压 U_o 对输入电压 U_i 移相(相位差)60°。试计算 R 的值。

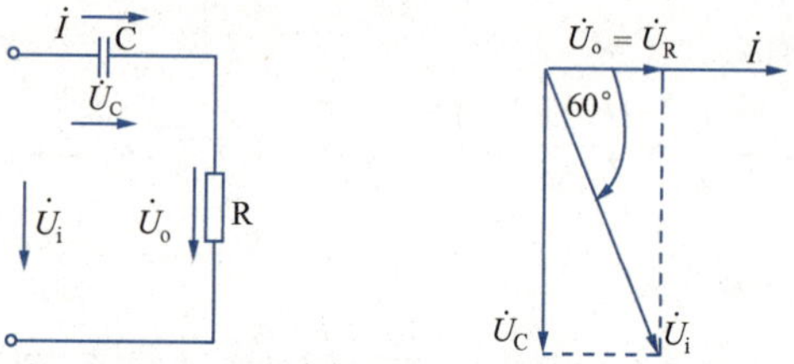

(a)　　(b)

图 3.23　例 3.19 图

解:该电路为 RC 串联电路,U_o 即 U_R。

以 $\dot{I}$ 为参考相量作相量图,如图 3.23(b)所示。

由相量图得

$$U_o = U_R = U_i \cos 60° = 10 \times \frac{1}{2} \text{ V} = 5 \text{ V}$$

而 $U_C = U_i \sin 60° = 10 \times \frac{\sqrt{3}}{2}$ V $= 5\sqrt{3}$ V

因 $\dfrac{U_C}{U_R} = \dfrac{IX_C}{IR} = \dfrac{X_C}{R}$

所以

$$R = X_C \frac{U_R}{U_C} = \frac{1}{\omega C} \frac{U_R}{U_C} = \frac{1}{2 \times 3.14 \times 500 \times 0.1 \times 10^{-6}} \times \frac{5}{5\sqrt{3}} \text{ Ω} = 1.84 \text{ kΩ}$$

例 3.20　RLC 串联电路如图 3.20(a)所示。已知:$R = 5$ kΩ,$L = 6$ mH,$C = 0.001$ μF,$u = 5\sqrt{2} \sin 10^6 t$ V。

(1)求电流 i 和各元件上的电压,并画出相量图;

(2)当角频率变为 $\omega = 2 \times 10^5$ rad/s 时,电路的性质有无改变。

解:(1)按相量法的三个步骤求解。

①写出已知正弦量的相量

$$\dot{U} = 5 \angle 0° \text{ V}$$

②根据相量关系进行计算

$$X_L = \omega L = 10^6 \times 6 \times 10^{-3}\ \Omega = 6\ k\Omega$$

$$X_C = \frac{1}{\omega C} = \frac{1}{10^6 \times 0.001 \times 10^{-6}}\ \Omega = 1\ k\Omega$$

$$Z = R + j(X_L - X_C) = [5 + j(6-1)]\ k\Omega = (5 + j5)\ k\Omega = 5\sqrt{2}\angle 45°\ k\Omega$$

阻抗角 $\varphi_Z = 45°$，该电路为电感性。

电流相量为 $\dot{I} = \dfrac{\dot{U}}{Z} = \dfrac{5\angle 0°}{5\sqrt{2}\angle 45°}\ mA = 0.5\sqrt{2}\angle -45°\ mA$

电阻电压相量、电感电压相量和电容电压相量分别为

$$\dot{U}_R = \dot{I}R = 5 \times 0.5\sqrt{2}\angle -45°\ V = 2.5\sqrt{2}\angle -45°\ V$$

$$\dot{U}_L = \dot{I}X_L = j6 \times 0.5\sqrt{2}\angle -45°\ V = 3\sqrt{2}\angle 45°\ V$$

$$\dot{U}_C = -j\dot{I}X_C = -j1 \times 0.5\sqrt{2}\angle -45°\ V = 0.5\sqrt{2}\angle -135°\ V$$

③根据求出的相量写出对应的正弦解析式。$\dot{U}_X = \dot{U}_L - \dot{U}_C = 2.5\sqrt{2}\angle 45°\ V$。

所求的电流、电压瞬时值分别为

$$i = \sin(10^6 t - 45°)\ mA$$

$$u_R = 5\sin(10^6 t - 45°)\ V$$

$$u_L = 6\sin(10^6 t + 45°)\ V$$

$$u_C = \sin(10^6 t - 135°)\ V$$

相量图如图 3.24 所示。

(2) $\omega = 2 \times 10^5$ rad/s 时，电路的复阻抗

$$Z = R + j(X_L - X_C)$$

$$= \left[5 + j\left(2 \times 10^5 \times 6 \times 10^{-3} - \frac{1}{2 \times 10^5 \times 0.001 \times 10^{-6}}\right)\right]\ k\Omega$$

$$= (5 - j3.8)\ k\Omega = 6.28\angle -37.2°\ k\Omega$$

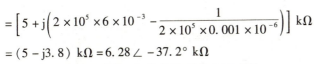

图 3.24　例 3.20 相量图

可见，此时电路呈电容性，电路的性质发生了变化。

3.4.2　RLC 并联交流电路的分析

RLC 并联电路如图 3.25(a) 所示，如图 3.25(b) 所示为其相量模型，电路中电流和电压用相量表示，电阻、电感、电容分别用阻抗表示。

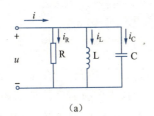 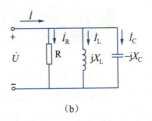

(a)　　　　　　　　　　　　　　(b)

图 3.25　RLC 并联电路图、相量模型

设电路中的电压 $u = \sqrt{2}U\sin(\omega t + \varphi_u)$

电压相量 $\dot{U} = U\angle\varphi_u$

由 KCL,得

$$\dot{I} = \dot{I}_R + \dot{I}_L + \dot{I}_C$$

根据 RLC 元件伏安特性关系,有

$$\dot{I}_R = \frac{\dot{U}}{R} \quad \dot{I}_L = \frac{\dot{U}}{jX_L} \quad \dot{I}_C = \frac{\dot{U}}{-jX_C}$$

式中,$X_L = \omega L$;$X_C = \dfrac{1}{\omega C}$。

故 $\dot{I} = \dot{U}\left(\dfrac{1}{R} + \dfrac{1}{jX_L} + \dfrac{1}{-jX_C}\right) = \dot{U}\left[\dfrac{1}{R} + j\left(\dfrac{1}{X_C} - \dfrac{1}{X_L}\right)\right]$。

例 3.21 RLC 并联电路如图 3.25(a)所示。已知:$R = 5\ \Omega, L = 5\ \mu H, C = 0.4\ \mu F$,电压有效值为 $U = 10\ V, \omega = 10^6\ rad/s$,求总电流 i,并说明电路的性质。

解:(1)写出已知正弦量的相量。

设电压的初相为 $0°$,即该电压相量为 $\dot{U} = 10\angle 0°$。

(2)根据相量关系进行计算。

$$X_L = \omega L = 10^6 \times 5 \times 10^{-6}\ \Omega = 5\ \Omega$$

$$X_C = \frac{1}{\omega C} = \frac{1}{10^6 \times 0.4 \times 10^{-6}}\ \Omega = 2.5\ \Omega$$

$$\dot{I}_R = \frac{\dot{U}}{R} = \frac{10\angle 0°}{5}\ A = 2\ A$$

$$\dot{I}_L = \frac{\dot{U}}{jX_L} = \frac{10\angle 0°}{j5}\ A = -j2\ A$$

$$\dot{I}_C = \frac{\dot{U}}{-jX_C} = \frac{10\angle 0°}{-j2.5}\ A = j4\ A$$

$$\dot{I} = \dot{I}_R + \dot{I}_L + \dot{I}_C = 2 - j2 + j4 = 2 + j2 = 2\sqrt{2}\angle 45°\ A$$

(3)根据求出的相量写出对应的正弦电流解析式

$$i = 4\sin(10^6 t + 45°)\ A$$

由于电路中电流的相位超前电压 $45°$,所以该电路呈电容性。

3.5 RLC 谐振电路的分析

所谓谐振就是在含有电感元件、电容元件和电阻元件的电路中,在某些工作频率上出现端口电压和电流同相位的现象。谐振电路在电子技术中有着广泛的应用。例如在收音机和电视机电路中,利用谐振电路的特性来选择所需的电台信号,抑制干扰信号;在电子测量仪器中,利用谐振电路的特性来测量电感元件和电容元件的参数等。谐振有串联谐振和并联谐振两种类型,下面分别讨论。

3.5.1 串联电路的谐振

1. 谐振条件

如图 3.20(b) 所示是由电阻元件、电感元件、电容元件组成的 RLC 串联电路的相量模型,在正弦电压作用下,电路的复阻抗

$$Z = R + j\omega L + \frac{1}{j\omega C} = R + j\left(\omega L - \frac{1}{\omega C}\right)$$

$$Z = R + j(X_L - X_C) = R + jX = |Z|\angle\varphi$$

式中,$\varphi = \arctan\dfrac{X_L - X_C}{R}$。

电路中的电流 $\dot{I} = \dfrac{\dot{U}_s}{Z}$。

当 $X = X_L - X_C = 0$ 时,$\varphi = 0$,此时电路中的电流与电源电压同相位,这种现象称为谐振现象。

当电路发生谐振时,$X_L - X_C = 0$ 或 $X_L = X_C$

即

$$\omega L = \frac{1}{\omega C} \tag{3.2}$$

串联电路发生谐振的条件是:感抗等于容抗。

谐振的发生不但与 L 和 C 有关,而且与电源的角频率 ω 有关。可以通过改变 L、C 及 ω 的值使电路发生谐振。

(1) 当 L 和 C 固定时,通过改变 ω 使电路发生谐振。由式(3.2)可得谐振角频率

$$\omega_0 = \frac{1}{\sqrt{LC}}$$

或谐振频率

$$f_0 = \frac{1}{2\pi\sqrt{LC}}$$

可见,谐振时的角频率 ω_0、频率 f_0 仅决定于电路的电感元件和电容元件的值,是电路所固有的。f_0 和 ω_0 分别称为电路的固有频率和固有角频率。对一个 RLC 串联电路来说,并不是外加电压的任一种频率都能使电路发生谐振,只有当外加电压的频率等于该电路的固有频率时,电路才会发生谐振。

(2) 当 L 和 ω 固定时,通过改变 C 使电路发生谐振,由式(3.2)得

$$C = \frac{1}{\omega^2 L}$$

(3) 当 C 和 ω 固定时,通过改变 L 使电路发生谐振,由式(3.2)得

$$L = \frac{1}{\omega^2 C}$$

改变电感元件和电容元件的值,都能改变电路的固有频率,使固有频率等于外加电压的频率,电路就会出现谐振现象。调节 L 或 C 使电路谐振的过程称为调谐。如果不希望电路发生谐振,就应设法使式(3.2)不成立。

例 3.22 在 RLC 串联电路中,已知 $L = 500\ \mu\text{H}$,C 为可调电容元件,变化范围在 $12 \sim 290\ \text{pF}$,$R = 10\ \Omega$,外加电压的频率 $f = 800\ \text{kHz}$,问 C 为何值时电路发生谐振。

解: $C = \dfrac{1}{\omega^2 L} = \dfrac{1}{(2\pi \times 800 \times 10^3)^2 \times 500 \times 10^{-6}}\ \text{F} = 79.2 \times 10^{-12}\ \text{F} = 79.2\ \text{pF}$

2. 串联谐振的特征

串联谐振具有以下特征:

(1) 谐振时,阻抗最小且为纯电阻。因为谐振时,$X = 0$,所以 $|Z| = \sqrt{R^2 + X^2} = R$。

(2) 谐振时,电路中电流最大,电流与电压同相位。谐振时阻抗最小,当电源电压一定时,电路电流最大,即

$$I_0 = \dfrac{U_s}{R}$$

(3) 谐振时,电路的电抗为 0,感抗和容抗相等并等于电路的特性阻抗,即

$$\omega_0 L = \dfrac{1}{\omega_0 C} = \sqrt{\dfrac{L}{C}} = \rho \tag{3.3}$$

ρ 称为串联谐振电路的特性阻抗,单位为 Ω,是串联谐振时的感抗或容抗,它的大小由电路的 L 和 C 的值决定,而与电源频率无关,ρ 是衡量电路特性的一个重要参数。

(4) 谐振时,电感电压与电容电压大小相等、相位相反,大小为电源电压的 Q 倍。其电压关系为

$$U_L = I_0 X_L = \dfrac{U_s}{R} \omega_0 L = \dfrac{\rho}{R} U_s$$

$$U_C = I_0 X_C = \dfrac{U_s}{R} \dfrac{1}{\omega_0 C} = \dfrac{\rho}{R} U_s$$

令

$$Q = \dfrac{\rho}{R} = \dfrac{\omega_0 L}{R} = \dfrac{1}{\omega_0 RC} = \dfrac{1}{R}\sqrt{\dfrac{L}{C}}$$

则

$$U_L = U_C = Q U_s$$

Q 称为串联谐振电路的品质因数,是特性阻抗 ρ 与电路电阻 R 之比,为一个无量纲的量,其大小仅由电路的参数决定,工程上常简称为 Q 值。

由于 $U_L = U_C = Q U_s$,当 $Q \gg 1$ 时,电感电压和电容电压远大于电源电压,因此串联谐振又称电压谐振。

在无线电技术中,传输的电压信号往往很弱,利用串联谐振电路将微弱的信号放大,在电感和电容上获得较高的电压。由于在电力系统中,如果发生谐振,就会在电气设备上产生过高的电压,导致损坏电气设备,危及人身安全,所以在电力系统中应避免谐振的发生。

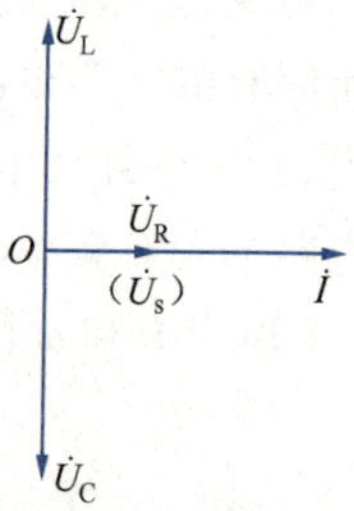

谐振电路的相量图如图 3.26 所示。

(5) 谐振时,电路的无功功率为零,电源供给的能量全部消耗在电阻元件上。

由于谐振时感抗等于容抗,电感元件上的无功功率等于电容元件中的无功功率,电容元件的电场能与电感元件的磁场能相互转换,而不与电源进行能量交换。

图 3.26 谐振电路的相量图

例 3.23 在 RLC 串联电路中,已知:$R = 20\ \Omega$,$L = 3\ \text{mH}$,$C = 750\ \text{pF}$、电源电压 $U = 0.2\ \text{mV}$,求电路发生谐振时的谐振频率 f_0、回路的特性阻抗 ρ 和品质因数 Q 及电容元件上的电压 U_C。

解:$f_0 = \dfrac{1}{2\pi\sqrt{LC}} = \dfrac{1}{2\pi\sqrt{3 \times 10^{-3} \times 750 \times 10^{-12}}}\ \text{Hz} = 1.06 \times 10^6\ \text{Hz} = 1.06\ \text{MHz}$

$$\rho = \sqrt{\dfrac{L}{C}} = \sqrt{\dfrac{3 \times 10^{-3}}{750 \times 10^{-12}}}\ \Omega = 2\,000\ \Omega$$

$$Q = \dfrac{\rho}{R} = \dfrac{2\,000}{20} = 100$$

$$U_C = QU = 100 \times 0.2\ \text{mV} = 20\ \text{mV}$$

3.5.2 并联电路的谐振

1. RLC 并联谐振电路

图 3.27 所示为 RLC 并联电路,并联电路在一定条件下同样会发生谐振,在分析和研究并联谐振电路时,采用复导纳比较方便。电路的复导纳为

$$\begin{aligned}
Y &= \dfrac{1}{R} + \dfrac{1}{\text{j}\omega L} + \text{j}\omega C \\
&= \dfrac{1}{R} - \text{j}\left(\dfrac{1}{\omega L} - \omega C\right) \\
&= G - \text{j}(B_L - B_C) \\
&= G - \text{j}B \\
&= |Y|\angle\varphi
\end{aligned}$$

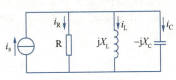

图 3.27 RLC 并联电路

动画

并联电路的谐振

当 $B_L = B_C$ 时,$Y = G$,$\varphi = 0$,电路呈电阻性,端口电压与电流同相位,电路发生谐振。此时 $\omega_0 L = \dfrac{1}{\omega_0 C}$。

由此可见,并联谐振与串联谐振的谐振条件是一样的。

并联电路的谐振角频率和谐振频率分别为

$$\omega_0 = \dfrac{1}{\sqrt{LC}}$$

$$f_0 = \dfrac{1}{2\pi\sqrt{LC}}$$

并联谐振具有如下特点:

(1) 并联谐振时,电路的复导纳最小,阻抗值最大,电路呈电阻性,即

$$Y = G \qquad Z = R$$

(2) 并联谐振时,电路中的电流最小,且与电压同相位。由于并联谐振时电路的阻抗最大,故电路中电流最小。

(3) 并联谐振时,电感支路电流与电容支路电流等值反向,且为总电流的 Q' 倍。

若电路由理想电流源供电,则电路电压为 $\dot{U}_0 = \dot{I}_s R$,这时电感支路和电容支路的电流分别为

$$\dot{I}_L = \dfrac{\dot{U}_0}{\text{j}\omega_0 L} = \dfrac{\dot{I}_s R}{\text{j}\omega_0 L} = -\text{j}Q'\dot{I}_s$$

$$\dot{I}_{C_0} = \frac{\dot{U}_0}{-j\frac{1}{\omega_0 C}} = \frac{\dot{I}_s R}{-j\frac{1}{\omega_0 C}} = jQ'\dot{I}_s$$

式中，$Q' = \dfrac{R}{\omega_0 L} = \omega_0 CR$。

Q' 称为并联谐振电路的品质因数。

若 Q' 很大，则电感支路和电容支路的电流将比 I_s 大很多倍。并联谐振又称电流谐振。

(4) 并联谐振时，电路的无功功率为 0，电源供给的能量全部消耗在电阻元件上。并联谐振时仍然是电感元件的磁场能和电容元件的电场能相互转换，而与电源间无能量交换，电源供给的能量全为电阻元件所消耗。

并联谐振电路的相量图如图 3.28 所示。

例 3.24 RLC 并联电路如图 3.27 所示，电流源电流为 100 mA，频率为 50 Hz，调节电容使得电路中的端电压达到最大，此时电压为 20 V，电容元件电流为 2 A。试求 R、L、C 之值及回路的品质因数 Q' 值。

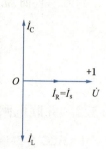

图 3.28 并联谐振电路的相量图

解：电路的端电压为最大，则电路发生了并联谐振，此时，电路的电阻

$$R = \frac{U}{I_s} = \frac{20}{100 \times 10^{-3}} \ \Omega = 200 \ \Omega$$

$$X_C = \frac{1}{\omega C} = \frac{U}{I_C} = \frac{20}{2} \ \Omega = 10 \ \Omega$$

$$C = \frac{1}{\omega X_C} = \frac{1}{2\pi f_0 X_C} = \frac{1}{2 \times 3.14 \times 50 \times 10} \ F = 0.318\,5 \times 10^{-3} \ F$$

电路发生谐振时 $f_0 = \dfrac{1}{2\pi\sqrt{LC}}$，则

$$L = \frac{1}{(2\pi f_0)^2 C} = \frac{X_C}{2\pi f_0} = \frac{10}{2 \times 3.14 \times 50} \ H = 0.031\,85 \ H$$

电路的品质因数

$$Q' = \omega_0 CR = 2 \times 3.14 \times 50 \times 0.318\,5 \times 10^{-3} \times 200 = 20$$

2. 实际线圈与电容并联的谐振电路

图 3.29 所示的电路是实际电感元件与电容元件并联的电路，由于实际电感元件中的电阻通常不能忽略，而电容元件的介质损耗很小，可以认为是理想电容元件。这种并联电路的复导纳

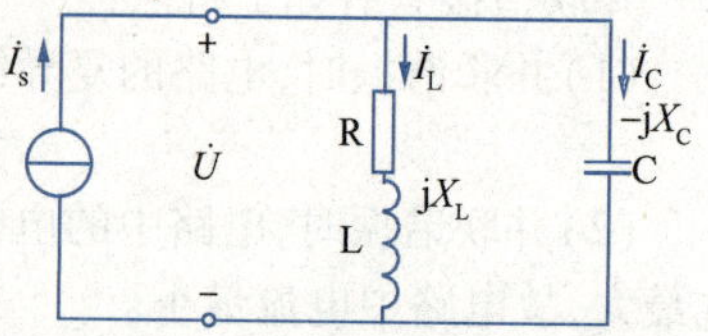

$$Y = \frac{1}{R + j\omega L} + j\omega C$$

$$= \frac{R}{R^2 + (\omega L)^2} + j\left[\omega C - \frac{\omega L}{R^2 + (\omega L)^2}\right]$$

图 3.29 实际电感线圈与电容元件的并联电路

为了求出此电路发生谐振的条件，令上式中的虚部为 0，得

$$\omega_0 C - \frac{\omega_0 L}{R^2 + (\omega_0 L)^2} = 0 \quad 或 \quad \omega_0 C = \frac{\omega_0 L}{R^2 + (\omega_0 L)^2} \tag{3.4}$$

电路的谐振角频率

$$\omega_0 = \sqrt{\frac{1}{LC} - \frac{R^2}{L^2}} = \frac{1}{\sqrt{LC}}\sqrt{1 - \frac{CR^2}{L}}$$

在图 3.29 中，电感元件与电容元件的并联部分称为谐振回路，则式(3.3)和式(3.4)可用于此回路中。

当 $Q \gg 1$，即 $\omega L \gg R$ 时，式(3.4)可以近似写为

$$\omega_0 C - \frac{\omega_0 L}{(\omega_0 L)^2} = 0$$

即产生谐振的条件近似为

$$\omega_0 L = \frac{1}{\omega_0 C}$$

谐振角频率

$$\omega_0 = \frac{1}{\sqrt{LC}}$$

而谐振频率

$$f_0 = \frac{1}{2\pi\sqrt{LC}}$$

在电子技术中使用的并联谐振电路一般都能满足 $Q \gg 1$ 的条件。

实际电感元件与电容元件并联电路谐振的特点如下：

(1) 谐振时，回路阻抗最大且为纯电阻，回路端电压与总电流同相。

$$Z = \frac{1}{Y} = \frac{R^2 + (\omega_0 L)^2}{R} = \frac{L}{RC} = Q^2 R$$

(2) 谐振时，电感支路电流与电容支路电流近似相等并为总电流的 Q 倍。

电感支路的电流

$$\dot{I}_{L_0} = \frac{\dot{U}_0}{R + \mathrm{j}\omega_0 L} \approx \frac{\dot{U}_0}{\mathrm{j}\omega_0 L} = -\mathrm{j}Q\dot{I}_0$$

电容支路的电流

$$\dot{I}_{C_0} = \frac{\dot{U}_0}{\frac{1}{\mathrm{j}\omega_0 C}} = \mathrm{j}\omega_0 C \dot{U}_0 = \mathrm{j}Q\dot{I}_0$$

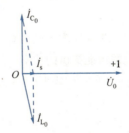

图 3.30 各支路电流的相量图

各支路电流的相量图如图 3.30 所示。

3.6 正弦交流电路中的功率及功率因数

3.6.1 正弦交流电路的功率因数

由瞬时功率：$p = ui = U_m\sin(\omega t + \varphi_u)I_m\sin(\omega t + \varphi_i) = UI[\cos(\varphi_u - \varphi_i) - \cos(2\omega t + \varphi_u + \varphi_i)]$，得平均功率(有功功率)，

视频

正弦交流电路中的功率及功率因数

$$P = \frac{1}{T}\int_0^T [UI\cos(\varphi_u - \varphi_i) - UI\cos(2\omega t + \varphi_u + \varphi_i)]dt = UI\cos(\varphi_u - \varphi_i) = UI\cos\varphi_Z$$

则

$$P = UI\cos\varphi_Z = U_R I = I^2 R = \frac{U_R^2}{R}$$

交流电路中只有电阻元件是消耗功率的。交流电路中有功功率的大小,不仅与电压、电流有效值的乘积有关,而且还与电压、电流之间的相位差 φ_Z 的余弦成正比。把 $\cos\varphi_Z$ 称为电路的功率因数,φ_Z 也可称为功率因数角,即相位差角、阻抗角和功率因数角是相同的。

3.6.2 无功功率、视在功率和功率三角形

电感元件和电容元件不消耗功率,它们与电源进行能量交换,无功功率分别为

$$Q_L = U_L I$$
$$Q_C = U_C I$$

由于 $\dot{U}_L$ 与 $\dot{U}_C$ 反相,所以由电压三角形可得电路中总的无功功率

$$Q = Q_L - Q_C = U_L I - U_C I = (U_L - U_C)I = UI\sin\varphi_Z$$

上式表明交流电路中总的无功功率不仅与电压、电流有效值乘积有关,而且与电压、电流之间的相位差的正弦成正比。电感元件的瞬时功率 p_L 与电容元件的瞬时功率 p_C 的总是符号相反,在互相交换和补偿,只有它们的差值才与电源进行着能量的交换。由 $Q = Q_L - Q_C$,可知:当 $Q_L > Q_C$ 时,$Q > 0$,电路呈电感性;当 $Q_L < Q_C$ 时,$Q < 0$,电路呈电容性。

U 和 I 的乘积称为视在功率,用 S 表示,即

$$S = UI$$

视在功率 S 虽具有功率的形式,但它并不表示交流电路实际消耗的功率,而只表示电源可能提供的功率。为了与实际的有功功率相区别,视在功率的单位用伏·安(V·A)或千伏·安(kV·A)表示。

由于

$$P = UI\cos\varphi_Z = S\cos\varphi_Z$$

所以,功率因数又可写成

$$\cos\varphi_Z = \frac{P}{S}$$

P、Q、S 三个量可以用直角三角形来表示,称为功率三角形。

$$P^2 + Q^2 = (S\cos\varphi_Z)^2 + (S\sin\varphi_Z)^2 = S^2$$

即

$$S = \sqrt{P^2 + Q^2}$$

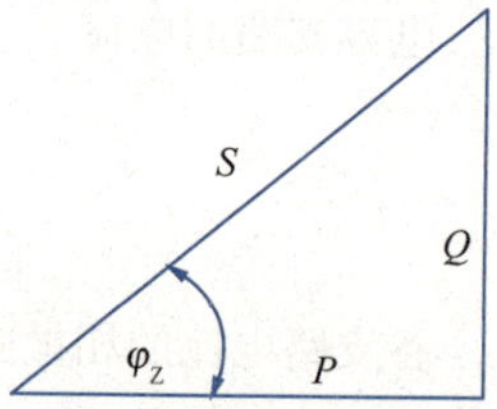

图 3.31 所示为功率三角形。

图 3.31 功率三角形

例 3.25 有一无源二端网络,如图 3.32(a)所示。

已知电压 $u = 220\sqrt{2}\sin(314t - 20°)$ V,电流 $i = 4.4\sqrt{2}\sin(314t + 33°)$ A,试求:

(1) 该无源二端网络的平均功率、无功功率及视在功率。

(2) 该网络的等效阻抗参数 R 和 X 的值。

(3) 作相量图。

解: (1) 该电路阻抗角 φ_Z 可由电压和电流的相位差来求得，即

$$\varphi_Z = \varphi_u - \varphi_i = (-20°) - 33° = -53°$$

说明电压滞后电流 53°，或电流超前电压 53°，可见该网络是电容性的。可分别得

有功功率 $P = UI\cos\varphi_Z = 220 \times 4.4 \times \cos(-53°)\text{W} = 583\text{ W}$

无功功率 $Q = UI\sin\varphi_Z = 220 \times 4.4 \times \sin(-53°)\text{var} = -773\text{ var}$ （电容性）

视在功率 $S = UI = 220 \times 4.4\text{ V}\cdot\text{A} = 968\text{ V}\cdot\text{A}$

可见，Q 值为负，表示该网络呈电容性。

(2) 将该网络等效为是由 R,X 两参数串联组成的，该网络的等效阻抗的模

$$|Z| = \frac{U}{I} = \frac{220}{4.4}\Omega = 50\text{ }\Omega$$

由阻抗三角形得无源二端网络的等效电阻及电抗

$$R = |Z|\cos\varphi_Z = 50 \times \cos(-53°)\text{ }\Omega = 30\text{ }\Omega$$

$$X = |Z|\sin\varphi_Z = 50 \times \sin(-53°)\text{ }\Omega = -40\text{ }\Omega$$

X 为负值，表示电路性质为电容性。

也可由

$$R = \frac{P}{I^2} = \frac{583}{(4.4)^2}\Omega = 30\text{ }\Omega$$

$$X = \frac{Q}{I^2} = \frac{-773}{(4.4)^2}\Omega = -40\text{ }\Omega$$

求得结果完全相同。

(3) 相量图如图 3.32(b) 所示。

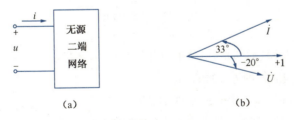

图 3.32 例 3.25 图

3.6.3 功率因数的提高

1. 提高功率因数的意义

功率因数 $\cos\varphi_Z$ 的大小由电路的参数决定。工农业生产和日常家用电器设备绝大多数为电感性负载，而且阻抗角较大，即功率因数均较低。电路的功率因数过低，会引起两个方面的不良后果：一是发电设备的容量不能充分利用；二是线路损耗增加。

例如，一台 200 MW 的发电机，若电路的 $\cos\varphi_Z = 1$，则发电机输出 200 MW 有功功率；若 $\cos\varphi_Z$ 下降到 0.65 时，其最多只能输出 130 MW 有功功率。当负载的有功功率 P 和电源电压 U 一定时，线路中的电流增大，该电流为 $I = \dfrac{P}{U\cos\varphi_Z}$。可见，$\cos\varphi_Z$ 越小，则

视频

功率因数的提高

线路中的电流越大,消耗在输电线路和设备上的功率损耗就越大。

2. 提高功率因数的方法

要提高功率因数 $\cos\varphi_Z$ 的值,必须尽可能减小阻抗角,通常采用的方法是在电感性负载两端并联电容元件(该电容元件称为功率补偿电容元件)。这样可使感性负载所需的无功功率不从供电电源处获得,而是从并联的电容元件处获得补偿。换句话说,就是使感性负载中的大部分磁场能量与电容元件的电场能量进行能量交换,从而减少感性负载与供电电源之间的能量交换。

我国供电规则要求,高压供电企业的功率因数不低于 0.95,其他用电单位则不低于 0.9。并联电容元件的电容量应选择适当,如果电容量过大,则增大了投资成本。由于 $\cos\varphi_Z$ 大于 0.9 以后,再增大电容值对减小线路总电流的作用无明显效果,所以,通常规定其标准值为 0.9。

例 3.26 如图 3.33(a)所示的电动机电感性负载电路,其电源电压为 220 V,50 Hz,电动机的功率为 10 kW,功率因数为 0.6。试求:(1)如果要将电路的功率因数提高到 0.9,需并联多大的电容元件?并联前后电路的总电流 I 各为多少?(2)若要将 $\cos\varphi_Z$ 由 0.9 再提高到 0.95,试问电容量应增加多少?此时电路的总电流是多少?

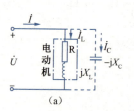
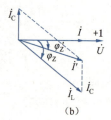

图 3.33 例 3.26 图

解:(1)如图 3.33(a)所示,电路中的电流为 $\dot{I} = \dot{I}_L + \dot{I}_C$。

设电压为参考相量,即 $\dot{U} = 220\angle 0°$ V。

已知电动机的 $\cos\varphi_Z = 0.6, \varphi_Z = 53.1°$。

未并联电容元件之前的电路总电流 I 是感性负载的电流 I_L。

$$I_L = I = \frac{P}{U\cos\varphi_Z} = \frac{10\times 10^3}{220\times 0.6} \text{ A} = 75.8 \text{ A}$$

$$\dot{I}_L = 75.8\angle 53.1°$$

并联电容元件后电路的总电流 $I = \dfrac{P}{U\cos\varphi_Z'} = \dfrac{10\times 10^3}{220\times 0.9} \text{ A} = 50.5 \text{ A}$

可见,并联电容元件后,电路总电流减小了。

因为电容元件的电流 $\dot{I}_C$ 的相位超前电压 U 的相位 90°,并联电容元件后电路的相量图如图 3.33(b)所示。图中 φ_Z' 是并联了电容元件后的功率因数角。从相量图可得

$$I_C = \frac{P}{U}(\tan\varphi_Z - \tan\varphi_Z')$$

又因为
$$I_C = U\omega C$$
所以
$$C = \frac{I_C}{U\omega} = \frac{P}{U^2\omega}(\tan\varphi_Z - \tan\varphi'_Z)$$

已知 $\cos\varphi_Z = 0.6$，$\varphi_Z = 53.1°$则 $\tan\varphi_Z = 1.33$，如果 $\cos\varphi'_Z = 0.9$，$\varphi'_Z = 25.8°$，则 $\tan\varphi'_Z = 0.484$。要将电路的功率因数从 0.6 提高到 0.9，需要并联的电容量

$$C' = \frac{P}{U^2\omega}(\tan\varphi_Z - \tan\varphi'_Z) = \frac{10\times10^3}{220^2\times314}\times(1.33-0.484)\,\text{F} = 557\,\mu\text{F}$$

（2）要将 $\cos\varphi'_Z$ 由 0.9 再提高到 0.95 时
$$\cos\varphi'_Z = 0.9, \tan\varphi'_Z = 0.484, \cos\varphi''_Z = 0.95, \tan\varphi''_Z = 0.328$$

要增加的电容 C'' 值为
$$C'' = \frac{P}{U^2\omega}(\tan\varphi'_Z - \tan\varphi''_Z) = \frac{10\times10^3}{220^2\times314}\times(0.484-0.328)\,\text{F} = 103\,\mu\text{F}$$

此时电路中的总电流为
$$I'' = \frac{P}{U\cos\varphi''_Z} = \frac{10\times10^3}{220\times0.95}\,\text{A} = 47.8\,\text{A}$$

可见，继续提高功率因数所需并联的电容值很大，电路总电流的减小却并不明显，一般只需要将 $\cos\varphi_Z$ 调整为 0.9 就可以了。

小　结

正弦交流电应用广泛，其基本概念、分析计算方法是本章重点。

1. 正弦交流电的基本概念

（1）正弦交流电的三要素表达式为 $i = \sqrt{2}I\sin(\omega t + \varphi_i)$

正弦交流电可由振幅 I_m、角频率 ω（或频率 f，或周期 T，$T = \frac{1}{f}$，$\omega = 2\pi f$）和初相位 φ 来描述它的大小、变化快慢及 $t=0$ 时初始时刻的大小和变化进程。

（2）正弦交流电的有效值与幅值之间有 $I = \frac{I_m}{\sqrt{2}}$ 的关系。

（3）两个同频率正弦交流电的初相位角之差，称为相位差。应理解两个同频率正弦交流电的同相、反相、超前和滞后的概念。

2. 正弦交流电的表示法

正弦交流电可用三角函数式（解析式）、波形图和相量（或相量图）来表示。只有同频率的正弦交流电才能作在同一相量图上加以分析。利用相量图对正弦交流电路进行分析非常方便。

3. 单一参数的交流电路

电压、电流及功率的相互关系见表 3.1。

表 3.1 电压、电流及功率的相互关系

电参数	R	L	C
电路图			
基本关系式	$u_R = iR$	$u_L = L\dfrac{di}{dt}$	$i = C\dfrac{du_C}{dt}$
瞬时值表达式	$i = \sqrt{2}I\sin\omega t$ $u_R = \sqrt{2}IR\sin\omega t$	$i = \sqrt{2}I\sin\omega t$ $u_L = \sqrt{2}IX_L\sin(\omega t + 90°)$	$i = \sqrt{2}I\sin\omega t$ $u_C = \sqrt{2}IX_C\sin(\omega t - 90°)$
有效值	$U_R = IR$	$U_L = IX_L, X_L = \omega L$	$U_C = IX_C, X_C = \dfrac{1}{\omega C}$
相位差	$\dot{I}$ 与 $\dot{U}$ 同相	$\dot{I}_L$ 滞后 $\dot{U}_L$ 90°	$\dot{I}_C$ 超前 $\dot{U}_C$ 90°
相量式	$\dot{U}_R = \dot{I}R$	$\dot{U}_L = j\dot{I}X_L$	$\dot{U}_C = j\dot{I}X_C$
相量图			
平均功率	$P_R = U_R I = I^2 R = \dfrac{U_R^2}{R}$	$P_L = 0$	$P_C = 0$
无功功率	$Q = 0$	$Q_L = U_L I = I^2 X_L = \dfrac{U_L^2}{X_L}$	$Q_C = U_C I = I^2 X_C = \dfrac{U_C^2}{X_C}$

4. 电阻元件、电感元件、电容元件串联的交流电路

如 i 为参考正弦量,令 $i = I_m \sin\omega t$,则有 $\dot{I} = I\angle 0°$。

串联电路各个元件上的电压为 $\dot{U}_R = \dot{I}R, \dot{U}_L = j\dot{I}X_L, \dot{U}_C = -j\dot{I}X_C$

由 KVL 得

$$\dot{U} = \dot{U}_R + \dot{U}_L + \dot{U}_C = \dot{I}R + j\dot{I}X_L + (-j\dot{I}X_C)$$
$$= \dot{I}[R + j(X_L - X_C)] = \dot{I}Z$$

复阻抗

$$Z = \dfrac{\dot{U}}{\dot{I}} = R + j(X_L - X_C) = |Z|\angle\varphi_Z, |Z| = \sqrt{R^2 + (X_L - X_C)^2}$$

阻抗角

$$\varphi_Z = \arctan\dfrac{X_L - X_C}{R}$$

φ_Z 代表 $\dot{U}$ 与 $\dot{I}$ 的相位差,当 $X_L > X_C$,电路为电感性;$X_L < X_C$,电路为电容性;$X_L = X_C$,电路为电阻性。

有功功率 $P = UI\cos\varphi_Z = UI = I^2 R = \dfrac{U_R^2}{R}$。

无功功率 $Q = Q_L - Q_C = UI\sin\varphi_Z$。

视在功率 $S = UI$。

5. 电阻元件、电感元件、电容元件并联的交流电路

电压相量为 $\dot{U} = U\angle\varphi_u$

并联电路各个元件上的电流为

$$\dot{I}_R = \frac{\dot{U}}{R} \quad \dot{I}_L = \frac{\dot{U}}{jX_L} \quad \dot{I}_C = \frac{\dot{U}}{-jX_C}$$

由 KCL 得

$$\dot{I} = \dot{I}_R + \dot{I}_L + \dot{I}_C = \dot{U}\left[\frac{1}{R} + j\left(\frac{1}{X_C} - \frac{1}{X_L}\right)\right]$$

6. 串联电路的谐振

(1) 谐振条件：$X_L = X_C$，$\omega L = \dfrac{1}{\omega C}$。

(2) 谐振频率、角频率：$f_0 = \dfrac{1}{2\pi\sqrt{LC}}$，$\omega_0 = \dfrac{1}{\sqrt{LC}}$。

(3) 谐振时的特征：

① 阻抗最小且为纯电阻：$Z = R$。

② 电压一定时，电流最大且与电压同相：$I_0 = \dfrac{U_s}{R}$。

③ 感抗等于容抗并等于特性阻抗：$\omega_0 L = \dfrac{1}{\omega_0 C} = \rho = \sqrt{\dfrac{L}{C}}$。

④ 电感元件两端电压与电容元件两端电压大小相等、相位相反并等于电源电压的 Q 倍，即 $U_L = U_C = QU_s$，$Q = \dfrac{\rho}{R}$。

⑤ 电路的无功功率为 0，电源供给的能量全部消耗在电阻元件上。

7. 并联电路的谐振

(1) 谐振条件：$X_L = X_C$，$\omega L = \dfrac{1}{\omega C}$。

(2) 谐振频率、角频率：$f_0 = \dfrac{1}{2\pi\sqrt{LC}}$，$\omega_0 = \dfrac{1}{\sqrt{LC}}$。

(3) 品质因数：$Q' = \dfrac{R}{\omega_0 L} = \omega_0 CR$，$Q = \dfrac{\rho}{R}$。

8. 正弦交流电路中的功率

(1) 瞬时功率：$p = ui$。

(2) 有功功率即平均功率：$P = UI\cos\varphi_Z = U_R I = I^2 R = \dfrac{U_R^2}{R}$。

(3) 无功功率：$Q = Q_L - Q_C = UI\sin\varphi_Z$。$Q_L > Q_C$，电路呈电感性；$Q_L < Q_C$，电路呈电容性。

(4) 视在功率，用 S 表示，即 $S = UI$ 或 $S = \sqrt{P^2 + Q^2}$。

(5) 功率因数：$\cos\varphi_Z = \dfrac{P}{S}$。

9. 功率因数的提高

功率因数 $\cos\varphi_Z$ 是企业用电的技术经济指标之一。提高电路的功率因数对提高设备利用率和节约电能有着重要意义。一般采用在感性负载两端并联电容元件的方法来提高电路的功率因数。

拓展阅读

供用电系统传输过程

1. 电能的产生

电能是由其他形式的能源(如水流的能量、热能、风能、光能等)转化而来。发电厂是电力系统的中心环节。发电厂有水力、火力、风力、核能、太阳能发电厂等,我国大多数发电厂是火力发电,第二是水力发电,少部分是原子能、天然气、风力、太阳能发电。目前处在试验阶段的有热核发电、海浪发电、潮汐发电、燃料电池技术、植物电池、垃圾发电、地热发电等。

21 世纪以来,可持续发展一直是世界各国十分关心的问题,科学家们一直在努力研究如何能够合理高效地利用更多自然资源为人类谋福利。在发电方式和发电技术中,风力发电、水力发电开始逐渐取代传统的火力发电。我国水力发电站的起建较晚,但由于建设水电站是利国利民造福人类的大工程,国家十分重视水力发电的发展。20 世纪 90 年代,三峡大坝正式开始修建,建成后成为世界第一大水力发电站,这便是中国基建与强盛国力的最好体现,中国水力发电在世界水力发电中所占的比例高达 41%,在许多相关的水力技术方面,也是以中国科学家们攻克的难题最多。

2. 输电与配电

大型发电厂通常建在水力资源丰富的地方或者在燃料资源丰富的地方,往往距离用电中心地区很远,必须用高压输电线路进行远距离输电。这就需要各种升压、降压变电所和输配电线路。

电能由发电厂升压后,经远距离高压输电线将电力传输到城市和农村。电能到达城市后,经变电站将几十万至几百万伏的超高压降至几千伏电压后,配送到工厂、企业、小区及居民住宅处的变配电室,再由变配电室将几千伏的电压变成三相 380 V 或单相 220 V 电压输送到工厂车间和居民住宅,如图 3.34 所示。

在各个发电厂、变电所和电力用户之间,用不同电压的电力线路将它们连接起来,这些不同电压的电力线路和变电所的组合,称为电力网,利用电力网将电能安全和经济地输送、分配给用户。

电力网按其在电力系统中的作用不同,可分为供电网和配电网。供电网是电力系统中的主网,又称网架,电压通常在 35 kV 以上。供电网的作用是将电能从电源输送到供、配电中心,然后从供、配电中心再引出配电网。配电网的作用是把电能由电源侧引向用户变电所,把电能分配给配电所和用户,电压通常在 10 kV 以下。

高压输电可有效减少输电电流,从而减少电能消耗。送电距离越远,要求输电线的电压越高。我国高压供电的额定电压为 10 kV、35 kV、63 kV、110 kV、220 kV、330 kV、500 kV,发电厂直配供电可采用 3 kV、6 kV 的额定电压值。输送电能通常采用三相三线制交流输电方式。

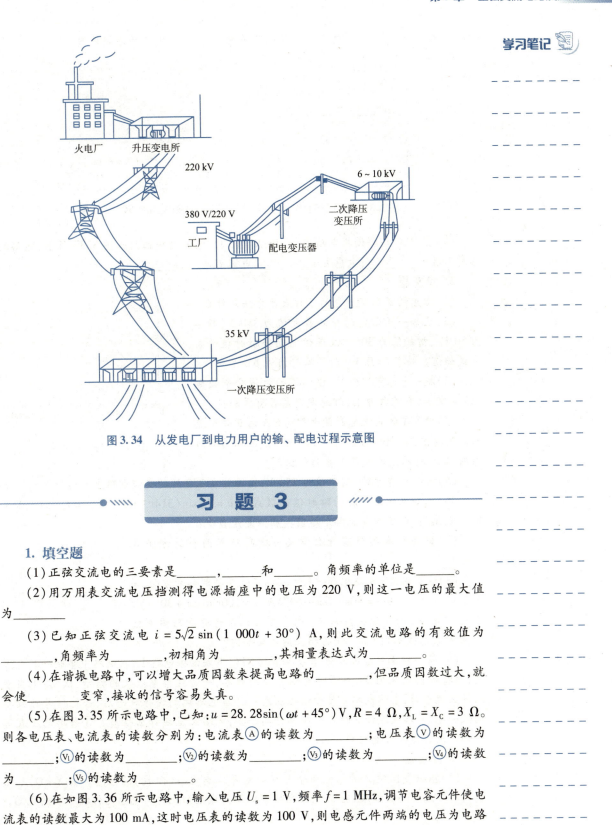

图 3.34 从发电厂到电力用户的输、配电过程示意图

习 题 3

1. 填空题

(1) 正弦交流电的三要素是_____,_____和_____。角频率的单位是_____。

(2) 用万用表交流电压挡测得电源插座中的电压为 220 V,则这一电压的最大值为_____。

(3) 已知正弦交流电 $i = 5\sqrt{2}\sin(1\,000t + 30°)$ A,则此交流电路的有效值为_____,角频率为_____,初相角为_____,其相量表达式为_____。

(4) 在谐振电路中,可以增大品质因数来提高电路的_____,但品质因数过大,就会使_____变窄,接收的信号容易失真。

(5) 在图 3.35 所示电路中,已知:$u = 28.28\sin(\omega t + 45°)$ V,$R = 4\,\Omega$,$X_L = X_C = 3\,\Omega$。则各电压表、电流表的读数分别为:电流表 Ⓐ 的读数为_____;电压表 Ⓥ 的读数为_____;Ⓥ₁ 的读数为_____;Ⓥ₂ 的读数为_____;Ⓥ₃ 的读数为_____;Ⓥ₄ 的读数为_____;Ⓥ₅ 的读数为_____。

(6) 在如图 3.36 所示电路中,输入电压 $U_s = 1$ V,频率 $f = 1$ MHz,调节电容元件使电流表的读数最大为 100 mA,这时电压表的读数为 100 V,则电感元件两端的电压为电路的品质因数为_____，电阻元件 R 的阻值为_____，电路的通频带 B = _____。

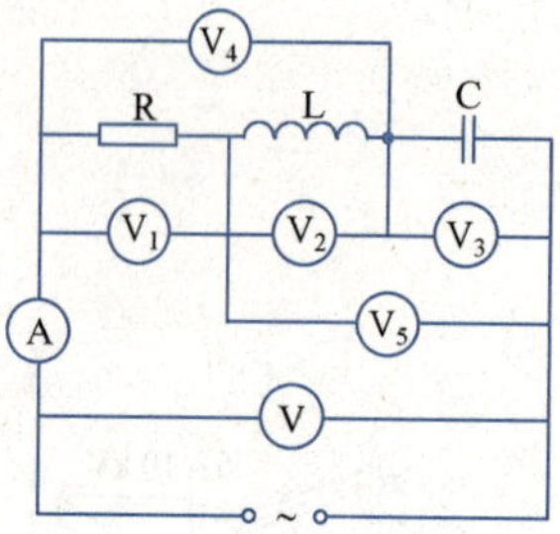

图 3.35 题 1.(5)图

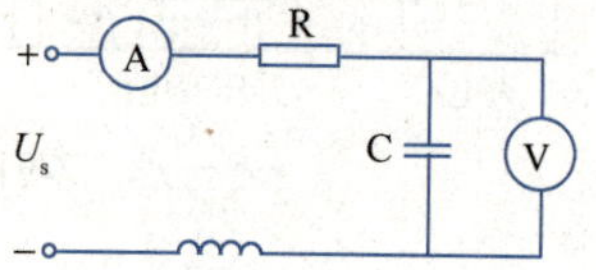

图 3.36 题 1.(6)图

(7)在 RLC 串联谐振电路中，已知：$R = 10\ \Omega$，电流谐振曲线如图 3.37 所示，电路的品质因数为_____，电感 $L = $ _____，电容 $C = $ _____。

2. 问答题

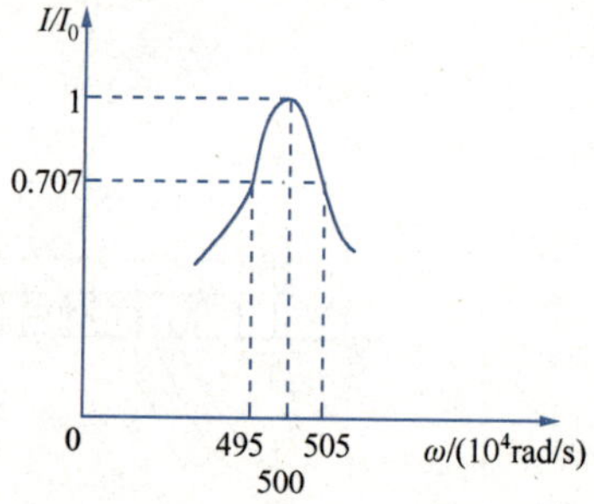

(1)常用的正弦交流电的三种表示方法是什么？

(2)已知一正弦电动势的最大值为 380 V，频率为 50 Hz，初相位为 30°。该正弦电动势瞬时值的表达式如何？并求 $t = 0.1\ s$ 时的瞬时值为多大？

(3)把一个标有"220 V、100 W"的灯泡分别接到 220 V 交流、直流电源上，灯泡发光是否有区别？

(4)使 5 A 的直流电和最大值为 6 A 的正弦交流电分别通过阻值相等的电阻元件，试问：在相同的时间内，哪个电阻元件发热多？为什么？

图 3.37 题 1.(7)图

(5)有一电容元件，耐压值为 250 V，能否接在 220 V 的交流电路上？为什么？

(6)已知电压与电流的瞬时值函数式为 $u = U_m \sin(314t + 60°)\ V$，$i = I_m \sin(314t + 30°)\ A$，试问：电压和电流哪个超前？相位差是多少？

(7)提高功率因数有什么意义？提高功率因数的方法有哪些？

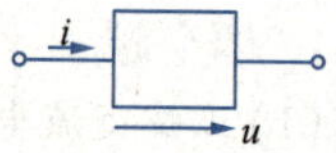

(8)在正弦交流电路中有一元件，设 u 和 i 为关联参考方向，如图 3.38 所示。已知 $i = 80\sin(\omega t - 60°)\ A$，$u = 100\sin(\omega t + 30°)\ V$，试问：①$u$ 与 i 的相位关系如何？②如果 u 的参考方向与图中相反，u 的表达式如何？u 与 i 的相位关系又如何？

图 3.38 题 2.(8)图

(9)将一频率可变的交流信号源接到 RLC 串联谐振电路上，在电路中串联一只电流表，保持输出电压恒定，一边改变信号源的频率，一边观察电流表的指示，试问：①当看到什么现象时，表明电路正处于谐振状态？②当电路调到谐振状态后，若把信号源频率调低一些，电路呈现什么性质？频率升高一些，电路又呈现什么性质？③若用电压表可以吗？应怎样接入电路中？

3. 判断题

(1)根据复阻抗 Z 的电抗部分 X 可知无源二端网络（阻抗）的性质。若 $X < 0$，无源二端网络呈电感的性质（感性），原电路可以等效成电阻元件与电感元件相串联的电路。

(   )

(2) 正弦交流电路的运算常用复数运算完成。其中复数的加、减运算采用代数形式比较方便。（　　）

(3) 在一般的正弦交流电路中，正弦波输入电压与电流的相位差就是该电路的功率因数角。（　　）

(4) 某正弦波电路计算得到复阻抗为 $100\angle 30°\ \Omega$。在画相量图时，如以电压相量为参考相量，其与坐标实轴重叠。电流相量则应以实轴为参考，顺时针转30°画出。（　　）

(5) 在正弦交流电路中，电容元件的容抗和电感元件的感抗大小与电路中的初相角有关。（　　）

(6) 为了提高交流电路的功率因数，应该在感性负载两端并联电容元件，用来补偿感性负载所需的无功功率，达到提高电路功率因数的目的。（　　）

(7) 已知正弦电压 $u_1 = 10\sin(\omega t + 30°)\ \text{V}$，$u_2 = 5\sin(2\omega t + 10°)\ \text{V}$，则 u_1 与 u_2 的相位差 $30° - 10° = 20°$。（　　）

(8) 某一正弦交流电路的电压 $u = 10\sin(\omega t + 90°)\ \text{V}$，电流 $i = 2\sin(\omega t + 120°)\ \text{A}$，该电路的性质为电感性。（　　）

4. 选择题

(1) 已知 $R = X_L = X_C = 10\ \Omega$，则三者串联后的等效阻抗为（　　）。

　　A. $10\ \Omega$　　　　B. $20\ \Omega$　　　　C. $30\ \Omega$

(2) RLC 串联电路谐振的条件是（　　）。

　　A. $\omega L = \omega C$　　B. $L = C$　　C. $\omega L = \dfrac{1}{\omega C}$

(3) 在 RLC 串联电路中，品质因数 Q 增大时（　　）。

　　A. 选择性提高　　B. 选择性下降　　C. 选择性保持不变

(4) 在 RLC 并联电路中，当电源电压大小不变而频率由其谐振频率逐渐减小时，电路中的电流将（　　）。

　　A. 由某一最大值逐渐变小

　　B. 由某一最小值逐渐变大

　　C. 保持某一定值不变

(5) 要使 RLC 串联电路的谐振频率增大，采用的方法是（　　）。

　　A. 在线圈中插入铁芯

　　B. 增加线圈的匝数

　　C. 增加电容元件两极板的正对面积

　　D. 增加电容元件两极板间的距离

(6) 在如图 3.39 所示电路中，电路在开关 S 断开时的谐振频率为 f_0，在开关 S 闭合后的谐振频率为（　　）。

　　A. $2f_0$　　　　B. $\dfrac{1}{2}f_0$

　　C. f_0　　　　D. $\dfrac{1}{4}f_0$

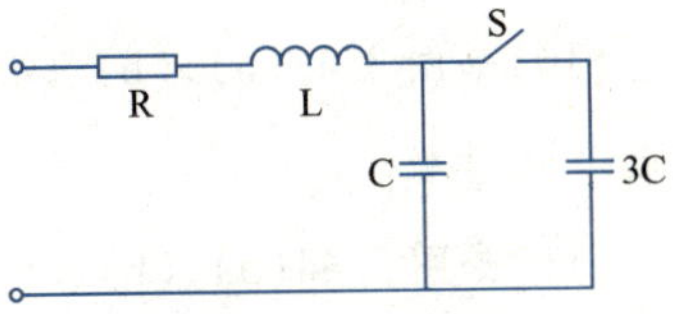

图 3.39　题 4.(6) 图

5. 计算题

(1) 试求下列各正弦波的周期、频率和初相角。
① $3\sin 314t$；② $6\cos(100\pi t - 45°)$。

(2) 如图 3.40 所示电路，电阻 $R = 2\text{ k}\Omega$，接到正弦电压上，若端电压的最大值为 537 V，试求：图中电流表和电压表的读数。

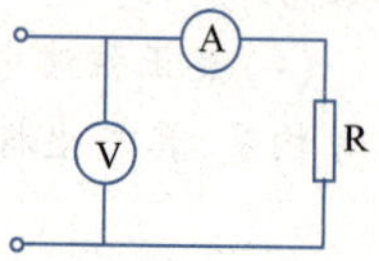

(3) 计算下列各正弦波的相位差。
① $u_1 = 4\sin(60t + 10°)$ V 和 $u_2 = 8\sin(60t - 100°)$ V；
② $u = -3\sin(20t + 45°)$ V 和 $i = 4\sin(20t - 270°)$ A；
③ $i_1 = 5\sin(2\pi t + 10°)$ A 和 $i_2 = 10\sin(4\pi t - 270°)$ A。

(4) 已知：$A = 6 + \text{j}8$，$B = 10\angle 30°$，试计算 $A + B$、$A - B$、$A \cdot B$、A/B。

(5) 写出下列各正弦量所对应的相量，并作出相量图。
① $i = 10\sin(100t + 90°)$ mA；② $i = 5\sqrt{2}\sin(5t - 120°)$ A；
③ $u = 6\sin(\omega t + 30°)$ V；④ $u = 10\sqrt{2}\sin(100t + 10°)$ V。

(6) 分别写出下列相量所代表的正弦量的瞬时表达式（设角频率均为 ω）。
① $\dot{U}_\text{m} = (10 + \text{j}10)$ V；② $\dot{U} = (-8.66 - \text{j}5)$ V；
③ $\dot{I}_\text{m} = (-5 + \text{j}8.66)$ A；④ $\dot{I} = (6 - \text{j}8)$ mA。

(7) 已知 $u = 311\sin(\omega t - 30°)$ V，$i = 100\sin(\omega t + 60°)$ A，试分别写出各电量的有效值相量，并作出相量图。

(8) 如图 3.41 所示为一交流电路中的元件，已知 $u = 220\sqrt{2}\sin 314t$ V，问：
① 元件为纯电阻元件，$R = 100\text{ }\Omega$ 时，求 i，并作电压、电流相量图。
② 元件为纯电感元件，$L = 319$ mH 时，求 i、$\dot{I}$，并作电压、电流相量图。
③ 元件为纯电容元件，$C = 31.8\text{ }\mu\text{F}$ 时，求 i、$\dot{I}$，并作电压、电流相量图。

(9) RLC 并联电路如图 3.42 所示，已知：$R = 40\text{ }\Omega$，$L = 4$ mH，$C = 5\text{ }\mu\text{F}$，电源电压 $u = 10\sin 10^4 t$ V 求电流 i、i_R、i_L、i_C，并作出相量图。

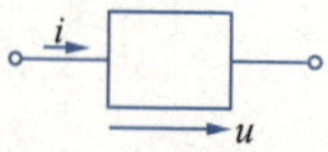

图 3.40　题 5.(2) 图

图 3.41　题 5.(8) 图

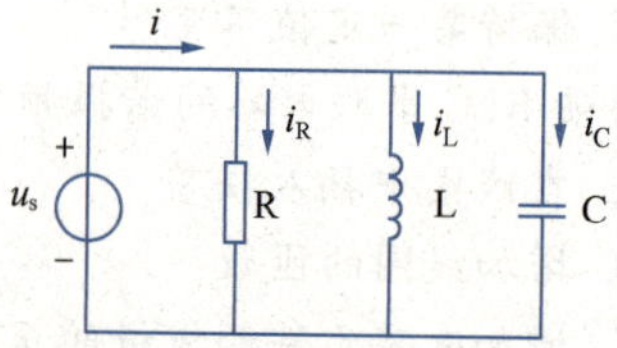

图 3.42　题 5.(9) 图

(10) 如图 3.43(a)、(b)、(c) 所示，已知电流表 Ⓐ₁、Ⓐ₂ 的读数都是 10 A，求电路中电流表 Ⓐ 的读数。

(11) 如图 3.44(a)、(b)、(c) 所示，已知电压表 Ⓥ₁ 和 Ⓥ₂ 的读数都是 10 V，求各电路的总电压 U 的读数。

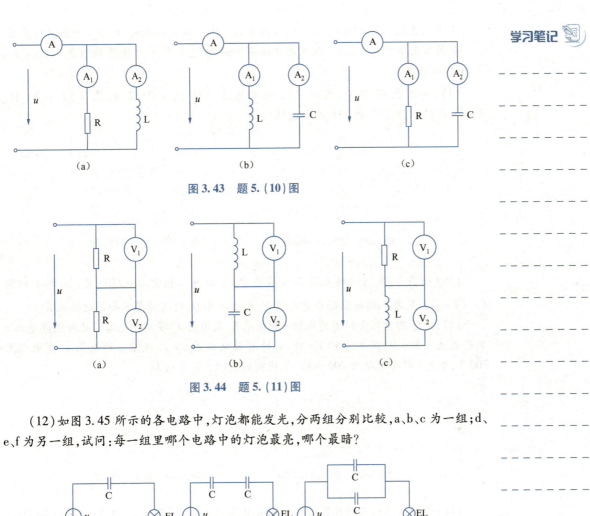

图 3.43 题 5.(10)图

图 3.44 题 5.(11)图

(12) 如图 3.45 所示的各电路中,灯泡都能发光,分两组分别比较,a、b、c 为一组;d、e、f 为另一组,试问:每一组里哪个电路中的灯泡最亮,哪个最暗?

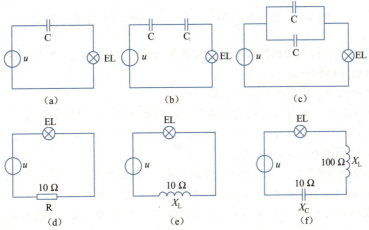

图 3.45 题 5.(12)图

(13) 收音机中某线圈的电感量为 0.2 mH,试求:当频率分别为 600 kHz 和 800 kHz 时的感抗。如果要使其中产生 0.01 mA 的电流,试求:这两种频率下线圈两端的电压数值应为多少?

(14) RLC 串联电路如图 3.46 所示,已知:$R = 10\ \Omega$,$L = 20\ \text{mH}$,$C = 100\ \mu\text{F}$。

①若电源电压有效值 $U_s = 20$ V,角频率 $\omega = 10^3$ rad/s,求 i、u_R、u_L、u_C,并画出相量图。

②若该电路为纯电阻性,且电源电压有效值为 $U_s = 20$ V,求电源的频率及 i、u_R、u_L、u_C,并画出相量图。

(15)如图 3.47 所示,已知 Z_3 上的电压有效值 $U_3 = 50\sqrt{2}$ V,$Z_1 = (1-j3)$ Ω,$Z_2 = -j5$ Ω,$Z_3 = (5+j5)$ Ω,求各支路电流。

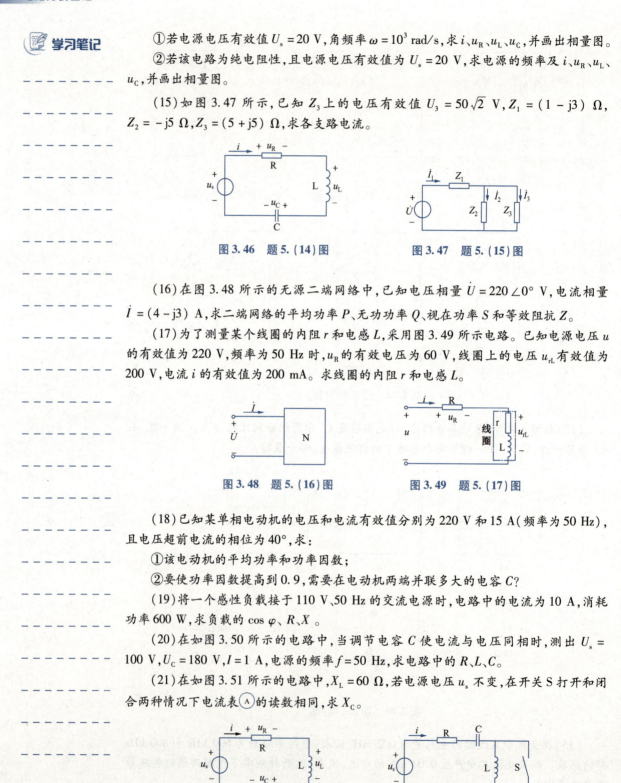

图 3.46 题 5.(14)图　　图 3.47 题 5.(15)图

(16)在图 3.48 所示的无源二端网络中,已知电压相量 $\dot{U} = 220\angle 0°$ V,电流相量 $\dot{I} = (4-j3)$ A,求二端网络的平均功率 P、无功功率 Q、视在功率 S 和等效阻抗 Z。

(17)为了测量某个线圈的内阻 r 和电感 L,采用图 3.49 所示电路。已知电源电压 u 的有效值为 220 V,频率为 50 Hz 时,u_R 的有效电压为 60 V,线圈上的电压 u_{rL} 有效值为 200 V,电流 i 的有效值为 200 mA。求线圈的内阻 r 和电感 L。

图 3.48 题 5.(16)图　　图 3.49 题 5.(17)图

(18)已知某单相电动机的电压和电流有效值分别为 220 V 和 15 A(频率为 50 Hz),且电压超前电流的相位为 40°,求:

①该电动机的平均功率和功率因数;

②要使功率因数提高到 0.9,需要在电动机两端并联多大的电容 C?

(19)将一个感性负载接于 110 V、50 Hz 的交流电源时,电路中的电流为 10 A,消耗功率 600 W,求负载的 $\cos\varphi$、R、X。

(20)在如图 3.50 所示的电路中,当调节电容 C 使电流与电压同相时,测出 $U_s = 100$ V,$U_C = 180$ V,$I = 1$ A,电源的频率 $f = 50$ Hz,求电路中的 R、L、C。

(21)在如图 3.51 所示的电路中,$X_L = 60$ Ω,若电源电压 u_s 不变,在开关 S 打开和闭合两种情况下电流表Ⓐ的读数相同,求 X_C。

图 3.50 题 5.(20)图　　图 3.51 题 5.(21)图

(22) 当一个有效值为 120 V 的正弦电压加到一个 RL 串联电路中时,电路的功率为 1 200 W,电流为 $i = 20\sqrt{2}\sin 314t$ A。试求:①电路的电阻 R 和电感 L;②电路的无功功率 Q、视在功率 S 和功率因数 $\cos\varphi$。

(23) 电阻元件、电容元件串联电路,已知:$R = 30\ \Omega$,$C = 80\ \mu F$,电源电压 $U = 200$ V,$f = 50$ Hz。试求:①电路中电流的大小,并作电压、电流相量图;②P、Q 和 S。

(24) 在 RLC 串联电路中,已知:$R = 10\ \Omega$,$L = 1.3 \times 10^{-4}$ H,$C = 288$ pF,接入电压为 5 mV 的正弦交流信号源中,当电路发生谐振时。试求:①谐振频率、特性阻抗和品质因数;②谐振时电路的电流以及电感元件与电容元件上的电压值。

(25) 一个收音机的输入回路可视为一个 RLC 串联电路,其接收线圈电阻 $R = 20\ \Omega$,$L = 250\ \mu H$,调节电容 C 可收听 720 kHz 的电台信号。试求:这时电容 C 的大小,回路品质因数 Q 的大小,通频带 B 的大小。

(26) 一个电容 $C = 170$ pF 的串联谐振电路,已测出谐振频率 $f_0 = 600$ kHz,通频带 $B = 15$ kHz。试求:回路的 Q 值及线圈的电阻值。

(27) 有一个 RLC 串联电路,已知:$f_0 = 700$ kHz,$C = 2\ 000$ pF,通频带 $B = 10$ kHz。试求:电路电阻及品质因数。

(28) 在图 3.52 所示并联电路中,已知:$R = 150\ k\Omega$,$L = 120\ \mu H$,$C = 80$ pF。试求:电路的谐振频率及品质因数。

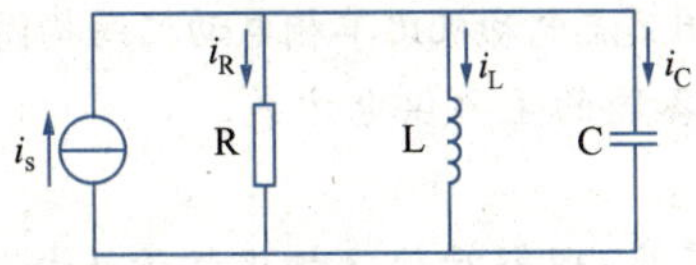

图 3.52　题 5.(28) 图

第4章

三相交流电路及应用

目前电力工程上普遍采用三相交流供电系统,由三个频率相同(我国电网频率为 50 Hz)、幅值相等、彼此之间相位互差120°的正弦电压组成。

和单相制供电相比,三相制供电更具优越性,具体体现如下方面:

(1)在发电方面:三相交流发电机比相同尺寸的单相交流发电机容量大。

(2)在输电方面:如果以同样电压将同样大小的功率输送到同样距离,三相输电比单相输电节省材料。

(3)在用电设备方面:三相交流电动机比单相电动机结构简单、体积小、运行特性好等。

三相制供电是目前世界各国的主要供电方式。

学习目标

(1)了解三相交流电的产生;理解对称三相正弦量及相序的概念。

(2)掌握三相电源的星形和三角形连接方式;三相四线制和三相三线制供电的电压。

(3)掌握三相负载星形、三角形两种连接方式下线电压、相电压的关系;线电流、相电流、中性线电流的关系。

(4)了解三相不对称负载的电压与电流的关系;了解中性线的作用。

(5)掌握对称三相电路的功率计算方法。

素质目标

(1)通过三相电源 U、V、W 三相相线颜色的学习,培养按国家标准规范作业的职业操守。

(2)通过对三相电路应用的了解,树立严谨的工作态度。

4.1 三相电源

4.1.1 三相交流电的产生

视频

三相交流电

三相交流电一般是由三相交流发电机产生的,它是在单相交流发电机的基础上发展而来的,原理图如图4.1所示。在发电机定子(固定不动的部分)上嵌放着三相结构完全相同的线圈 U_1U_2、V_1V_2、W_1W_2(称为绕组),这三相绕组在空间位置上各相差120°电角度,分别称为 U 相、V 相和 W 相。U_1、V_1、W_1 三端分别称为各相的首端或相头,U_2、V_2、W_2 分别称为各相的末端或相尾。当转子铁芯上绕有直流励磁绕组,匀速转动时,在定子上的三相绕组将依次切割磁感线,产生振幅相等、频率相同,在相位上彼此相差120°的三个电动势。

对称三相电动势瞬时值的数学表达式为

$$\begin{cases} e_U = E_m \sin \omega t \\ e_V = E_m \sin(\omega t - 120°) \\ e_W = E_m \sin(\omega t - 240°) = E_m \sin(\omega t + 120°) \end{cases} \quad (4.1)$$

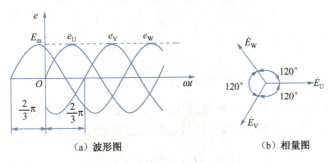

图 4.1 三相发电机原理图

三相电动势波形图与相量图如图 4.2 所示。

动画
三相交流电的相序

图 4.2 三相电动势波形图与相量图

三相电动势达到最大值(振幅)的先后次序称为相序。e_U 比 e_V 超前 120°,e_V 比 e_W 超前 120°,而 e_W 又比 e_U 超前 120°,这种相序称为正相序或顺相序;反之,若 e_U 比 e_W 超前 120°,e_W 比 e_V 超前 120°,e_V 比 e_U 超前 120°,这种相序称为负相序或逆相序,下文采用顺相序。为使电力系统能够安全、可靠地运行,我国国家标准(GB 2893—2008)规定用黄、绿、红三种颜色导线分别表示 U、V、W 三相。

4.1.2 三相电源的连接

三相电源有星形(Y)和三角形(△)两种接法。

1. 三相电源的星形(Y)接法

将三相发电机三相绕组的末端 U_2、V_2、W_2 连接在一点,始端 U_1、V_1、W_1 分别与负载相连,这种连接方法称为星形(Y)连接,如图 4.3 所示。

从三相电源三个相头 U_1、V_1、W_1 引出的三根导线称为端线或相线(俗称火线)。星

视频
三相电源的星形连接及测量

形（Y）的公共连接点 N 称为中性点，从中性点引出的导线称为中性线（俗称零线）。我国国家标准规定用淡蓝色导线表示。由三根相线和一根中性线组成的输电方式称为三相四线制（通常在低压配电中采用），在负载对称时，可省略中性线。没有中性线、只有三根相线的输电方式称为三相三线制（详见 4.2.1 所述）。

三相四线制供电系统可输送两种电压：一种是相线与中性线之间的电压称为相电压，用 u_U、u_V、u_W 表示；另一种是相线与相线之间的电压称为线电压，用 u_{UV}、u_{VW}、u_{WU} 表示。其相量式为

$$\begin{cases} U_U = U\angle 0° \\ U_V = U\angle -120° \\ U_W = U\angle 120° \end{cases} \quad (4.2)$$

$$\begin{cases} \dot{U}_{UV} = \dot{U}_U - \dot{U}_V \\ \dot{U}_{VW} = \dot{U}_V - \dot{U}_W \\ \dot{U}_{WU} = \dot{U}_W - \dot{U}_V \end{cases} \quad (4.3)$$

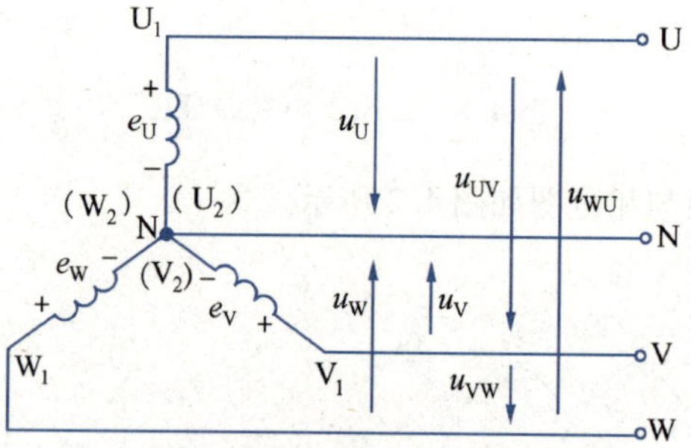

图 4.3 三相电源的星形（Y）接法

对称三相电源各相电压大小相等，常用 U_P 表示它们的大小，线电压常用 U_L 表示。根据图 4.4 所示的相量关系可得线电压与相电压之间的大小关系为

$$\frac{1}{2}U_L = U_P \cos 30° = \frac{\sqrt{3}}{2}U_P$$

$$U_L = \sqrt{3}\, U_P \quad (4.4)$$

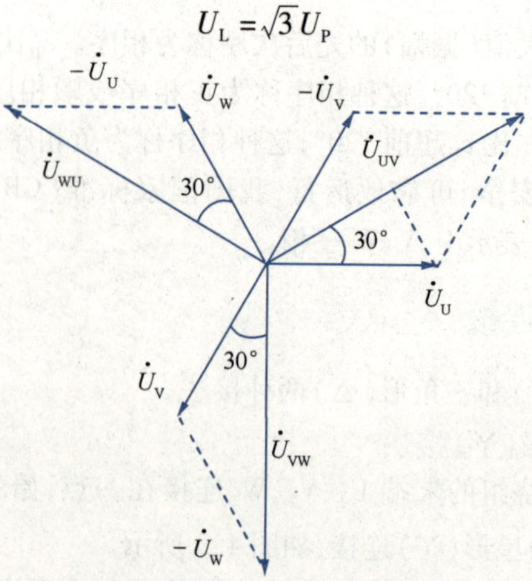

图 4.4 相电压与线电压的相量关系

显然三个线电压与相电压大小(有效值)关系为
$$U_L = \sqrt{3}\, U_P$$
且线电压比相应的相电压超前30°。

即线电压 $\dot{U}_{UV}(u_{UV})$ 比相电压 $\dot{U}_U(u_U)$ 超前30°;线电压 $\dot{U}_{VW}(u_{VW})$ 比相电压 $\dot{U}_V(u_V)$ 超前30°;线电压 $\dot{U}_{WU}(u_{WU})$ 比相电压 $\dot{U}_W(u_W)$ 超前30°。其线电压与相电压的相量关系为

$$\begin{cases} \dot{U}_{UV} = \sqrt{3}\,\dot{U}_U \angle 30 \\ \dot{U}_{VW} = \sqrt{3}\,\dot{U}_V \angle 30 \\ \dot{U}_{WU} = \sqrt{3}\,\dot{U}_W \angle 30 \end{cases} \quad (4.5)$$

相量图如图4.4所示。可见,星形(Y)连接时三相对称相电压和线电压的相量之和均为0,即

$$\begin{cases} \dot{U}_U + \dot{U}_V + \dot{U}_W = 0 \\ \dot{U}_{UV} + \dot{U}_{VW} + \dot{U}_{WU} = 0 \end{cases} \quad (4.6)$$

一般低压供电系统的线电压是380 V,相电压是 $\dfrac{380}{\sqrt{3}}$ V = 220 V。

例 4.1 已知对称星形连接的三相电源,U 相电压为 $u_U = 220\sqrt{2}\,\sin(\omega t - 30°)$ V,试写出各线电压瞬时值表达式,并画出各相电压和线电压的相量图。

解法 1:由于电源是对称星形连接,电源相电压

$$U_P = \frac{U_m}{\sqrt{2}} = \frac{220\sqrt{2}}{\sqrt{2}} \text{V} = 220 \text{ V}$$

所以线电压的有效值

$$U_L = \sqrt{3}\,U_P = \sqrt{3} \times 220 \text{ V} = 380 \text{ V}$$

又因为相电压在相位上滞后于对应的线电压30°,所以线电压 u_{UV} 的解析式

$$\begin{aligned} u_{UV} &= \sqrt{2}\,U_L \sin(\omega t + \varphi_{UV}) \\ &= 380\sqrt{2}\,\sin(\omega t - 30° + 30°) \text{ V} \\ &= 380\sqrt{2}\,\sin \omega t \text{ V} \end{aligned}$$

根据电压的对称性,线电压 u_{VW} 滞后于线电压 u_{UV} 120°,线电压 u_{WU} 滞后于线电压 u_{VW} 120°,线电压 u_{VW} 和 u_{WU} 的解析式分别为

$$u_{VW} = 380\sqrt{2}\,\sin(\omega t - 120°) \text{ V}$$
$$u_{WU} = 380\sqrt{2}\,\sin(\omega t + 120°) \text{ V}$$

解法 2:由于 U 相电压

$$u_U = 220\sqrt{2}\,\sin(\omega t - 30°) \text{ V}$$

所以其相量表示为

$$\dot{U}_U = 220 \angle -30° \text{ V}$$

由式(4.3)得

$$\dot{U}_{UV} = \sqrt{3}\dot{U}_U \angle 30° = \sqrt{3} \times 220 \angle (30° - 30°) \text{ V} = 380 \angle 0° \text{ V}$$

$$\dot{U}_{VW} = \dot{U}_{UV} \angle -120° = 380 \angle -120° \text{ V}$$

$$\dot{U}_{WU} = \dot{U}_{UV} \angle 120° = 380 \angle 120° \text{ V}$$

故有各线电压解析式

$$u_{UV} = 380\sqrt{2}\sin \omega t \text{ V}$$

$$u_{VW} = 380\sqrt{2}\sin(\omega t - 120°) \text{ V}$$

$$u_{WU} = 380\sqrt{2}\sin(\omega t + 120°) \text{ V}$$

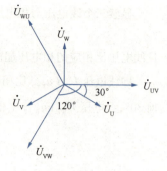

图 4.5 各相电压和线电压的相量图

各相电压和线电压的相量图如图 4.5 所示。

2. 三相电源的三角形(△)接法

视频
三相电源的
三角形连接
及测量

将三相发电机的第二绕组始端 V_1 与第一绕组的末端 U_2 相连、第三绕组始端 W_1 与第二绕组的末端 V_2 相连、第一绕组始端 U_1 与第三绕组的末端 W_1 相连,并从三个始端 U_1、V_1、W_1 引出三根导线分别与负载相连,这种连接方法称为三角形(△)连接,如图 4.6 所示。

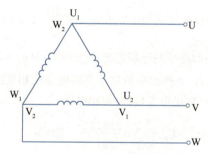

图 4.6 三相绕组的三角形接法

线电压与相电压的关系为

$$\begin{cases} \dot{U}_{UV} = \dot{U}_U \\ \dot{U}_{VW} = \dot{U}_V \\ \dot{U}_{WU} = \dot{U}_W \end{cases} \tag{4.7}$$

对于对称三相电源作三角形(△)连接时,$\dot{U}_U + \dot{U}_V + \dot{U}_W = 0$,则三角形回路中没有电流。若将电源三相绕组中的其中一相绕组接错,这时在三相绕组中将产生极大的环形电流,以致烧坏发电机绕组。

显然,电源作三角形连接时线电压的有效值等于相电压的有效值,即

$$U_L = U_P$$

电源作三角形连接时只能提供一种电压,并且只能是三相三线制的输电方式。

例 4.2 已知发电机三相绕组产生的电压大小均为 $U = 220$ V,试求:

(1) 三相电源为Y接法时的相电压 U_P 与线电压 U_L;

(2) 三相电源为△接法时的相电压 U_P 与线电压 U_L。

解:(1) 三相电源Y接法:相电压 $U_P = U = 220$ V,线电压 $U_L = \sqrt{3}U_P = 380$ V。

(2)三相电源△接法:相电压 $U_P = U = 220$ V,线电压 $U_L = U_P = 220$ V。

4.2 三相负载

4.2.1 负载的星形连接

三相负载的星形连接如图4.7所示。该连接方法采用三相四线制供电,它是由三根相线和一根中性线提供三相电源的。在这种电路中三相电源必须是Y接法,又称为Y-Y接法。每相负载的电压称为负载的相电压,每相负载的电流称为负载的相电流。每相负载的相电压与相应的电源相电压相等,通过每相负载的相电流等于相对应相线中的线电流,即三相负载采用星形连接时线电流等于相电流。

其各相电流与相电压的关系为

$$\begin{cases} \dot{I}_U = \dfrac{\dot{U}_U}{Z_U} \\ \dot{I}_V = \dfrac{\dot{U}_V}{Z_V} \\ \dot{I}_W = \dfrac{\dot{U}_W}{Z_W} \end{cases} \quad (4.8)$$

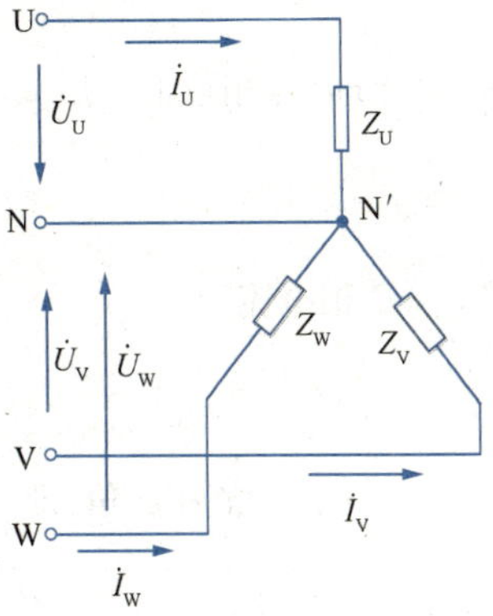

线电流(有效值)与相电流(有效值)的关系为

$$I_L = I_P \quad (4.9)$$

根据基尔霍夫定律可知中性线电流

$$\dot{I}_N = \dot{I}_U + \dot{I}_V + \dot{I}_W \quad (4.10)$$

图4.7 三相负载的星形连接

对于三相对称负载,即

$$Z_U = Z_V = Z_W = |Z| \angle \varphi \quad (4.11)$$

各相电流也是对称的,那么三相电流的相量和等于0。即中性线电流等于0

$$\dot{I}_N = \dot{I}_U + \dot{I}_V + \dot{I}_W = 0 \quad (4.12)$$

各负载相电流有效值相等,即

$$I_U = I_V = I_W = \dfrac{U_{YP}}{|Z|}$$

各相相电压与相电流相位差相同,即

$$\varphi_U = \varphi_V = \varphi_W = \varphi = \arctan \dfrac{X}{R} \quad (4.13)$$

由式(4.4)得出,不管负载是否对称,电路中的线电压有效值 U_L 都等于负载相电压有效值 U_{YP} 的 $\sqrt{3}$ 倍,即

$$U_L = \sqrt{3} U_{YP}$$

通过负载的相电流有效值 I_{YP} 等于相线中的线电流 I_{YL},即

$$I_{YL} = I_{YP}$$

当三相负载对称时,即各相负载完全相同,相电流和线电流也一定对称(称为Y–Y形对称三相电路),即各相电流(或各线电流)频率相同、振幅相等、相位彼此相差120°,并且中性线电流为0。此时中性线可以省略,即可采用三相三线制供电。工业生产上所用的三相负载(比如三相电动机、三相电炉等)通常情况下都是对称的,可用三相三线制电路供电。但是,如果三相负载不对称,中性线中会有电流通过,此时中性线不能除去,否则会造成负载上三相电压严重不对称,使用电设备不能正常工作。

例 4.3 有一星形连接的三相对称负载,每相电阻 $R=3\Omega$,感抗 $X_L=4\ \Omega$。电源电压对称,设 $u_{UV}=380\sqrt{2}\sin(\omega t+30°)\text{V}$,试求相电流 i_U、i_V、i_W 的表达式,并以线电压 u_{UV} 为参考相量画出各相电压和相电流的相量图。

解法 1:由上节内容可知

$$U_U = \frac{U_{UV}}{\sqrt{3}} = \frac{380}{\sqrt{3}}\text{ V} = 220\text{ V}$$

且 u_U 在相位上滞后 u_{UV} 30°,即

$$u_U = U_U\sqrt{2}\sin(\omega t+30°-30°)\text{ V}$$
$$= 220\sqrt{2}\sin\omega t\text{ V}$$

U 相电流

$$I_U = \frac{U_U}{|Z_U|} = \frac{220}{\sqrt{3^2+4^2}}\text{ A} = 44\text{ A}$$

i_U 比 u_U 滞后 φ 角,即

$$\varphi = \arctan\frac{X_L}{R} = \arctan\frac{4}{3} = 53°$$

故 $i_U = 44\sqrt{2}\sin(\omega t-53°)\text{ A}$。

因为电流对称,故 V 相、W 相电流分别为

$$i_V = 44\sqrt{2}\sin(\omega t-53°-120°)\text{ A}$$
$$= 44\sqrt{2}\sin(\omega t-173°)\text{ A}$$
$$i_W = 44\sqrt{2}\sin(\omega t-53°+120°)\text{ A}$$
$$= 44\sqrt{2}\sin(\omega t+67°)\text{ A}$$

解法 2:由 $u_{UV}=380\sqrt{2}\sin(\omega t+30°)\text{ V}$,得其相量表达式为

$$\dot{U}_{UV} = 380\angle 30°\text{ V}$$

则

$$\dot{U}_U = \frac{\dot{U}_{UV}}{\sqrt{3}}\angle -30° = 220\angle 0°\text{ V}$$

U 相电流

$$\dot{I}_U = \frac{\dot{U}_U}{Z_U} = \frac{220\angle 0°}{5\angle 53°}\text{ A} = 44\angle -53°\text{ A}$$

V、W 两相电流分别为

$$\dot{I}_V = \frac{\dot{U}_V}{Z_V} = \frac{220\angle -120°}{5\angle 53°}\text{A} = 44\angle -173°\text{ A}$$

$$\dot{I}_W = \frac{\dot{U}_W}{Z_W} = \frac{220\angle -120°}{5\angle 53°}\text{A} = 44\angle 67° \text{ A}$$

相量图如图 4.8 所示。

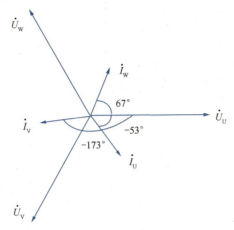

图 4.8　相量图

相应的瞬时值表达式为

$$i_U = 44\sqrt{2}\sin(\omega t - 53°) \text{ A}$$
$$i_V = 44\sqrt{2}\sin(\omega t - 173°) \text{ A}$$
$$i_W = 44\sqrt{2}\sin(\omega t + 67°) \text{ A}$$

4.2.2　负载的三角形连接

三相负载采用三角形连接时只能采用三相三线制电路，如图 4.9 所示。负载的相电压等于电源的线电压。

视频

三相负载的
三角形连接

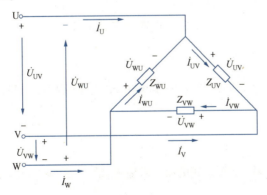

图 4.9　三相负载的三角形连接

三相负载采用三角形连接时各相电流与相电压的关系为

$$\begin{cases} \dot{I}_{UV} = \dfrac{\dot{U}_{UV}}{Z_{UV}} \\ \dot{I}_{VW} = \dfrac{\dot{U}_{VW}}{Z_{VW}} \\ \dot{I}_{WU} = \dfrac{\dot{U}_{WU}}{Z_{WU}} \end{cases} \quad (4.14)$$

各线电流(通过相线中的电流)为

$$\begin{cases} \dot{I}_U = \dot{I}_{UV} - \dot{I}_{WU} \\ \dot{I}_V = \dot{I}_{VW} - \dot{I}_{UV} \\ \dot{I}_W = \dot{I}_{WU} - \dot{I}_{VW} \end{cases} \quad (4.15)$$

如果负载对称,即

$$Z_{UV} = Z_{VW} = Z_{WU} = Z$$

则通过负载的相电流也是对称的,即

$$\begin{cases} \dot{I}_{UV} = \dfrac{\dot{U}_{UV}}{Z_{UV}} = \dfrac{\dot{U}_{UV}}{Z} \\ \dot{I}_{VW} = \dfrac{\dot{U}_{VW}}{Z_{VW}} = \dfrac{\dot{U}_{UV}\angle-120°}{Z} = \dot{I}_{UV}\angle-120° \\ \dot{I}_{WU} = \dfrac{\dot{U}_{WU}}{Z_{WU}} = \dfrac{\dot{U}_{UV}\angle 120°}{Z} = \dot{I}_{UV}\angle 120° \end{cases} \quad (4.16)$$

各线电流为

$$\begin{cases} \dot{I}_U = \dot{I}_{UV} - \dot{I}_{WU} = \sqrt{3}\dot{I}_{UV}\angle-30° \\ \dot{I}_V = \dot{I}_{VW} - \dot{I}_{UV} = \sqrt{3}\dot{I}_{VW}\angle-30° \\ \dot{I}_W = \dot{I}_{WU} - \dot{I}_{UW} = \sqrt{3}\dot{I}_{WU}\angle-30° \end{cases} \quad (4.17)$$

显然,不管负载是否对称(相等),电路中负载相电压(有效值)$U_{\triangle P}$都等于线电压(有效值)U_L,即

$$U_{\triangle P} = U_L$$

当三相负载对称时,即各相负载完全相同,相电流和线电流也一定对称。负载的相电流有效值为

$$I_{\triangle P} = \dfrac{U_{\triangle P}}{|Z|}$$

线电流有效值大小$I_{\triangle L}$等于相电流有效值$I_{\triangle P}$的$\sqrt{3}$倍,即

$$I_{\triangle L} = \sqrt{3} I_{\triangle P}$$

例4.4 对称负载接成三角形,接入线电压为 380 V 的三相电源,若每相阻抗 $Z = (8+j6)\ \Omega$,求负载各相电流及各线电流。图 4.10 为相电压(线电压)、相电流和线电流的相量图。

解:设线电压 $\dot{U}_{UV} = 380\angle 0°$ V,则负载各相电流为

$$\dot{I}_{UV} = \frac{\dot{U}_{UV}}{Z} = \frac{380\angle 0°}{8+j6}\text{ A} = \frac{380\angle 0°}{10\angle 36.9°}\text{ A} = 38\angle -36.9° \text{ A}$$

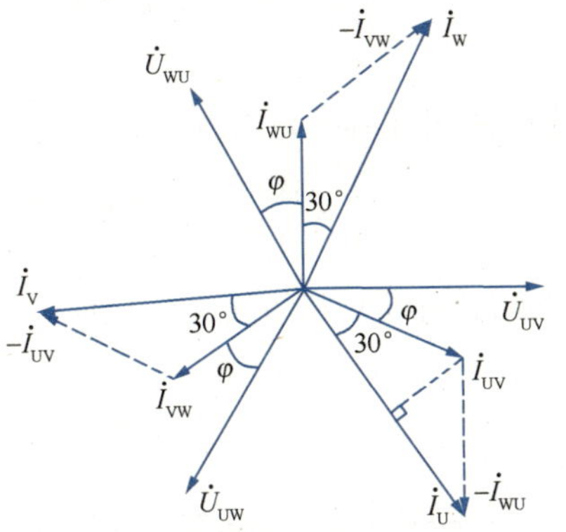

图 4.10 相电压(线电压)、相电流和线电流的相量图

$$\dot{I}_{VW} = \frac{\dot{U}_{VW}}{Z} = \dot{I}_{UV}\angle -120° = 38\angle(-36.9° -120°)\text{ A} = 38\angle -156.9° \text{ A}$$

$$\dot{I}_{WU} = \frac{\dot{U}_{WU}}{Z} = \dot{I}_{UV}\angle 120° = 38\angle(-36.9° +120°)\text{ A} = 38\angle 83.1° \text{ A}$$

负载各线电流为

$$\dot{I}_U = \sqrt{3}\dot{I}_{UV}\angle -30° = \sqrt{3}\times 38\angle(-36.9° -30°)\text{ A} = 65.8\angle -66.9° \text{ A}$$

$$\dot{I}_V = \dot{I}_U\angle -120° = 65.8\angle(-66.9° -120°)\text{ A} = 65.8\angle -186.9° \text{ A} = 65.8\angle 173.1° \text{ A}$$

$$\dot{I}_W = \dot{I}_U\angle 120° = 65.8\angle(-66.9° +120°)\text{ A} = 65.8\angle 53.1° \text{ A}$$

4.3 三相电路的功率

三相负载的平均功率(有功功率)等于各相功率之和,即

$$P = P_U + P_V + P_W \tag{4.18}$$

在对称三相电路中,无论负载是星形连接还是三角形连接,由于各相负载相同、各相电压大小相等、各相电流也相等,所以对称三相有功功率为

$$P = 3U_P I_P \cos\varphi = \sqrt{3} U_L I_L \cos\varphi \tag{4.19}$$

式中,φ 为对称负载的阻抗角,也是负载相电压与相电流之间的相位差。

对称三相电路的无功功率为

$$Q = 3U_P I_P \sin\varphi = \sqrt{3} U_L I_L \sin\varphi \tag{4.20}$$

对称三相电路的视在功率为

$$S = 3U_P I_P = \sqrt{3} U_L I_L \tag{4.21}$$

对称三相电路的功率因数为

$$\lambda = \frac{P}{S} = \cos\varphi \tag{4.22}$$

视频

三相电路的功率

例4.5 对称三相三线制的线电压为 380 V,每相负载阻抗 $Z = 10\angle 53.1°$。求负载分别采用星形连接和三角形连接时的相电流、线电流、有功功率、无功功率及视在功率。

解:(1)负载为星形连接时,相电压有效值为

$$U_P = \frac{U_L}{\sqrt{3}} = \frac{380}{\sqrt{3}} \text{ V} = 220 \text{ V}$$

由于电源对称,负载对称,故可设 U 相相位角为 0,即

$$\dot{U}_U = 220\angle 0° \text{ V}$$

则

$$\dot{I}_U = \frac{\dot{U}_U}{Z} = \frac{220\angle 0°}{10\angle 53.1°} \text{ A} = 22\angle -53.1° \text{ A}$$

由于对称关系 U 相、V 相电流分别为

$$\dot{I}_V = \frac{\dot{U}_V}{Z} = \frac{220\angle -120°}{10\angle 53.1°} \text{ A} = 22\angle -173.1° \text{ A}$$

$$\dot{I}_W = \frac{\dot{U}_W}{Z} = \frac{220\angle 120°}{10\angle 53.1°} \text{ A} = 22\angle 66.9° \text{ A}$$

三相负载功率为

$$P = \sqrt{3} U_L I_L \cos\varphi = \sqrt{3} \times 380 \times 22 \times \cos53.1° \text{ W} = 8.69 \text{ kW}$$

$$Q = \sqrt{3} U_L I_L \sin\varphi = \sqrt{3} \times 380 \times 22 \times \sin53.1° \text{ var} = 11.58 \text{ kvar}$$

$$S = \sqrt{3} U_L I_L = \sqrt{3} \times 380 \times 22 \text{ V}\cdot\text{A} = 14.48 \text{ kV}\cdot\text{A}$$

(2)负载为三角形连接时,设 U 相相位角为 0,即

$$\dot{U}_U = 220\angle 0° \text{ V}$$

则

$$\dot{U}_{UV} = 380\angle 30° \text{ V}$$

$$\dot{I}_{UV} = \frac{\dot{U}_{UV}}{Z} = \frac{380\angle 30°}{10\angle 53.1°}\text{A} = 38\angle -23.1° \text{ A}$$

V 相、W 相负载的电流分别为

$$\dot{I}_{VW} = \frac{\dot{U}_{VW}}{Z} = \frac{380\angle -120°+30°}{10\angle 53.1°}\text{A} = 38\angle -143.1° \text{ A}$$

$$\dot{I}_{WU} = \frac{\dot{U}_{WU}}{Z} = \frac{380\angle 120°+30°}{10\angle 53.1°}\text{A} = 38\angle -96.9° \text{ A}$$

各线电流为

$$\dot{I}_U = \sqrt{3}\dot{I}_{UV}\angle -30° = \sqrt{3}\times 38\angle(-23.1°-30°) \text{ A} = 65.8\angle -53.1° \text{ A}$$

$$\dot{I}_V = \sqrt{3}\dot{I}_{VW}\angle -30° = \sqrt{3}\times 38\angle(-143.1°-30°) \text{ A} = 65.8\angle -173.1° \text{ A}$$

$$\dot{I}_W = \sqrt{3}\dot{I}_{WU}\angle -30° = \sqrt{3}\times 38\angle(96.9°-30°) \text{ A} = 65.8\angle 66.9° \text{ A}$$

三相负载的功率为

$$P = \sqrt{3}\,U_L I_L \cos\varphi = \sqrt{3} \times 380 \times 65.8 \times \cos 53.1°\ \text{W} = 26\ \text{kW}$$

$$Q = \sqrt{3}\,U_L I_L \sin\varphi = \sqrt{3} \times 380 \times 65.8 \times \sin 53.1°\ \text{var} = 34.6\ \text{kvar}$$

$$S = \sqrt{3}\,U_L I_L = \sqrt{3} \times 380 \times 65.8\ \text{V·A} = 43.3\ \text{kV·A}$$

结论：由此例可知，在线电压相同的情况下，三相对称负载由星形连接改为三角形连接后，相电流增加为原来的 $\sqrt{3}$ 倍，线电流增加为原来的 3 倍。故改为三角形连接后功率为星形连接时的 3 倍，即

$$I_{\triangle P} = \sqrt{3}\,I_{YP},\ I_{\triangle L} = 3I_{YL},\ P_{\triangle} = 3P_Y$$

4.4 不对称三相电路的计算

4.4.1 星形连接的不对称三相电路

当三相电路的电源电压、电源内阻抗不对称或负载阻抗以及线路阻抗不对称时，将引起三相电路中各相电压、电流的不对称，这种电路称为不对称三相电路。

1. 有中性线的不对称三相电路

一般三相不对称均指电源对称而负载不对称的三相电路。有中性线时，每相的负载电压等于电源的相电压，各相电流和中性线电流的计算可由式(4.8)和式(4.9)得出。

例 4.6 在三相四线制电路中，星形负载三相阻抗分别为：$Z_U = (8+j6)\ \Omega$，$Z_V = (2-j4)\ \Omega$，$Z_W = 10\ \Omega$，电源线电压为 380 V，求各相电流及中性线电流。

解：设电源为星形连接，由题意知相电压有效值

$$U_P = \frac{U_L}{\sqrt{3}} = \frac{380}{\sqrt{3}}\ \text{V} = 220\ \text{V}$$

设 $\dot{U}_U$ 相电压相位为 0 则各相电压为

$$\dot{U}_U = 220\angle 0°\ \text{V}$$

$$\dot{U}_V = 220\angle -120°\ \text{V}$$

$$\dot{U}_W = 220\angle 120°\ \text{V}$$

各相相电流为

$$\dot{I}_U = \frac{\dot{U}_U}{Z_U} = \frac{220\angle 0°}{8+j6}\ \text{A} = \frac{220\angle 0°}{10\angle 36.9°}\ \text{A} = 22\angle -36.9°\ \text{A}$$

$$\dot{I}_V = \frac{\dot{U}_V}{Z_V} = \frac{220\angle -120°}{3-j4}\ \text{A} = \frac{220\angle -120°}{5\angle -53.1°}\ \text{A} = 44\angle -66.9°\ \text{A}$$

$$\dot{I}_W = \frac{\dot{U}_W}{Z_W} = \frac{220\angle 120°}{10}\ \text{A} = \frac{220\angle 120°}{10\angle 0°}\ \text{A} = 22\angle 120°\ \text{A}$$

中性线电流为

$$\dot{I}_N = \dot{I}_U + \dot{I}_V + \dot{I}_W = (22\angle-36.9° + 44\angle-66.9° + 22\angle 120°)\ A$$
$$= (17.6 - j13.2 + 17.3 - j40.5 - 11 + j19.1)\ A$$
$$= (23.9 - j34.6)\ A$$
$$= 42\angle-55.4°\ A$$

2. 无中性线的不对称三相电路

无中性线的不对称三相电路如图 4.11 所示。

设三相电源中性点 N 为参考点，根据节点电压法可求得负载中性点与电源中性点的电压为

$$\dot{U}_{N'N} = \frac{\dfrac{\dot{U}_U}{Z_U} + \dfrac{\dot{U}_V}{Z_V} + \dfrac{\dot{U}_W}{Z_W}}{\dfrac{1}{Z_U} + \dfrac{1}{Z_V} + \dfrac{1}{Z_W}}$$

由上式可知：若负载对称，电压对称，则 $\dot{U}_{N'N}=0$，说明电源中性点与负载中性点等电位；若负载不对称，一般情况下 $\dot{U}_{N'N}\neq 0$，说明电源中性点与负载中性点电位不相同。由于负载中性点 N′ 和电源中性点 N 的电位不相等，故相量图上 N 和 N′ 不重合，如图 4.11(b) 所示。这种现象称为负载中性点位移。由于负载中性点位移，负载的相电压因此而不对称，各相电压将出现过高、过低的现象，造成负载不能正常工作。负载各相电压为

$$\begin{cases}\dot{U}_{UN'} = \dot{U}_U - \dot{U}_{N'N}\\ \dot{U}_{VN'} = \dot{U}_V - \dot{U}_{N'N}\\ \dot{U}_{WN'} = \dot{U}_W - \dot{U}_{N'N}\end{cases}$$

相量图如图 4.11(b) 所示。可见，为保证负载正常工作，在三相负载不对称时，必须有中性线。中性线的作用在于保持负载相电压对称。

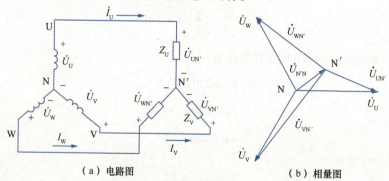

图 4.11 不对称负载三相三线制 Y-Y 电路及相量图

例 4.7 在如图 4.12 所示电路中电源电压对称，线电压 $U_L = 220$ V；负载为电灯组，在额定电压下其电阻分别为 $R_U = 5\ \Omega$, $R_V = 10\ \Omega$, $R_W = 20\ \Omega$，求各相负载电压和负载电流。电灯额定电压为 220 V。

解：由于无中性线，可用节点电压法求出负载中性点电压，即

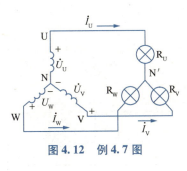

图 4.12 例 4.7 图

$$\dot{U}_{N'N} = \frac{\dfrac{\dot{U}_U}{Z_U}+\dfrac{\dot{U}_V}{Z_V}+\dfrac{\dot{U}_W}{Z_W}}{\dfrac{1}{Z_U}+\dfrac{1}{Z_V}+\dfrac{1}{Z_W}} = \left(\dfrac{\dfrac{220\angle 0°}{5}+\dfrac{220\angle -120°}{10}+\dfrac{220\angle 120°}{20}}{\dfrac{1}{5}+\dfrac{1}{10}+\dfrac{1}{20}}\right) V$$

$$= \left[\dfrac{220\times\dfrac{1}{5}+(-110-j190.5)\times\dfrac{1}{10}+(-110+j190.5)\times\dfrac{1}{20}}{\dfrac{1}{5}+\dfrac{1}{10}+\dfrac{1}{20}}\right] V$$

$$= (78.6 - j27.2)\ V$$

$$= 83.5\angle -19°\ V$$

各相负载电压为

$$\dot{U}_{UN'} = \dot{U}_U - \dot{U}_{N'N} = (220\angle 0° - 83.5\angle -19°)\ V = 144\angle 11°\ V$$

$$\dot{U}_{VN'} = \dot{U}_V - \dot{U}_{N'N} = (220\angle -120° - 83.5\angle -19°)\ V = 249.4\angle -139°\ V$$

$$\dot{U}_{WN'} = \dot{U}_W - \dot{U}_{N'N} = (220\angle 120° - 83.5\angle -19°)\ V = 288\angle 131°\ V$$

由欧姆定律,得各相负载电流为

$$\dot{I}_U = \dfrac{\dot{U}_{UN'}}{R_U} = \dfrac{114\angle 11°}{5}\ A = 28.8\angle 11°\ A$$

$$\dot{I}_V = \dfrac{\dot{U}_{VN'}}{R_V} = \dfrac{249.4\angle -139°}{10}\ A = 24.9\angle -139°\ A$$

$$\dot{I}_W = \dfrac{\dot{U}_{WN'}}{R_W} = \dfrac{288\angle 131°}{20}\ A = 14.4\angle 131°\ A$$

结论:当负载不对称,且没有中性线时,负载的相电压就不对称。由于 V 相和 W 相上的电压高于额定电压 220 V,而 U 相负载上的电压又低于 220 V,这都是不允许的,所以在星形连接的负载不对称时,必须有中性线。操作规程规定,中性线上不允许接入熔断器和开关,有时中性线还用钢丝制成,以增强抗拉强度。

4.4.2 三角形连接的不对称三相电路

三角形连接的不对称三相电路,负载的相电流是不对称的,线电流也是不对称的。计算时,应按式(4.14)和式(4.15)进行。

例 4.8 在图 4.13 所示电路中,负载为三角形连接,设三相电源的额定线电压为 220 V,灯泡额定电压为 220 V,额定功率为 100 W。求各相电流及线电流。

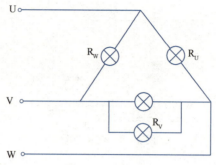

图 4.13 例 4.8 图

解：设线电压 $\dot{U}_{UV}$ 为参考相量，则

$$\dot{U}_{UV} = 220\angle 0° \text{ V}$$
$$\dot{U}_{VW} = 220\angle -120° \text{ V}$$
$$\dot{U}_{WU} = 220\angle 120° \text{ V}$$

负载电阻为

$$R_U = R_W = \frac{U_N^2}{P_N} = \frac{220^2}{100} \ \Omega = 484 \ \Omega$$

$$R_V = \frac{1}{2}R_U = \frac{1}{2} \times 484 \ \Omega = 242 \ \Omega$$

故各相负载相电流为

$$\dot{I}_{UV} = \frac{\dot{U}_{UV}}{R_U} = \frac{220\angle 0°}{484} \text{ A} = 0.455\angle 0° \text{ A}$$

$$\dot{I}_{VW} = \frac{\dot{U}_{VW}}{R_V} = \frac{220\angle -120°}{242} \text{ A} = 0.909\angle -120° \text{ A}$$

$$\dot{I}_{WU} = \frac{\dot{U}_{WU}}{R_W} = \frac{220\angle 120°}{484} \text{ A} = 0.455\angle 120° \text{ A}$$

则线电流为

$$\dot{I}_U = \dot{I}_{UV} - \dot{I}_{WU} = (0.455\angle 0° - 0.455\angle 120°) \text{ A} = 0.788\angle -30° \text{ A}$$

$$\dot{I}_V = \dot{I}_{VW} - \dot{I}_{UV} = (0.909\angle -120° - 0.455\angle 0°) \text{ A} = 1.203\angle -139.1° \text{ A}$$

$$\dot{I}_W = \dot{I}_{WU} - \dot{I}_{VW} = (0.455\angle 120° - 0.909\angle -120°) \text{ A} = 1.203\angle 76.8° \text{ A}$$

可见，相电流不对称，线电流也不对称。

4.5 三相交流电的典型应用

视频

三相交流电的典型应用

三相异步电动机降压启动电路的连接，如图 4.14 所示。其工作原理如下：

QS1 闭合，QS2 置于停止位置时，电动机处于停止状态；QS2 置于启动位置时，电动机采用星形连接，电动机处于降压启动状态；QS2 置于运转位置时，电动机采用三角形连接，电动机处于全压运转状态。

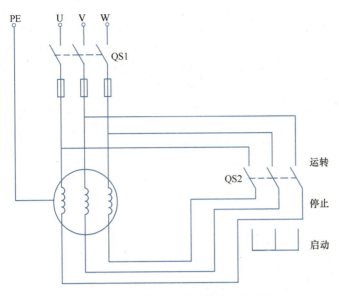

图 4.14　三相异步电动机降压启动电路

小　结

1. 三相电源

振幅相等、频率相同,而在相位上彼此相差 120°的三相电动势称为对称三相电动势。对称三相电动势瞬时值的数学表达式为

第一相(U 相)电动势: $e_U = E_m \sin\omega t$ V;

第二相(V 相)电动势: $e_V = E_m \sin(\omega t - 120°)$ V;

第三相(W 相)电动势: $e_W = E_m \sin(\omega t + 120°)$ V。

三相电源中的绕组有星形(Y)接法和三角形(△)接法两种。

(1) 电源采用 Y 连接时,相电压为

$$\dot{U}_U = U\angle 0° \quad \dot{U}_V = U\angle -120° \quad \dot{U}_W = U\angle 120°$$

线电压为

$$\dot{U}_{UV} = \sqrt{3}\dot{U}_U\angle 30° \quad \dot{U}_{VW} = \sqrt{3}\dot{U}_V\angle 30° \quad \dot{U}_{WU} = \sqrt{3}\dot{U}_W\angle 30°$$

(2) 电源采用△连接时,相电压等于线电压,即

$$\dot{U}_{UV} = \dot{U}_U \quad \dot{U}_{VW} = \dot{U}_V \quad \dot{U}_{WU} = \dot{U}_W$$

2. 三相负载

(1) 三相负载采用 Y 接法时,通过负载的相电流等于线电流,即

$$\dot{I}_U = \frac{\dot{U}_U}{Z_U} \quad \dot{I}_V = \frac{\dot{U}_V}{Z_V} \quad \dot{I}_W = \frac{\dot{U}_W}{Z_W}$$

中性线电流为

$$\dot{I}_N = \dot{I}_U + \dot{I}_V + \dot{I}_W$$

在三相四线制电路,对称电源线电压有效值 U_L 是负载相电压有效值 U_{YP} 的 $\sqrt{3}$ 倍,即

$$U_L = \sqrt{3} U_{YP}$$

负载的相电流(有效值)I_{YP} 等于线电流(有效值)I_{YL},即

$$I_{YP} = I_{YL}$$

当三相负载对称时,即各相电流(或各线电流)振幅相等、频率相同、相位彼此相差 120°,并且中性线电流为 0。中性线可以去掉,即形成三相三线制电路。

(2)三相负载采用△接法时,通过负载的相电流为

$$\dot{I}_{UV} = \frac{\dot{U}_{UV}}{Z_{UV}} \quad \dot{I}_{VW} = \frac{\dot{U}_{VW}}{Z_{VW}} \quad \dot{I}_{WU} = \frac{\dot{U}_{WU}}{Z_{WU}}$$

当三相负载对称时,通过相线的电流(线电流)

$$\dot{I}_U = \dot{I}_{UV} - \dot{I}_{WU} = \sqrt{3} \dot{I}_{UV} \angle -30°$$

$$\dot{I}_V = \dot{I}_{VW} - \dot{I}_{UV} = \sqrt{3} \dot{I}_{VW} \angle -30°$$

$$\dot{I}_W = \dot{I}_{WU} - \dot{I}_{UW} = \sqrt{3} \dot{I}_{WU} \angle -30°$$

负载采用△连接时只能形成三相三线制电路。显然不管负载是否对称(相等),电路中负载相电压(有效值)$U_{\triangle P}$ 都等于电源线电压(有效值)U_L,即

$$U_{\triangle P} = U_L$$

当三相负载对称时,相电流和线电流也一定对称。负载的相电流(有效值)为

$$I_{\triangle P} = \frac{U_{\triangle P}}{|Z|}$$

线电流 $I_{\triangle L}$ 等于相电流 $I_{\triangle P}$ 的 $\sqrt{3}$ 倍,即

$$I_{\triangle L} = \sqrt{3} I_{\triangle P}$$

3. 三相功率

三相负载的有功功率等于各相功率之和,即

$$P = P_U + P_V + P_W$$

在对称三相电路中,无论负载是星形连接还是三角形连接,由于各相负载相同、各相电压大小相等、各相电流也相等,所以三相功率为

$$P = 3U_P I_P \cos\varphi = \sqrt{3} U_L I_L \cos\varphi$$

式中,φ 为对称负载的阻抗角,也是负载相电压与相电流之间的相位差。

拓展阅读

工厂里的天车

我国是制造业大国,大部分企业集中在电气化与自动化时代,随着信息化技术的发展,制造过程自动化控制程度进一步大幅度提升,生产效率、良品率、分工合作、机械设备寿命都得到了前所未有的提高。在此阶段,工厂大量采用 PC、PLC/单片机等电子、信息技术自动化控制的机械设备进行生产,自此,机器能够逐步代替人类作业,不仅接管

了相当比例的"体力劳动",还接管了一些"脑力劳动"。工厂中常用代替人工搬运工作的就是桥式起重机,俗称天车。

1. 天车简介

桥式起重机是桥架在高架轨道上运行的一种桥架型起重机,又称天车。桥式起重机的桥架沿铺设在两侧高架上的轨道纵向运行,起重小车沿铺设在桥架上的轨道横向运行,构成一矩形的工作范围,就可以充分利用桥架下面的空间吊运物料,不受地面设备的阻碍。

基本有两类:一类为集中驱动,即用一台电动机带动长传动轴驱动两边的主动车轮;另一类为分别驱动,即两边的主动车轮各用一台电动机驱动。中、小型桥式起重机较多采用制动器、减速器和电动机组合成一体的"三合一"驱动方式,大起重量的普通桥式起重机为便于安装和调整,驱动装置常采用万向联轴器。工厂里的天车如图 4.15 所示。

图 4.15 工厂里的天车图片

2. 实现电动机正反转控制原理

电动机的正反转控制可以采用通过控制接触器转换三相电源相序完成。

图 4.16 所示为接触器互锁的正反转控制电路。用正向接触器 KM1 和反向接触器 KM2 完成主回路两相电源的对调工作,从而实现正反转的转换。

在控制回路中,利用正向接触器 KM1 的常闭触点 KM1(4-5)控制反向接触器 KM2 的线圈,利用反向接触器 KM2 的常闭触点 KM2(2-3)控制正向接触器 KM1 的线圈,从而达到相互锁定的作用。这两对常闭触点称为互锁触点,这两个常闭触点组成的电路称为互锁环节。

当电源开关闭合后,按下正向启动按钮 SB2,正向接触器 KM1 线圈通电吸合,主回路常开主触点闭合,电动机正向启动运行。同时,控制回路的常开辅助触点 KM1(1-2)闭合实现自锁;常闭辅助触点 KM(4-5)断开,切断反向接触器 KM2 线圈电路,实现互锁。

当需要停车时,按下停止按钮 SB1,切断正向接触器 KM1 线圈电源,接触器 KM1 衔铁释放,常开主触点恢复断开状态,电动机停止运转,同时自锁触点也恢复断开状态,自锁作用解除,为下一次启动做好准备。

反向启动的过程只需按下反向启动按钮 SB3 即可完成反向启动的全过程,其步骤与正向启动相似。

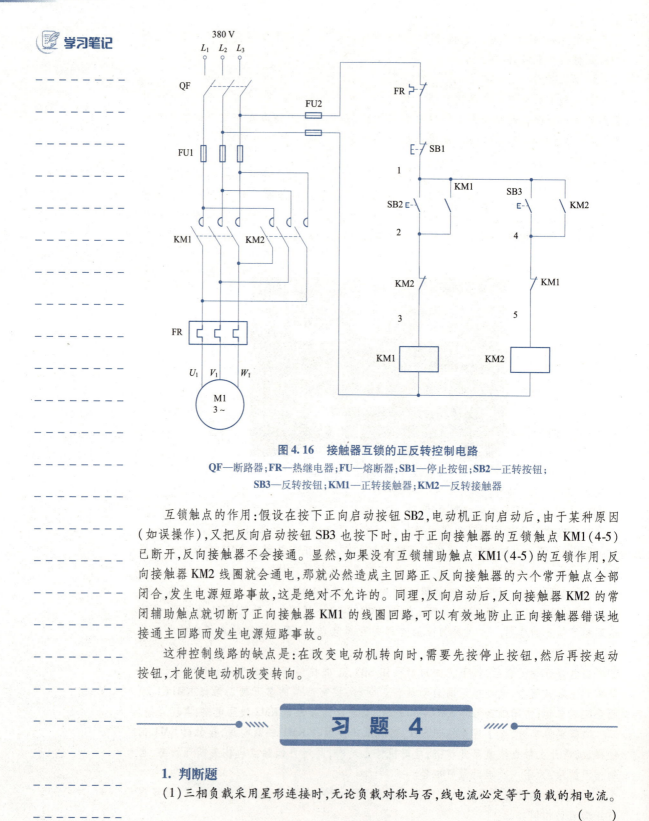

图 4.16　接触器互锁的正反转控制电路
QF—断路器；**FR**—热继电器；**FU**—熔断器；**SB1**—停止按钮；**SB2**—正转按钮；
SB3—反转按钮；**KM1**—正转接触器；**KM2**—反转接触器

互锁触点的作用：假设在按下正向启动按钮 SB2，电动机正向启动后，由于某种原因（如误操作），又把反向启动按钮 SB3 也按下时，由于正向接触器的互锁触点 KM1(4-5) 已断开，反向接触器不会接通。显然，如果没有互锁辅助触点 KM1(4-5) 的互锁作用，反向接触器 KM2 线圈就会通电，那就必然造成主回路正、反向接触器的六个常开触点全部闭合，发生电源短路事故，这是绝对不允许的。同理，反向启动后，反向接触器 KM2 的常闭辅助触点就切断了正向接触器 KM1 的线圈回路，可以有效地防止正向接触器错误地接通主回路而发生电源短路事故。

这种控制线路的缺点是：在改变电动机转向时，需要先按停止按钮，然后再按起动按钮，才能使电动机改变转向。

习 题 4

1. 判断题

(1) 三相负载采用星形连接时，无论负载对称与否，线电流必定等于负载的相电流。
　　　　　　　　　　　　　　　　　　　　　　　　　　　　　　　　　　　(　)

(2)三相负载的相电流是指电源相线上的电流。（　　）
(3)在三相四线制供电线路中,两根相线之间的电压称为线电压。（　　）
(4)在对称负载的星形连接三相交流电路中,中性线上的电流为0。（　　）
(5)当负载采用星形连接时,必须要有中性线。（　　）
(6)对称负载采用星形连接时,线电流必等于相电流的$\sqrt{3}$倍。（　　）
(7)三相电路中,对称负载是指各相负载的阻抗相等。（　　）
(8)在三相四线制电路中,对于三相对称负载,可取消中性线,采用三相三线制供电。（　　）
(9)三相不对称负载采用星形连接时,为了使各相电压保持相等,必须采用三相四线制供电。（　　）
(10)在三相四线制电路中,中性线上不允许接入熔断器和开关。（　　）
(11)测得三角形负载的三个线电流均为10 A,则说明线电流和相电流都是对称的。（　　）
(12)三相负载作三角形连接时,无论负载对称与否,线电流必定是相电流的$\sqrt{3}$倍。（　　）
(13)三相对称负载作三角形连接时,线电流的有效值是相电流有效值的$\sqrt{3}$倍,且相位比对应的相电流超前30°。（　　）
(14)一台三相电动机,每相绕组的额定电压是220 V,现三相电源的线电压是380 V,则这台电动机的绕组应连成三角形。（　　）
(15)三相对称负载作星形连接或三角形连接时,其总有功功率均可用公式$P = \sqrt{3} U_L I_L \cos\varphi$计算。（　　）
(16)三相负载不对称时,其总有功功率应采用公式$P = P_U + P_V + P_W$计算。（　　）

2. 填空题

(1)三相交流发电机产生的三相对称电动势,已知U相电动势为$e_U = 220\sqrt{2}\sin(\omega t - 120°)$ V,则$e_V = $_____,$e_W = $_____。

(2)三相四线制供电,是由三根_____和一根_____组成的。这种供电方式可提供两种电压:一种称为线电压,是由_____所形成的电压;另一种称为相电压,是由_____所形成的电压。

(3)目前我国常用照明电路是采用_____供电的,它的相电压是_____V,线电压是_____V。

(4)对称三相电源绕组接成星形时,线电压(有效值)大小是相电压的_____倍;在相位上,线电压_____(超前或滞后)相电压_____角。

(5)三相对称负载采用星形连接时,线电压(有效值)$U_L = 380$ V,则负载相电压$U_{YP} = $_____V,线电流与负载相电流的关系为_____。

(6)在三相电路中,各相负载的额定电压等于电源的相电压,则负载应采用_____连接。

(7)在三相电路中,各相负载的额定电压等于电源的线电压,则负载应采用_____连接。

(8)三相对称负载采用三角形连接时,已知电源线电压$U_L = 380$ V,测得线电流$I_L = $

15 A，三相有功功率 $P = 8\,500$ W，则该三相对称负载的功率因数为_____。

3. 选择题

(1) 下列各组电压是三相对称电压的是(　　)。

　　A. $u_U = 380\sqrt{2}\sin(314t - 30°)$；$u_V = 380\sqrt{2}\sin(314t - 150°)$；
　　　　$u_W = 380\sqrt{2}\sin(314t + 90°)$

　　B. $u_U = 220\sin(314t + 60°)$；$u_V = 220\sqrt{2}\sin(314t - 120°)$；
　　　　$u_W = 220\sqrt{2}\sin(314t + 120°)$

　　C. $u_U = 330\sin 100\pi t$；$u_V = 310\sin(100\pi t - 120°)$；$u_W = 310\sin(100\pi t + 120°)$

　　D. $u_U = 933\sin(100\pi t + 150°)$；$u_V = 933\sin(100\pi t - 90°)$；
　　　　$u_W = 933\sin(100\pi t + 30°)$

(2) 三相动力供电线路的电压是 380 V，则任意两根相线之间的电压称为(　　)。

　　A. 相电压的有效值是 380 V　　　　B. 相电压的有效值是 220 V
　　C. 线电压的有效值是 380 V　　　　D. 线电压的有效值是 220 V

(3) 对称三相负载星形连接时，线电流是相电流的(　　)。

　　A. $\sqrt{2}$ 倍　　　　B. $\sqrt{3}$ 倍　　　　C. 1 倍

(4) 对称三相负载三角形连接时，线电流是相电流的(　　)。

　　A. $\sqrt{2}$ 倍　　　　B. $\sqrt{3}$ 倍　　　　C. 1 倍

(5) 三相对称负载采用三角形连接，若 $\dot{I}_{UV} = 2\angle 30°$ A，则 $\dot{I}_U$ 等于(　　)

　　A. $2\sqrt{3}\angle 30°$ A　　　　B. $2\sqrt{3}\angle 0°$ A　　　　C. $2\sqrt{3}\angle 60°$ A

(6) 动力供电线路中，采用星形连接三相四线制供电，交流电频率为 50 Hz，线电压为 380 V，则(　　)。

　　A. 线电压为相电压的 $\sqrt{3}$ 倍　　　　C. 线电压的最大值为 380 V
　　B. 相电压的最大值为 380 V　　　　　　D. 交流电的周期为 0.2 s

(7) 三相四线制照明电路中，忽然有两相电灯变暗，一相电灯变亮，出现故障的原因是(　　)。

　　A. 电源电压突然降低　　　　　　B. 有一相短路
　　C. 不对称负载，中性线突然断开　　D. 有一相断路

(8) 对称三相四线制供电电路中，若一根相线上的熔丝熔断，则该熔丝两端的电压为(　　)。

　　A. 线电压　　　　　　　　　　B. 相电压
　　C. 相电压与线电压之和　　　　D. 线电压的一半

(9) 三相对称负载采用三角形连接时，在线电压为 380 V 的三相电源，若第一相负载处因故障发生断路，则第二相和第三相负载的电压分别为(　　)。

　　A. 380 V、220 V　　　　　　B. 380 V、380 V
　　C. 220 V、220 V　　　　　　D. 220 V、190 V

(10) 三相对称负载采用三角形连接时，在线电压为 380 V 的三相电源，若第一相电源线因故障发生断路，则第一相、第二相和第三相负载的电压分别为(　　)。

　　A. 380V、220V、380 V　　　　B. 380V、380V、380 V

C. 190V、220V、190 V　　　　　　D. 190V、380V、190 V

(11) 一个三相对称负载,若电源线电压为 380 V 时采用星形连接;若电源线电压为 220 V 时采用三角形连接。则三角形连接的功率是星形连接的(　　)。

A. $\sqrt{2}$ 倍　　B. $\sqrt{3}$ 倍　　C. 1 倍　　D. 3 倍

(12) 在相同的线电压作用下,同一台三相异步电动机采用三角形连接所消耗的功率是采用星形连接所消耗功率的(　　)倍。

A. $\sqrt{3}$　　B. $\frac{1}{3}$　　C. 3　　D. $\frac{1}{\sqrt{3}}$

4. 计算题

(1) 一个星形连接的对称三相电源,已知 $u_U = 380\sin(\omega t + 30°)$ V,试写出 u_V、u_W 的解析式及相对应的 $\dot{U}_U$、$\dot{U}_V$、$\dot{U}_W$ 相量式。

(2) 现有 120 只 220 V、100 W 的白炽灯泡,怎样将其接入线电压为 380 V 的三相四线制供电线路最为合理? 按照这种接法,在全部灯泡点亮的情况下,线电流和中性线电流各是多少?

(3) 有一星形连接的三相对称负载,每相的电阻 $R = 6\ \Omega$,感抗 $X_L = 8\ \Omega$ 三相电源电压对称,设 $u_{UV} = 380\sqrt{2}\sin(\omega t + 30°)$ V,试求:U 相负载 Z_U 中的电流为多大?

(4) 已知三相对称负载星形连接电路中,三相对称电源的线电压为 $U_L = 380$ V,每相负载 $Z = 8 + j6\ \Omega$,试求:负载的相电压、相电流和线电流,并画出相量图。

(5) 如果将上题的负载连成三角形,接到线电压 $U_L = 220$ V 的三相对称电源上,试求负载的相电压、相电流和线电流,并与上题结果比较。

(6) 已知星形连接的三相不对称负载电路中,各相负载电路如图 4.17 所示,已知:$R_U = 10\ \Omega$,$R_V = 20\ \Omega$,$R_W = 30\ \Omega$,三相对称电源的线电压 $U_L = 380$ V,试求:

① 各相电流及中性线电流。

② U 相断路时,各相负载所承受的电压和通过的电流。

③ U 相和中性线均断开时,各相负载的电压和电流。

④ U 相负载短路,中性线断开时,各相负载的电压和电流。

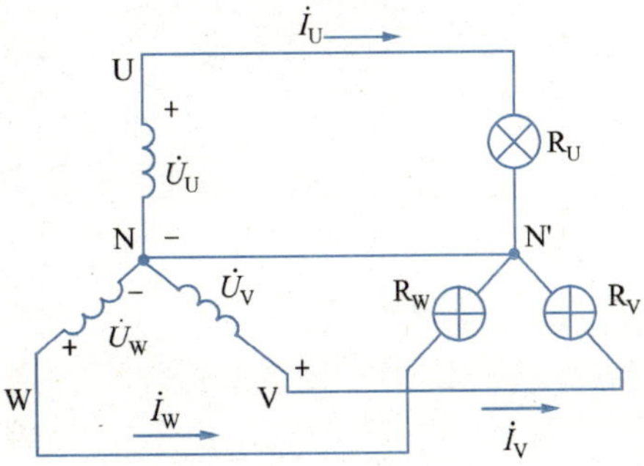

图 4.17　题 4.(6)图

(7) 对称三相负载功率 $P = 12.2$ kW,线电压 $U_L = 220$ V,功率因数 $\cos\varphi = 0.8$(感性)。试求:①线电流;②如果负载连接成 Y,计算每相负载的电阻和感抗。

(8) 三相对称负载采用三角形连接,线电压为 $U_L = 380$ V,线电流为 $I_L = 17.3$ A,三

相总功率为 $P = 4.5$ kW,求每相负载的电阻和感抗。

(9) 已知对称三相电源的线电压 $U_L = 380$ V,对称三相负载的每相电阻 $R = 32$ Ω,电抗 $X = 24$ Ω,试求负载分别在星形连接和三角形连接两种情况下,负载所吸收的有功功率、无功功率和视在功率。

(10) 在三相四线制电路中,对称电源的线电压 $U_L = 380$ V,三相负载不对称 $Z_U = (8 + j6)$ Ω,$Z_V = (8 + j6)$ Ω,$Z_W = (12 + j16)$ Ω。试求:三相负载所吸收的有功功率、无功功率和视在功率。

(11) 一台三相异步电动机接于线电压 $U_L = 380$ V 的对称三相电源上运行,测得线电流为 202 A,输入功率为 110 kW,试求:电动机的有功功率、无功功率和视在功率。

第5章

互感耦合电路

在实际电路中,如收音机、电视机中的中周线圈、振荡线圈,整流电源里使用的变压器等都是耦合电感元件,熟悉这类元件的特性,掌握包含这类元件的电路问题的分析方法非常必要。

学习目标
(1) 理解互感现象、互感线圈同名端、互感系数、耦合系数的概念,会判别互感线圈同名端。
(2) 掌握互感线圈串联、并联及等效电感的分析计算方法。
(3) 理解空芯变压器的分析方法。
(4) 掌握理想变压器电流、电压、阻抗的变换关系,会判别变压器的一次侧和二次侧。

素质目标
(1) 通过电磁互生现象,养成观察事物之间的转换规律的习惯,增加唯物主义观念。
(2) 通过理想变压器的学习,充分认识在工程中抓住主要因素,忽略次要因素,化繁为简的解决问题方式。
(3) 培养用辩证唯物主义的观点分析和解决问题的能力:事物是发展变化的,事物之间是相互联系的。

 5.1 自感与互感

视频

自感、互感现象

5.1.1 自感与自感电压

1. 自感现象

穿过线圈横截面的磁感线总数称为磁通,又称磁通量。当线圈中通过的电流发生变化,电流所产生的磁通也发生变化,变化的磁通因与线圈交链而产生感应电动势。这个感应电动势称为自感电动势。而这种由于通过线圈本身的电流变化而引起感应电动势的现象,称为自感现象。

当电流通过线圈回路时,在线圈回路内要产生磁通,此磁通称为自感磁通,用符号 Φ 表示。如果电流通过的线圈由 N 匝组成,且线匝绕得很紧密,各匝都与相同的磁通 Φ

相交链,则相应的自感磁链 Ψ 为线圈匝数 N 与磁通 Φ 的乘积,即

$$\Psi = N\Phi \tag{5.1}$$

由于同一电流 i 通过不同的线圈时,所产生的自感磁链 Ψ 不一定相同。为了表明各个线圈产生自感磁链的能力,将线圈的自感磁链 Ψ 与电流 i 的比值称为线圈的自感系数,简称自感(又称电感),用符号 L 表示,即

$$L = \frac{\Psi}{i} \tag{5.2}$$

自感 L 是一个与电流、时间均无关的常量。例如匝数为 N 的长直密绕螺线管,当介质的磁导率为 μ 时自感系数为 $L = \mu \frac{N^2}{l}\pi r^2 = \mu \frac{N^2}{l}S$。自感 L 的单位为亨[利],用字母 H 表示。

2. 自感电压

当自感线圈中的电流随时间变化时,在其两端会出现感应电压,称为自感电压,用 u_L 表示。通常在选定电流 i 的参考方向和磁通 Φ 的参考方向时,总是使它们符合右手螺旋定则,即右手握住通电螺线管,四指弯曲与电流方向一致,大拇指所指的一端为 N 极,即磁感线的指向。当采用关联的电压、电流参考方向时,电压的参考方向(亦即沿绕组电压降的参考方向)和磁通的参考方向也符合右手螺旋定则,根据电磁感应定律可得

$$u_L = \frac{d\psi}{dt} = L\frac{di}{dt} \tag{5.3}$$

若正弦电流通过电感线圈时,自感电压可表示为

$$\dot{U}_L = \pm j\omega L \dot{I} \tag{5.4}$$

式中,自感电压与产生它的电流参考方向为关联方向时取"+"号;非关联方向时取"-"号。图 5.1 为自感线圈电压、电流的相量模型图。

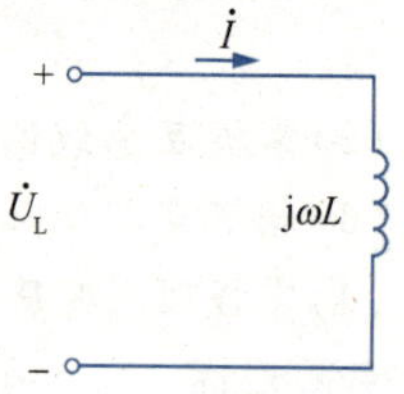

图 5.1 自感线圈电压、电流的相量模型图

5.1.2 互感与互感电压

1. 互感现象

两个相邻的线圈,由于一个线圈的电流变化而在另一个线圈中产生感应电动势的现象称为互感现象。

如图 5.2 所示,线圈 1 和线圈 2 的匝数分别为 N_1 和 N_2。图 5.2(a)中电流 i_1 通过线圈 1 所产生的穿过线圈 2 的那部分磁通,称为互感磁通,用 Φ_{21} 表示。由它所产生的磁链,称为互感磁链,用 Ψ_{21} 表示。磁链 Ψ_{21} 的变化,在线圈 2 中产生的感应电动势称为互感电动势,用 e_{M_2} 表示。同样,在图 5.2(b)中,当有电流 i_2 通过线圈 2 时,同样会有一部分穿过线圈 1 的磁通,也称为互感磁通,用 Φ_{12} 表示。由它所产生的磁链也称为互感磁链,用 Ψ_{12} 表示。当互感磁链 Ψ_{12} 变化时,在线圈 1 中产生的感应电动势也称为互感电动势,用 e_{M_1} 表示。

以上互感磁链与互感磁通之间有如下关系:

$$\Psi_{12} = N_1 \Phi_{12} \tag{5.5}$$

$$\Psi_{21} = N_2 \Phi_{21} \tag{5.6}$$

彼此间具有互感的线圈称为互感耦合线圈,简称耦合线圈。

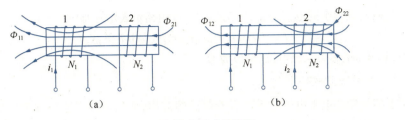

图 5.2　两个具有互感的线圈

2. 互感系数和耦合系数

在耦合线圈中,互感磁链与产生它的电流方向符合右手螺旋定则,它们的比值称为耦合线圈的互感系数,简称互感,用 M 表示。由于两个线圈的互感属于相互作用,因此,对于任意两相邻的线圈总有:

$$M = M_{12} = M_{21} = \frac{\Psi_{21}}{i_1} = \frac{\Psi_{12}}{i_2} \tag{5.7}$$

当磁介质为非铁磁性物质时,M 是常数。它和自感 L 有相同的单位。常用的单位有亨(H)、毫亨(mH)或微亨(μH)。互感的大小反映了一个线圈的电流在另一个线圈中产生磁链的能力,它与两个线圈的几何形状、匝数以及它们之间的相对位置有关。

工程上常把表示两线圈之间磁链耦合的松紧程度用耦合系数 k 来表示,即

$$k = \frac{M}{\sqrt{L_1 L_2}} \tag{5.8}$$

式中,L_1、L_2 分别是线圈 1 和线圈 2 的自感。

耦合系数 k 反映了磁通相耦合的松紧程度,耦合系数的变化范围:$0 \leqslant k \leqslant 1$。$k=1$ 时称为全耦合,意味着此时一个线圈中电流所产生的磁通全部与另一线圈交链,是 M 值为最大的情况。通常一个线圈的磁通不能全部穿过另一个线圈,所以一般情况 $k<1$,当 k 近似等于 1 时称为紧耦合,k 较小时称为松耦合。漏磁通越多时,耦合的越差,k 值就越小。当 $k=0$ 时表示两线圈无互感,此时 $M=0$。利用互感原理工作的电气设备,总是希望耦合系数越接近 1 越好。

3. 互感电压

在忽略互感线圈的内阻后,根据电磁感应定律,因互感磁链的变化而产生的互感电压的大小可用式(5.9)表示为

$$u_{12} = \left|\frac{\mathrm{d}\Psi_{12}}{\mathrm{d}t}\right| = M\frac{\mathrm{d}i_2}{\mathrm{d}t}, u_{21} = \left|\frac{\mathrm{d}\Psi_{21}}{\mathrm{d}t}\right| = M\frac{\mathrm{d}i_1}{\mathrm{d}t} \tag{5.9}$$

若选择互感磁链的参考方向与互感电压的参考方向符合右手螺旋法则,则式(5.9)变为

$$u_{12} = \frac{\mathrm{d}\Psi_{12}}{\mathrm{d}t} = M\frac{\mathrm{d}i_2}{\mathrm{d}t}, u_{21} = \frac{\mathrm{d}\Psi_{21}}{\mathrm{d}t} = M\frac{\mathrm{d}i_1}{\mathrm{d}t} \tag{5.10}$$

式(5.10)表明,互感电压的大小与产生该电压的另一线圈的电流变化率成正比。当 $\frac{\mathrm{d}i}{\mathrm{d}t}>0$ 时,互感电压为正值,说明它的实际方向和参考方向一致;当 $\frac{\mathrm{d}i}{\mathrm{d}t}<0$ 时,互感电压为负值,说明它的实际方向和参考方向相反。

当通过线圈中的电流为正弦交流量时,可用相量表示互感电压与电流的关系,则有

$$\dot{U}_{12} = j\omega M \dot{I}_2 = jX_M \dot{I}_2, \quad \dot{U}_{21} = j\omega M \dot{I}_1 = jX_M \dot{I}_1 \tag{5.11}$$

式中,$X_M = \omega M$ 称为互感电抗,单位为 Ω。

4. 互感现象的应用与危害

互感现象在电工电子技术中有着广泛的应用,变压器就是互感现象应用的重要例子。变压器一般由绕在同一铁芯上的两个匝数不同的线圈组成,当其中一个线圈中通上交流电时,另一线圈中就会感应出数值不同的感应电动势,输出不同的电压,从而达到变换电压的目的。利用这个原理,可以把十几伏的低电压升高到几万甚至几十万伏。如高压感应圈、电视机行输出变压器、电压、电流互感器等。

互感现象的主要危害:由于互感的存在,电子电路中许多电感性器件之间存在着不希望有的互感场干扰,这种干扰影响电路中信号的传输质量。

动画
同名端的定义

5.1.3 同名端

1. 同名端的定义

互感磁链是由相邻线圈中的电流产生的,而由互感磁链所产生的互感电压的方向就与两线圈的实际绕向有关。因此,要判断互感电压的方向就必须考虑耦合线圈的绕向和相对位置。但在实际应用中,电气设备中的线圈都是密封在壳体内,一般无法看到线圈的绕向,在电路图中常常也不将线圈绕向绘出,因此,要判断互感电压的方向,通常采用标记同名端的方法。

当两个耦合线圈流入电流所产生的磁场方向相同(相互加强)时,两个耦合线圈的电流流入端(或流出端)称为同名端(又称同极性端),用符号"*"、"△"或"·"标记;反之称为异名端。

图 5.3(a)所示的耦合线圈中,设电流分别从线圈 1 的 A 端和线圈 2 的 B 端流入,根据右手螺旋定则可知,两个线圈中由电流产生的磁场方向相同,故称 A 和 B 是一对同名端,用相同符号"*"标出。当然其他两端 X 和 Y 也是同名端,这里就不必再做标记。而 A 和 Y、B 和 X 均称为异名端。在图 5.3(b)中,当电流分别从 A、B 两端流入时,它们产生的磁场方向是相反的,则 A 和 B、X 和 Y 端分别为两对异名端,而 A 和 Y、B 和 X 则分别为两对同名端,图中用符号"△"标出了 A 和 Y 这对同名端。

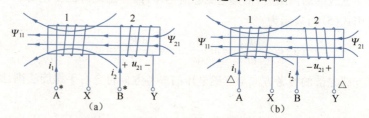

图 5.3 感电压的方向与线圈绕向的关系

图 5.4(a)、(b)所示标出了几种不同相对位置和绕向的互感线圈的同名端。应看到,同名端总是成对出现的,如果有两个以上的线圈彼此间都存在磁耦合时,同名端应当一对一对地加以标记,每一对须用不同的符号标出,如图 5.4(b)所示。

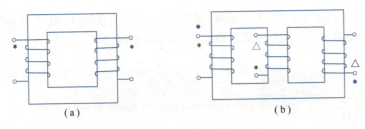

图 5.4　几种互感线圈的同名端

2. 引入同名端的意义

引入同名端，可以不必画出线圈的绕向，利用产生互感电动势的电流流入（或流出）同名端方向，就可方便地列出互感电动势与产生该电动势的电流间的关系式，如图 5.5(a)、(b)所示。

从图 5.5(a)所示的电路模型可以看到，电流 i_1 从有标记端流入无标记端，若假设有标记端为互感电压的参考正极、无标记端为参考负极（即 B 端为参考正极，Y 端为参考负极），则可写出

$$u_{21} = M \frac{di_1}{dt} \tag{5.12}$$

同理，从如图 5.5(b)所示的电路模型可以看到，电流 i_1 从有标记端流入无标记端，若假设有标记端为互感电压的参考正极、无标记端为参考负极（即 Y 端为参考正极，B 端为参考负极），则也可写出式(5.12)的表达式。

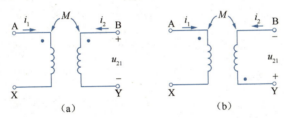

图 5.5　互感线圈电路模型

3. 同名端的判别

对于已知两个耦合线圈绕向和相对位置的，可以用磁通相互增强的原则来确定同名端，如图 5.3 所示。

对于两个耦合线圈难以知道实际绕向的，可通过实验法来判别同名端。在此，给出同名端的另一定义：具有互感的线圈，在同变化磁场的作用下，感应电压极性相同的端子称为同名端，即互感线圈的同名端就是自感电动势与互感电动势极性相同的端子。

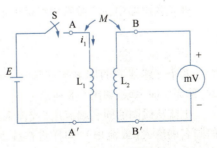

图 5.6　同名端测量电路

同名端测量电路如图 5.6 所示，其原理是：当有随时间增大的电流从互感线圈的任一端流入时，就会在另一线圈中产生一个相应同名端为正极性的互感电压。所以，当开关 S 闭合的瞬间，电流从 A 端流入，此时若电压表指针正偏转，说明 B 端电压为正极性，

则 A、B 端为同名端；若电压表指针反偏，说明 B'端电压为正极性，则 A、B'端为同名端。（图 5.6 所示电路也可以用电流表来检测，原理方法相同。）

视频
互感线圈的串联、并联

5.2 互感耦合电路的分析

互感耦合电路仍然满足基尔霍夫定律，在正弦函数激励作用下，电路可以用相量法进行分析。在本节互感耦合电路的分析中，为了简化，分析计算时忽略线圈内阻。

5.2.1 互感线圈的串联

互感线圈串联时有顺向串联和反向串联两种接法。

1. 顺向串联

两个互感线圈的异名端连接在一起形成的串联，称为顺向串联，如图 5.7 所示。电流经过线圈 L_1、L_2，将出现两个自感电压 u_{11}、u_{22} 和两个互感电压 u_{12}、u_{21}，按关联参考方向标出自感电压 u_{11}、u_{22} 的参考方向；按对同名端一致的原则标出互感电压 u_{12}、u_{21} 的参考方向。根据 KVL，总电压为

$$u = u_{11} + u_{12} + u_{22} + u_{21}$$
$$= L_1 \frac{di}{dt} + M \frac{di}{dt} + L_2 \frac{di}{dt} + M \frac{di}{dt} = (L_1 + L_2 + 2M) \frac{di}{dt} = L_s \frac{di}{dt} \quad (5.13)$$

式中，$L_s = L_1 + L_2 + 2M$ 称为顺向串联的等效电感。

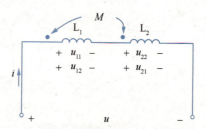

图 5.7 互感线圈的顺向串联

在正弦电路中，u、i 关系用相量表示为

$$\dot{U} = j\omega L_s \dot{I} \quad (5.14)$$

2. 反向串联

两个互感线圈的同名端连接在一起形成的串联，称为反向串联，如图 5.8 所示。

电流从线圈的同名端流出（或流入），又从线圈的同名端流入（或流出），同样将在线圈 L_1、L_2 中出现两个自感电压 u_{11}、u_{22} 和两个互感电压 u_{12}、u_{21}，仍按关联参考方向标出自感电压 u_{11}、u_{22} 的参考方向，按对同名端一致的原则标出互感电压 u_{12}、u_{21} 的参考方向。根据 KVL，总电压为

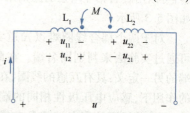

图 5.8 互感线圈的反向串联

$$u = u_{11} - u_{12} + u_{22} - u_{21}$$

$$= L_1 \frac{di}{dt} - M \frac{di}{dt} + L_2 \frac{di}{dt} - M \frac{di}{dt} = (L_1 + L_2 - 2M) \frac{di}{dt} = L_f \frac{di}{dt} \tag{5.15}$$

式中，$L_f = L_1 + L_2 - 2M$ 称为反向串联的等效电感。

在正弦电路中，u、i 关系用相量表示为

$$\dot{U} = j\omega L_f \dot{I} \tag{5.16}$$

由上述分析可知，当互感线圈顺向串联时，等效电感增大；反向串联时，等效电感减小。

根据 L_s 和 L_f 可得互感 M 为

$$M = \frac{L_s - L_f}{4} \tag{5.17}$$

例 5.1 具有互感的两个线圈顺向串联时总电感为 0.8 H，反向串联时总电感为 0.4 H，若两线圈的电感量相同时，求两个线圈的电感和互感。

解：由题意可知：$L_s = L_1 + L_2 + 2M = 0.8$ H，$L_f = L_1 + L_2 - 2M = 0.4$ H

所以

$$L_s - L_f = L_1 + L_2 + 2M - (L_1 + L_2 - 2M) = 4M = (0.8 - 0.4)\text{ H} = 0.4 \text{ H}$$

$$L_s + L_f = L_1 + L_2 + 2M + (L_1 + L_2 - 2M) = 2L_1 + 2L_2 = (0.8 + 0.4)\text{ H} = 1.2 \text{ H}$$

由上述关系式可解得

$$M = 0.1 \text{ H}, \qquad L_1 = L_2 = 0.3 \text{ H}$$

5.2.2 互感线圈的并联

互感线圈并联时有同侧并联和异侧并联两种接法。

1. 同侧并联

两个线圈的两对同名端分别相连后，并接在电路两端，称为同侧并联，如图 5.9 所示。

根据图中电压、电流的参考方向，根据 KCL 和 KVL 可得

$$\begin{cases} \dot{U} = j\omega L_1 \dot{I}_1 + j\omega M \dot{I}_2 \\ \dot{U} = j\omega L_2 \dot{I}_2 + j\omega M \dot{I}_1 \\ \dot{I} = \dot{I}_1 + \dot{I}_2 \end{cases}$$

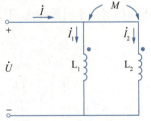

图 5.9　互感线圈的同侧并联

解得电压、电流关系为

$$\dot{U} = j\omega \frac{L_1 L_2 - M^2}{L_1 + L_2 - 2M} \dot{I} = j\omega L_t \dot{I} \tag{5.18}$$

同侧并联的等效电感为

$$L_t = \frac{L_1 L_2 - M^2}{L_1 + L_2 - 2M} \tag{5.19}$$

2. 异侧并联

两个线圈并联时将其异名端相连，并接在电路两端，称为异侧并联，如图 5.10 所示。

$$\begin{cases}\dot{U}=\mathrm{j}\omega L_1\dot{I}_1-\mathrm{j}\omega M\dot{I}_2\\ \dot{U}=\mathrm{j}\omega L_2\dot{I}_2-\mathrm{j}\omega M\dot{I}_1\\ \dot{I}=\dot{I}_1+\dot{I}_2\end{cases}$$

解得电压、电流关系为

$$\dot{U}=\mathrm{j}\omega\frac{L_1L_2-M^2}{L_1+L_2+2M}\dot{I}=\mathrm{j}\omega L_y\dot{I} \qquad (5.20)$$

异侧并联的等效电感为

$$L_y=\frac{L_1L_2-M^2}{L_1+L_2+2M} \qquad (5.21)$$

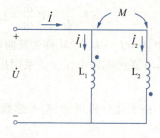

图 5.10 互感线圈的异侧并联

5.2.3 互感线圈的 T 型等效

在实际中有时还会遇到两个耦合线圈只有一端连在一起,另一端与外电路相连,这种结构成为互感线圈的 T 型连接。图 5.11(a)称同侧相连,图 5.11(b)称异侧相连。

在图 5.11 所示参考方向下,根据 KVL 可得端口电压方程为

$$\begin{cases}\dot{U}_{13}=\mathrm{j}\omega L_1\dot{I}_1\pm\mathrm{j}\omega M\dot{I}_2\\ \dot{U}_{23}=\mathrm{j}\omega L_2\dot{I}_2\pm\mathrm{j}\omega M\dot{I}_1\end{cases} \qquad (5.22)$$

式中,M 项前的"+"号对应于同侧相连,"−"号对应于异侧相连。

为了简化电路的分析计算,可根据耦合关系找出其无互感等效电路,称为去耦等效法。

根据 $\dot{I}=\dot{I}_1+\dot{I}_2$,可将式(5.22)变换为

$$\begin{cases}\dot{U}_{13}=\mathrm{j}\omega(L_1\pm M)\dot{I}_1\pm\mathrm{j}\omega M\dot{I}\\ \dot{U}_{23}=\mathrm{j}\omega(L_2\pm M)\dot{I}_2\pm\mathrm{j}\omega M\dot{I}\end{cases} \qquad (5.23)$$

因此可以画出对应的去耦等效电路模型,如图 5.11(c)所示。图中,M 前的正、负号,上面的对应于同侧相连,下面的对应于异侧相连。

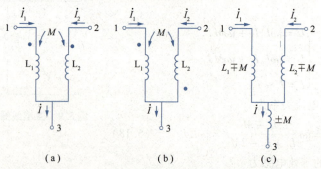

图 5.11 一端相连的互感线圈及其去耦等效电路

5.3 空芯变压器

变压器是电工电子技术中常用的一种电气设备,它利用电磁感应实现能量的传输

和信号的传递。变压器通常由两个互感线圈绕在一个共同的芯子上制成,一个线圈与电源相接,称为变压器的一次侧(原边),另一个线圈与负载相接,称为变压器的二次侧(副边)。常用的变压器有空芯变压器和铁芯变压器两种类型。

本节要介绍的空芯变压器是由两个具有互感的线圈绕在非铁磁材料制成的芯子上,其耦合系数较小,属于松耦合。

变压器是利用电磁感应原理制成的,所以可以用耦合电感构成的模型来分析空芯变压器。图 5.12 所示为空芯变压器的电路模型,左端为空芯变压器的一次侧,右端为空芯变压器的二次侧,一次侧和二次侧分别用电阻元件和电感元件相串联的电路模型表示,一次侧参数为 R_1、L_1,二次侧参数为 R_2、L_2,二次侧接上负载 Z_L,设 $Z_L = R_L + jX_L$,两线圈的互感为 M。

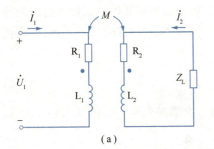
(a)

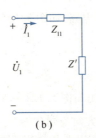
(b)

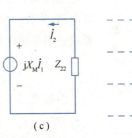
(c)

图 5.12 空芯变压器电路模型及一、二次侧等效电路

根据图 5.12 所示电流,电压参考方向以及标注的同名端,可列出 KVL 方程如下:

$$\begin{cases}(R_1 + jX_{L_1})\dot{I}_1 + jX_M\dot{I}_2 = \dot{U}_1 \\ (R_2 + jX_{L_2})\dot{I}_2 + jX_M\dot{I}_1 + (R_L + jX_L)\dot{I}_2 = 0\end{cases} \quad (5.24)$$

式中,$X_{L_1} = \omega L_1$;$X_{L_2} = \omega L_2$;$X_M = \omega M$。

$Z_{11} = R_1 + jX_{L_1}$,称为空芯变压器的一次自阻抗。

$Z_{22} = (R_2 + R_L) + j(X_{L_2} + X_L) = R_{22} + jX_{22}$,称为空芯变压器的二次自阻抗。

$Z_{12} = Z_{21} = jX_M$,称为空芯变压器回路的互阻抗。

式(5.24)可以写为

$$\begin{cases}\dot{I}_1 Z_{11} + jX_M\dot{I}_2 = \dot{U}_1 \\ \dot{I}_2 Z_{22} + jX_M\dot{I}_1 = 0\end{cases} \quad (5.25)$$

解方程得

$$\dot{I}_1 = \frac{\dot{U}_1}{Z_{11} + \dfrac{X_M^2}{Z_{22}}} \quad (5.26)$$

$$\dot{I}_2 = -\frac{jX_M\dot{I}_1}{Z_{22}} \quad (5.27)$$

从式(5.26)、式(5.27)可以看出,虽然空芯变压器的一次侧与二次侧在电路上没有直接的联系,但是由于互感的作用,使得一次侧获得了与电源同频率的互感电压,当二次侧闭合后,产生二次电流 I_2,而二次电流反过来影响一次侧,这种二次侧对一次侧的影响可以视为在一次侧电路中串入了一个复阻抗 Z',此复阻抗称为反射阻抗,可表示为

$$Z' = \frac{X_M^2}{Z_{22}} = \frac{X_M^2}{R_{22}^2 + X_{22}^2} R_{22} - j \frac{X_M^2}{R_{22}^2 + X_{22}^2} X_{22} = R' + jX' \tag{5.28}$$

式中,R' 称为反射电阻,$R' > 0$ 恒成立,R' 吸收的有功功率是一次侧通过互感传递给二次侧的有功功率。X' 称为反射电抗,X' 与 X_{22} 符号相反,说明反射电抗性质和二次侧电抗性质相反,即二次侧为容性时,则反射电抗为感性;反之,二次侧为感性时,则反射电抗为容性。

若二次侧开路,Z_L 为无限大,则 R'、X' 均为 0,二次侧对一次侧没有影响。

利用反射阻抗的概念,根据式(5.26)可以得到从空芯变压器的一次侧看进去的等效电路,称为一次侧等效电路,如图 5.12(b)所示。同理,从式(5.26)也可得出,一次侧看进去的等效阻抗为

$$Z_{in} = Z_{11} + \frac{X_M^2}{Z_{22}} = Z_{11} + Z' \tag{5.29}$$

根据式(5.27)可画出与图 5.12(a)相对应的二次侧等效电路如图 5.12(c)所示。注意,图中 $jX_M \dot{I}$ 的实际方向与同名端有关。

分析电路时适当利用以上各种等效电路可以简化分析与计算。

例 5.2 如图 5.12(a)所示的空芯变压器电路,已知一次侧回路的 $R_1 = 5\ \Omega$,$\omega L_1 = 5\ \Omega$,二次侧回路的 $R_2 = 5\ \Omega$,$\omega L_2 = 10\ \Omega$,两线圈的互感电抗 $\omega M = 10\ \Omega$,电源电压 $u_1 = \sqrt{2}\sin 314t$ V,二次侧回路接一负载电阻 $R_L = 5\ \Omega$。试求:(1)用一、二次侧等效电路求电流 i_1、i_2;(2)变压器的效率。

解:(1)已知:$U = 20\angle 0°$ V,$Z_L = R_L = 5\ \Omega$

一次自阻抗 $Z_{11} = R_1 + j\omega L_1 = (5 + j5)\ \Omega$

二次自阻抗 $Z_{22} = (R_2 + R_L) + j\omega L_2 = [(5+5) + j10]\ \Omega = (10 + j10)\ \Omega$

反射阻抗 $Z' = \frac{X_M^2}{Z_{22}} = \frac{10^2}{10 + j10}\ \Omega = 5\sqrt{2}\angle -45°\ \Omega = (5 - j5)\ \Omega$

画出一、二次侧的等效电路如图 5.12(b)、(c)所示。

一次电流 $\dot{I}_1 = \frac{\dot{U}_1}{Z_{11} + Z'} = \frac{20\angle 0°}{5 + j5 + 5 - j5}$ A $= 2\angle 0°$ A

二次电流 $\dot{I}_2 = -\frac{jX_M \dot{I}_1}{Z_{22}} = \frac{-j10 \times 2\angle 0°}{10 + j10}$ A $= \sqrt{2}\angle -135°$ A

$i_1 = 2\sqrt{2}\sin 314t$ A

$i_2 = 2\sin(314t - 135°)$ A

(2)空芯变压器的效率

$$\eta = \frac{I_2^2 R_L}{I_1^2 R_1 + I_2^2 (R_2 + R_L)} \times 100\% = \frac{(\sqrt{2})^2 \times 5}{2^2 \times 5 + (\sqrt{2})^2 \times (5+5)} \times 100\% = 25\%$$

5.4 理想变压器

视频

理想变压器

5.4.1 理想变压器的条件

理想变压器是一个端口的电压与另一个端口的电压成正比,且没有功率损耗的一种互易无源二端口网络,它是铁芯变压器的理想化电路模型。理想变压器的电路图形符号如图5.13所示。N_1、N_2分别为变压器一次(原边)绕组和二次(副边)绕组的匝数。

理想变压器满足以下三个条件:

(1) 全耦合,耦合系数 $k=1$,即无漏磁通。

(2) 自感系数 L_1、L_2 无穷大,且 L_1/L_2 等于常数。

(3) 无损耗,既不消耗能量,也不储存能量,即输入功率与输出功率相等。

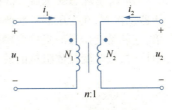

图 5.13 理想变压器的电路图形符号

理想变压器可认为是耦合电感的极限情况,为了使实际变压器的性能接近理想变压器,常从两方面考虑:一是使耦合系数接近1,两线圈绕得很密,即耦合尽量紧密;二是选用磁导率高的铁磁材料做铁芯。工程实际中使用的铁芯变压器,在精确度要求不高时,均可用理想变压器作为它的电路模型来进行分析与计算。

5.4.2 理想变压器的主要性能

由于铁芯的磁导率很高,一般可认为磁通全部集中在铁芯中,并与全部线匝交链。按图5.13中所示的电流、电压和同名端参考方向则根据电磁感应定律,可得如下几种关系:

1. 电压变换

$$\frac{U_1}{U_2} = \frac{N_1}{N_2} = n \tag{5.30}$$

一、二次绕组电压与匝数成正比。其中,$n = \dfrac{N_1}{N_2}$ 为匝数比,又称电压比或变换系数。(注意:若一、二次绕组的电压参考方向对同名端不一致,这时 u_1、u_2 相位相差180°,为反相关系。)

当 $n>1$,$u_1 > u_2$,为降压变压器;

当 $n<1$,$u_1 < u_2$,为升压变压器;

当 $n=1$,$u_1 = u_2$,为隔离变压器。

2. 电流变换

因为理想变压器无损耗,又无磁化所需的无功功率,所以一、二次的有功功率 P、无功功率 Q 和视在功率 S 均相等,则 $U_1 I_1 = U_2 I_2$。

所以

$$\frac{I_1}{I_2} = \frac{U_2}{U_1} = \frac{N_2}{N_1} = \frac{1}{n} \tag{5.31}$$

即一、二次绕组电流与匝数成反比。

3. 阻抗变换

设理想变压器的输入阻抗为 Z_1，输出接负载 Z_L，如图 5.14 所示，则有

$$Z_1 = \frac{\dot{U}_1}{\dot{I}_1} = \frac{n\dot{U}_2}{-\frac{1}{n}\dot{I}_2} = n^2\left(-\frac{\dot{U}_2}{\dot{I}_2}\right) = n^2\left[-\frac{(-\dot{I}_2)Z_L}{\dot{I}_2}\right] = n^2 Z_L \tag{5.32}$$

式中，$n^2 Z_L$ 是理想变压器二次侧对一次侧的折合阻抗。实际应用中，一定的负载接在变压器二次侧，在变压器一次侧相当于接 $n^2 Z_L$ 的阻抗，即负载阻抗反映到一次侧应乘以 n^2 倍，这就是变压器的阻抗变换作用。从式(5.32)分析，因为 $n > 0$，所以理想变压器变换阻抗时，只改变复数阻抗的模，而不改变复数阻抗的阻抗角，即不改变复数阻抗的性质。

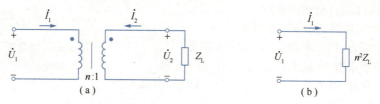

图 5.14 理想变压器的阻抗变换作用

如果改变理想变压器的电压比，则折合阻抗也随之改变，因此利用改变变压器的电压比来改变输入阻抗，实现与电源阻抗的匹配，可使负载上获得最大功率。

综上所述，理想变压器具有变换电压、变换电流、变换阻抗的作用。理想变压器在电路中既不消耗能量也不存储能量，只起对信号和能量的传递作用。

例 5.3 已知信号源电压为 10 V，内阻 R_0 为 500 Ω，负载电阻 R_L 为 5 Ω，要使负载电阻获得最大功率，需要在信号源与负载之间接入一个变压器进行阻抗变换，如图 5.15(a) 所示。

(1) 试确定变压器的电压比，并计算出变压器一、二次电压、电流和负载获得的最大功率。
(2) 若将负载直接与信号源相接，那么负载获得的功率又为多大？

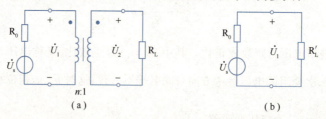

图 5.15 例 5.3 图

解：(1) 已知 $R_0 = 500\ \Omega$，$R_L = 5\ \Omega$，为使负载获得最大功率，变压器需要阻抗匹配，即负载 R_L 折算到一次侧的等效电阻为 R_L'，如图 5.15(b) 所示。

根据变压器的阻抗变换，有

$$R_L' = n^2 R_L = R_0$$

所以

$$n = \sqrt{\frac{R_0}{R_L}} = \sqrt{\frac{500}{5}} = \sqrt{100} = 10$$

即变压器的匝数比为10∶1，电路可等效为图5.15(b)，则

一次电流 $I_1 = \dfrac{U_S}{R_0 + R'_L} = \dfrac{10}{500+500}$ A $= 0.01$ A

二次电流 $I_2 = nI_1 = 0.01 \times 10$ A $= 0.1$ A

一次电压 $U_1 = I_1 \times R'_L = 0.01 \times 500$ V $= 5$ V

二次电压 $U_2 = \dfrac{U_1}{n} = \dfrac{5}{10}$ V $= 0.5$ V

负载获得的最大功率 $P_2 = U_2 I_2 = 0.5 \times 0.1$ W $= 0.05$ W

(2) 当负载直接接在信号源上时，有

$$P'_2 = \left(\dfrac{U_S}{R_0 + R_L}\right)^2 \times R_L = \left(\dfrac{10}{500+5}\right)^2 \times 5 \text{ W} \approx 0.002 \text{ W}$$

可见，通过变压器实现阻抗匹配，可使负载上获得最大的输出功率。

小　结

1. 自感与互感

(1) 由于线圈中通过的电流发生变化，而在本线圈中产生感应电动势的现象称为自感现象。线圈两端的感应电压，称为自感电压。选择电压、电流为关联参考方向时，则有：

$$u_L = \dfrac{\mathrm{d}\Psi}{\mathrm{d}t} = L\dfrac{\mathrm{d}i}{\mathrm{d}t}$$

若正弦电流通过电感线圈时，自感电压可表示为

$$\dot{U}_L = \mathrm{j}\omega L \dot{I}$$

(2) 由于一个线圈的电流变化而在另一个线圈中产生互感电压的现象称为互感现象。

选择互感磁链的参考方向与互感电压的参考方向符合右手螺旋定则，则有：

$$u_{12} = \dfrac{\mathrm{d}\Psi_{12}}{\mathrm{d}t} = M\dfrac{\mathrm{d}i_2}{\mathrm{d}t} \qquad u_{21} = \dfrac{\mathrm{d}\Psi_{21}}{\mathrm{d}t} = M\dfrac{\mathrm{d}i_1}{\mathrm{d}t}$$

式中，M 是互感系数，简称互感，M 为互感磁链与产生它的电流的比值。

$$M = M_{12} = M_{21} = \dfrac{\Psi_{21}}{i_1} = \dfrac{\Psi_{12}}{i_2}$$

当磁介质为非铁磁性物质时，M 是常数。常用单位有亨(H)、毫亨(mH)或微亨(μH)。互感的大小反映一个线圈的电流在另一个线圈中产生磁链的能力，它与两线圈的几何形状、匝数以及它们之间的相对位置有关。

当通过线圈中的电流为正弦交流量时，可用相量表示互感电压与电流的关系，则有：

$$\dot{U}_{12} = \mathrm{j}\omega M \dot{I}_2 = \mathrm{j}X_M \dot{I}_2 \qquad \dot{U}_{21} = \mathrm{j}\omega M \dot{I}_1 = \mathrm{j}X_M \dot{I}_1$$

(3) 耦合系数 k 表示两个线圈磁耦合的紧密程度。其数学表达式为

$$k = \dfrac{M}{\sqrt{L_1 L_2}}$$

k 的最大值为 1，最小值为 0。$k=1$ 时，称为全耦合；k 近似于 1 时，称为紧耦合；k 值较小时则称为松耦合。

(4) 当两个耦合线圈流入电流所产生的磁场方向相同时，电流流入端（或流出端）称为同名端（又称同极性端），反之称为异名端。

2. 互感耦合电路分析

(1) 两个互感线圈顺向串联等效电感和反向串联等效电感分别为

$$L_s = L_1 + L_2 + 2M \qquad L_f = L_1 + L_2 - 2M$$

根据 L_s 和 L_f 可得互感 M 的表达式为

$$M = \frac{L_s - L_f}{4}$$

(2) 两个互感线圈同侧并联和异侧并联的等效电感分别为

$$L_t = \frac{L_1 L_2 - M^2}{L_1 + L_2 - 2M} \qquad L_y = \frac{L_1 L_2 - M^2}{L_1 + L_2 + 2M}$$

把含有耦合电感电路处理为不含有耦合电感的方法，称为互感消去法。

3. 空芯变压器

空芯变压器由两个互感线圈绕在一个共同的芯子上制成。一个线圈与电源相连接，称为一次侧，另一个线圈与负载相连接，称为二次侧。对于空芯变压器可以用简化等效电路来进行分析。

4. 理想变压器

理想变压器是一种全耦合、无损耗、理想化的耦合电感，具有变换电压、变换电流、变换阻抗的作用。

$$\frac{U_1}{U_2} = \frac{N_1}{N_2} = n$$

$$\frac{I_1}{I_2} = \frac{N_2}{N_1} = \frac{1}{n}$$

$$Z_1 = n^2 Z_L$$

式中，$n = N_1/N_2$ 为变压器的电压比。

拓展阅读

电磁感应技术应用——手机无线充电

1. 手机充电器的发展历程

1983 年，世界首款手持移动电话模拟机大哥大 DynaTac8000X 在美国上市。1992 年，第一款 GSM 制式的手机 Nokia1011 虽然还是采用镍镉电池，但采用封装设计，因此体积减小很多。1996 年，摩托罗拉推出 StarTAC 手机，第一次突破性地使用了镍氢电池，让同体积电池容量有了显著提升。21 世纪初，锂电池材料技术的不断革新，以及制造技术的进步，容量与成本才降低到大众消费水平。为了解决续航问题，商家们想尽各种方法。有的用双电池，有的用异形电池。当然最广泛的还是推出快充技术及无线充电技术,目前已广泛应用于手机充电器中,如图 5.16 所示。

图 5.16 手机无线充电

无线充电技术,源于无线电能传输技术,可分为小功率无线充电和大功率无线充电两种方式。小功率无线充电常采用电磁感应式,如对手机充电的 Qi 方式。大功率无线充电常采用谐振式,如大部分电动汽车充电。

主流的无线充电标准有五种:Qi 标准、Power Matters Alliance(PMA)标准、Alliance for Wireless Power(A4WP)标准、iNPOFi 技术、Wi-Po 技术。其中,Qi 采用了最为主流的电磁感应技术,Qi 应用产品主要是手机,以后将发展运用到不同类别或更高功率的数码产品中。

2. 基本原理

① 原理技术:源于无线电力传输的技术,使充电装置与用电装置以电感耦合传送能量。

② 电感耦合:两个或两个以上的线圈中每个线圈所产生的磁通都与另一个线圈相交链,则称线圈有磁耦合(magnetic coupling)或具有互感(mutual induction)。若假定这些线圈是静止的,并忽略线圈中的电阻和匝间的分布电容,具有磁耦合的线圈就可表示为理想化的耦合电感元件(coupled inductor),简称耦合电感。

③ 要充电的手机中有一个线圈,当它靠近充电座时,充电座的磁场将通过电磁感应,在手机的线圈上产生感应电流。感应电流导引到电池,实现充电座和手机间的无线充电。

习 题 5

1. 判断题

(1) 自感现象是线圈本身的电流变化而引起感应电动势的现象。　　　　( )

(2) 在正弦交流电路中,线圈两端自感电压、电流的相量关系为 $\dot{U}_L = j\omega L \dot{I}$。( )

(3) 互感现象是一个线圈的电流变化在另一线圈中产生感应电压的现象。 ( )

(4) 互感系数仅与两个线圈的几何形状、匝数以及它们之间的相对位置有关,与线

圈的铁芯材料无关。（　　）

(5) 互感电压的方向与线圈的绕向是有关的。（　　）

(6) 互感电压的大小与产生它的电流变化率成正比。（　　）

(7) 互感线圈顺向串联时，等效电感比无互感时的等效电感减小。（　　）

(8) 两个具有互感的线圈采用同名端相接的并联时，两线圈的等效电感为 $L = \dfrac{L_1 L_2 - M^2}{L_1 + L_2 + 2M}$。（　　）

(9) 在同一变化的磁通作用下，感应电动势极性相同的端子称为同名端。（　　）

(10) 空芯变压器若二次侧开路，二次侧对一次侧没有影响。（　　）

(11) 空心变压器的一、二次绕组之间没有电的联系，电能也就无法转换。（　　）

(12) 空芯变压器的耦合系数 $k = 1$。（　　）

(13) 反射阻抗的性质总是与负载的性质相反。（　　）

(14) 理想变压器，它必定没有漏磁，一、二次绕组没有阻抗，铁芯没有能量损耗。（　　）

(15) 理想变压器是一种静止的电气设备，它只能传递电能，而不能产生电能。（　　）

2. 填空题

(1) 互感的大小反映一个线圈的电流在另一个线圈中产生磁链的能力，它与两个线圈的_____，_____以及它们之间的相对位置有关。

(2) 耦合系数 $k = 1$ 时称为_____；k 近似于 1 时称为_____；k 值较小时则称为_____。

(3) 如图 5.17 所示的互感线圈，1 的同名端为_____。

(4) 如图 5.18 所示的互感线圈，1 的同名端为_____。

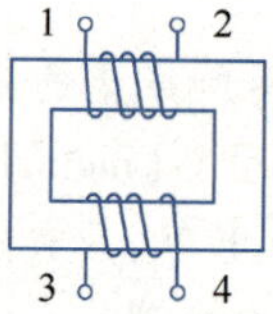

图 5.17　题 2.(3) 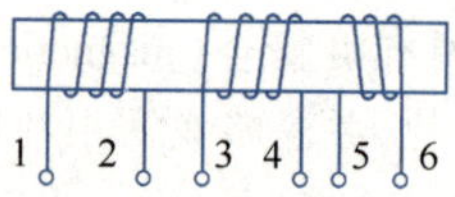　　　图 5.18　题 2.(4)

(5) 互感线圈顺向串联是指互感线圈_____相连接，另外，两个端子与电源相接；而反向串联是指_____相连接。两线圈顺向串联的等效电感 L_s 与它们反向串联时的等效电感 L_f 的大小关系为_____。

(6) 两个具有耦合的互感线圈，它们的电感量分别为 2 H 和 5 H，它们之间的互感系数 $M = 0.5$ H，当它们顺向串联时等效电感量为_____，当它们反向串联时等效电感量为_____，若两个线圈两端所加电压 $U = 200$ V，角频率 $\omega = 100$ rad/s，则顺向串联电流 $I_s = $_____，反向串联电流 $I_f = $_____，又若为同名端相接的并联时，则等效电感 $L_t = $_____。

(7) 自感电动势是由_____产生的；互感电动势是由_____产生的。自感和互感电动势都是由_____产生的。

(8) 两互感线圈的互感系数 M 决定于两线圈的_____、_____、

_____。

(9) 具有互感的线圈在同一磁通作用下,感应电压极性_____称为同名端,而感应电压极性_____称为异名端。

(10) 变压器是根据_____原理工作的。

(11) 理想变压器的理想条件是：①变压器中无_____,②耦合系数 $k = $ _____,③线圈的_____和_____均为无穷大。理想变压器具有变换_____特性、变换_____特性和变换_____特性。

(12) 变压器的一、二次绕组电压与匝数成_____,变压器的一、二次绕组电流与匝数成_____。

3. 选择题

(1) 互感电压的大小正比于( )。
  A. 本线圈电流的变化率
  B. 本线圈电流的大小
  C. 相邻线圈电流的大小
  D. 相邻线圈电流的变化率

(2) 两互感线圈的耦合系数 $k = $ ( )。
  A. $\dfrac{\sqrt{M}}{L_1 L_2}$ B. $\dfrac{M}{\sqrt{L_1 L_2}}$ C. $\dfrac{M}{L_1 L_2}$ D. $\sqrt{\dfrac{M}{L_1 L_2}}$

(3) 如图 5.19 所示电路,开关闭合,电流表正偏,则互感线圈的同名端为( )。
  A. 1、2   B. 1、3   C. 1、4   D. 3、4

(4) 如图 5.19 所示电路,开关闭合,电流表反偏,则互感线圈的同名端为( )。
  A. 1、2   B. 1、3   C. 1、4   D. 3、4

(5) 两互感线圈同侧并联时,其等效电感量 $L_1 = $ ( )。
  A. $\dfrac{L_1 L_2 - M^2}{L_1 + L_2 - 2M}$
  B. $\dfrac{L_1 L_2 - M^2}{L_1 + L_2 + 2M^2}$
  C. $\dfrac{L_1 L_2 - M^2}{L_1 + L_2 - M^2}$
  D. $\dfrac{L_1 L_2 - M^2}{L_1 + L_2 + M^2}$

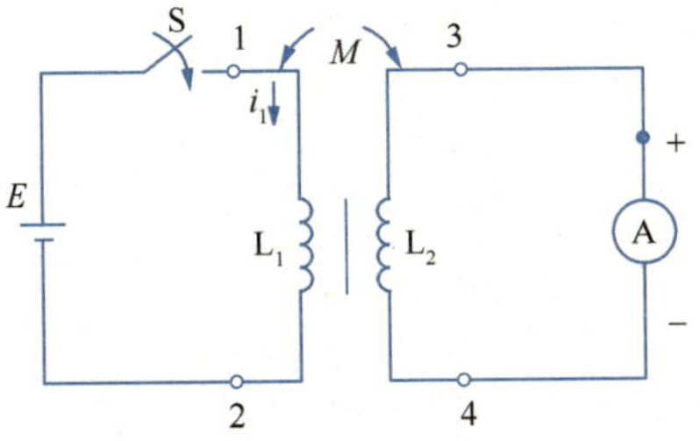

图 5.19　题 3.(3)、(4)

(6) 两互感线圈反向串联时,其等效电感量 $L_f = $ ( )。
  A. $L_1 + L_2 - 2M$ B. $L_1 + L_2 + 2M$
  C. $L_1 + L_2 + M$ D. $L_1 + L_2 - M$

4. 计算分析题

(1) 已知两个耦合线圈的自感分别为 $L_1 = 8$ mH,$L_2 = 2$ mH。

①若 $k = 0.5$,求互感 M;②若 $M = 3$ mH,求耦合系数;③两线圈全耦合求互感 M。

(2) 如图 5.20(a)、(b) 所示电路中,试写出每个互感线圈的 u–i 关系式。若电流为正弦交流电,试写出其电压、电流的相量关系式。

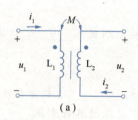
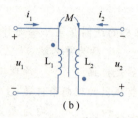

(a)   (b)

图 5.20 题 4.(2)

(3) 一台变压器,一次绕组电压 $U_1 = 220$ V, $n = 10$,求二次绕组的电压 U_2 为多少？若 $I_2 = 2$ A,一次绕组的电流为多大？

(4) 电路如图 5.21 所示,如果要使 $R_L = 9$ Ω 的负载电阻获得最大功率,试确定理想变压器的电压比。

(5) 如图 5.22 所示,已知理想变压器一、二次绕组的匝数分别为 $N_1 = 500$, $N_2 = 100$,将 $R_L = 8$ Ω 的扬声器接在变压器的二次侧,已知信号源电压 $U_S = 12$ V,内阻 $R_0 = 100$ Ω,试求:信号源的输出功率是多少？

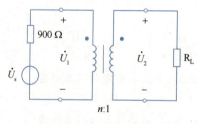
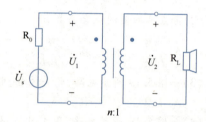

图 5.21 题 4.(4)   图 5.22 题 4.(5)

第6章

线性电路的瞬态过程

物体从一种稳定状态改变到另一种稳定状态要经历一个中间过程,即必须经过一段时间。例如行驶的汽车刹车时,车速由高到低或由高速到停止;火车从车站开出,车速从0逐渐提高到某一速度,然后稳定运行等,都是由一种稳定状态改变到另一种稳定状态,这些过程都要经历一定的时间,这样的过程称为过渡过程。类似的现象在电路中也存在。当电路中电压、电流为恒的直流电或者正弦交流电时,称电路处于稳定状态。某些电路从一种稳定状态变化到另一种稳定状态也要经历一定的时间,在这段时间内,电路处于非稳定状态,这种非稳定状态称为瞬态,又称电路的过渡过程。本章重点研究瞬态过程的规律。

学习目标

(1)了解瞬态过程的概念;理解换路定律,应用换路定律计算电压(或电流)初始值。

(2)理解 RC 串联电路的充电、放电过程(定性分析)和时间常数的概念;了解 RC 电路充电、放电过程电压电流的求解。

(3)了解 RL 串联电路的动态过程(定性分析)和时间常数的概念;了解 RL 电路电压电流的求解。

(4)理解和应用三要素法分析一阶电路。

素质目标

(1)通过产生瞬态过程的原因,培养对事物发展因果关系的认识。

(2)通过对瞬态过程的研究,认识自然界中的动态平衡与发展的关系。

(3)培养用辩证唯物主义的观点分析和解决问题的能力:外因通过内因而起作用。

6.1 瞬态过程及换路定律

如图 6.1 所示的 RC 直流电路,开关 S 原来是断开的,电容元件 C 无储能,电容元件两端的电压为 0,电路处于稳定状态。当开关 S 闭合时,电源 U_s 通过电阻元件 R 对电容元件 C 进行充电。在充电过程中,电路中电压电流都随时间发生变化,电路处于非稳定状态。当电容元件两端的电压由 0 逐渐上升到电源电压 U_s 时,电路中

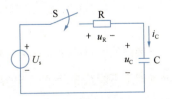

图 6.1 RC 直流电路

电压电流不再变化,电路进入另一种稳定状态。

6.1.1 瞬态过程的基本概念

1. 瞬态过程

瞬态过程

电路从一种稳定状态向另一种稳定状态转变的中间过程称为瞬态过程。实际电路的过渡过程中,电压、电流的变化是连续的、渐变的,电路在瞬态过程中的状态是暂时存在而最后消失的,故称为暂态(非稳定状态)或瞬态,电路的瞬态过程又称过渡过程。

电容元件的充电过程是一个瞬态过程。

2. 产生瞬态过程的原因

如图6.2所示电路,三个并联支路分别为电阻元件、电感元件、电容元件与灯泡串联,S为电源开关。

当开关S闭合时电阻支路的灯泡L_1立即发光,且亮度不再变化,说明这一支路没有经历瞬态过程就立即进入了新的稳态(电阻元件的电压电流发生了跃变);电感支路的灯泡L_2由暗渐渐变亮,最后达到稳定,说明电感支路经历了瞬态过程(电感元件的电流由0逐渐增大);电容支路的灯泡L_3由亮变暗直到熄灭,说明电容支路也经历了瞬态过程(电容元件的电压由0逐渐增大)。若开关S状态保持不变,就观察不到这些现象。

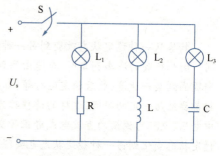

图6.2 观察瞬态过程的电路

上述实验现象表明:电路含有储能元件(电感元件或电容元件)是产生瞬态过程的内因,电路中的开关接通是产生瞬态过程的外因。

通过进一步的实验,人们发现:电路中的开关接通或断开、电源的变化、电路的参数变化、电路的改接等,都有可能产生瞬态过程,这些引起瞬态过程的电路变化称为换路。

瞬态过程的物理实质在于:换路迫使电路中元件储存的能量进行转移或重新分配,而能量的变化又不能从一种状态跳跃式地改变到另一种状态,必须经历一个变化过程。

6.1.2 换路定律

换路定律是电路在换路时所遵循的规律。

设$t=0$为换路瞬间,以$t=0_-$表示换路前一瞬间,$t=0_+$表示换路后一瞬间,0_-和0_+在数值上都等于0,但前者是指t从负值趋近于0,后者是指t从正值趋近于0。换路被认为是立即完成的,即换路的时间间隔为零。

换路后的一瞬间,电容元件两端电压和电感元件中的电流保持换路前一瞬间的数值而不能跃变,这一结论称为换路定律。其数学表达式为

$$u_C(0_+) = u_C(0_-) \tag{6.1}$$

$$i_L(0_+) = i_L(0_-) \tag{6.2}$$

换路使电路的能量发生变化,但不能跳变。电容元件所储存的电场能量为$\frac{1}{2}Cu_C^2$,电场能量不能跃变,反映在电容元件上的电压u_C不能跃变。电感元件所储存的磁场能量为$\frac{1}{2}Li_L^2$,磁场能量不能跃变,反映在电感元件中的电流i_L不能跃变。

注意:电路在换路时,只是电容元件的电压和电感元件的电流不能跃变,电路中其他元件的电压和电流是可以跃变的。

6.1.3 电压、电流初始值的计算

电路瞬态过程初始值的计算可按以下步骤进行:

(1)根据换路前 $t = 0_-$ 的电路(此时电路处于稳态),求出换路前一瞬间电容元件电压 $u_C(0_-)$ 和电感元件电流 $i_L(0_-)$ 的值,由换路定律 $u_C(0_+) = u_C(0_-)$ 和 $i_L(0_+) = i_L(0_-)$,即得到换路后一瞬间 $u_C(0_+)$ 和 $i_L(0_+)$ 的值。

电压、电流初始值的计算

注意:在直流稳态电路中,电容元件两端电压不发生变化(既不充电也不放电),电流等于0,故电容元件等效为开路;电感元件的电流不发生变化,不产生感应电压,即电压等于0,故电感元件等效为短路。

(2)画出 $t = 0_+$ 时的等效电路,把 $u_C(0_+)$ 等效为电压源[若 $u_C(0_-) = 0$,电容元件等效为短路],把 $i_L(0_+)$ 等效为电流源[若 $i_L(0_+) = 0$,电感元件等效为开路],求电路其他元件的电压和电流在 $t = 0_+$ 时的数值。

例 6.1 如图 6.1 所示的 RC 直流电路中,电容元件 C 原来无储能,$U_s = 20$ V,$R = 500\ \Omega$,$C = 4\ \mu F$。$t = 0$ 时开关闭合,试求:$u_C(0_+)$、$u_R(0_+)$、$i(0_+)$。

解:因为电容元件 C 原来无储能,所以 $u_C(0_-) = 0$,根据换路定律:

$$u_C(0_+) = u_C(0_-) = 0$$
$$u_R(0_+) = U_s - u_C(0_+) = U_s = 20\ \text{V}$$
$$i(0_+) = \frac{u_R(0_+)}{R} = \frac{20}{500}\ \text{A} = 0.04\ \text{A}$$

从此例可以看出:对于一个原来没有电压的电容元件来说,在换路的瞬间相当于短路。读者能画出 $t = 0_+$ 的等效电路吗?

例 6.2 在图 6.3(a)所示的电路中,已知:$U_s = 10$ V,$R_1 = 4\ \Omega$,$R_2 = 6\ \Omega$,开关 S 闭合前电路已达到稳定状态,试求:换路后瞬间各元件上的电压和电流。

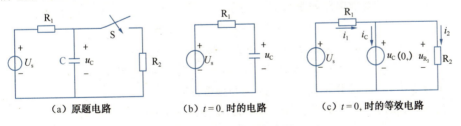

(a) 原题电路 (b) $t = 0_-$ 时的电路 (c) $t = 0_+$ 时的等效电路

图 6.3 例 6.2 的电路图

解:换路前开关 S 未闭合,电阻元件 R_2 没有接入,电路如图 6.3(b)所示。
由换路前 $t = 0_-$ 的电路得 $u_C(0_-) = U_s = 10$ V
根据换路定律,得 $u_C(0_+) = u_C(0_-) = 10\text{V}$
开关 S 闭合后,R_2 接入电路,画出 $t = 0_+$ 时的等效电路,如图 6.3(c)所示。
由 KVL 可得

$$i_1(0_+) = \frac{U_s - u_C(0_+)}{R_1} = \frac{10 - 10}{4}\ \text{A} = 0\ \text{A}$$

$$u_{R_1}(0_+) = Ri_1(0_+) = 0 \text{ V}$$
$$u_{R_2}(0_+) = u_C(0_+) = 10 \text{ V}$$
$$i_2(0_+) = \frac{u_{R_2}(0_+)}{R_2} = \frac{10}{6} \text{ A} = 1.67 \text{ A}$$
$$i_C(0_+) = i_1(0_+) - i_2(0_+) = -i_2(0_+) = -1.67 \text{ A}$$

例 6.3 如图 6.4(a)所示，直流电压源的电压 $U_s = 50$ V，$R_1 = R_2 = 5 \ \Omega$，$R_3 = 20 \ \Omega$，电路原已达到稳态，在 $t = 0$ 时，断开开关 S。试求：$t = 0_+$ 时的 i_L、i_C、u_C、u_R、u_L。

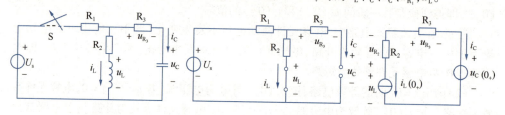

(a) 原题电路　　　(b) $t = 0_-$ 时的等效电路　　　(c) $t = 0_+$ 时的等效电路

图 6.4　例 6.3 的电路图

解：先求 $u_C(0_-)$、$i_L(0_-)$。因为电路由直流电源作用，且已达到稳态，所以电感元件等效为短路，电容元件等效为开路，换路前 $t = 0_-$ 的等效电路如图 6.4(b)所示。

$$i_C(0_-) = 0$$
$$i_L(0_-) = \frac{U_s}{R_1 + R_2} = \frac{50}{5 + 5} \text{ A} = 5 \text{ A}$$
$$u_C(0_-) = i_L(0_-)R_2 = 5 \times 5 \text{ V} = 25 \text{ V}$$

由换路定律得

$$i_L(0_+) = i_L(0_-) = 5 \text{ A}$$
$$u_C(0_+) = u_C(0_-) = 25 \text{ V}$$

画出 $t = 0_+$ 的等效电路如图 6.4(c)所示。

$$i_C(0_+) = -i_L(0_+) = -5 \text{ A}$$

负号表示 $t = 0_+$ 时 i_C 实际方向与参考方向相反。

$$u_{R_3}(0_+) = R_3 i_C(0_+) = 20 \times (-5) \text{ V} = -100 \text{ V}$$

负号表示 $t = 0_+$ 时 R_3 电压的实际方向与参考方向相反。

由 KCL，可得
$$u_L(0_+) = (R_2 + R_3)i_C(0_+) + u_C(0_+)$$
$$= [(5 + 20) \times (-5) + 25] \text{ V}$$
$$= -100 \text{ V}$$

6.2　RC 电路的瞬态过程

6.2.1　RC 电路的充电过程

在图 6.1 所示的 RC 直流电路中，$u_C(0_-) = 0$。$t = 0$ 时，S 闭合，RC 串联电路与电源

RC电路的瞬态过程

U_s 接通，电容元件 C 充电，由换路定律可知 $u_C(0_+) = u_C(0_-) = 0$。用电压表观察电容元件两端的电压变化，从电压表的读数可以看出 u_C 随 t 增大（但不是均匀变化），经过一个过程，电容元件 C 充满电荷，此时电容元件两端的电压 $u_C = U_s$，充电过程结束。

在这个过程中电容元件的电压和电流是按照什么规律变化的呢？下面讨论这个瞬态过程中电压、电流随时间变化的规律。

按图 6.1 所示电路中电压、电流的参考方向，S 闭合后，由 KVL 及各元件的伏安关系，得

$$u_R + u_C = U_s$$

$$u_R = Ri$$

$$i = C\frac{du_C}{dt}$$

由上述表达式得

$$RC\frac{du_C}{dt} + u_C = U_s$$

解这个方程，可得电容元件 C 充电电压的数学表达式为

$$u_C = U_s(1 - e^{-\frac{1}{RC}t}) \tag{6.3}$$

$$i = C\frac{du_C}{dt} = \frac{U_s}{R}e^{-\frac{1}{RC}t} \tag{6.4}$$

$$u_R = iR = U_s e^{-\frac{1}{RC}t} \tag{6.5}$$

理论和实践证明，当电路中电源开始对电容元件充电时，电容元件电压 u_C 由初始值 0 开始按指数规律增加至稳态值 U_s，增加的快慢由 RC 的值决定，此过程中充电电流 i 按指数规律逐渐减小，u_R 也逐渐减小。当 u_C 趋近于 U_s 时，充电电流 i 趋近于 0，充电过程基本结束。充电过程中 u_C 随时间 t 变化的数值关系见表 6.1。

表 6.1 充电过程中 u_C 随时间 t 变化的数值关系

t	0	RC	$2RC$	$3RC$	$4RC$	$5RC$	$6RC$	∞
$e^{-\frac{t}{RC}}$	1	0.368	0.135	0.050	0.018	0.007	0.002	0
u_C	0	0.632 U_s	0.865 U_s	0.950 U_s	0.982 U_s	0.993 U_s	0.998 U_s	U_s
u_R	U_s	0.368 U_s	0.135 U_s	0.050 U_s	0.018 U_s	0.007 U_s	0.002 U_s	0
i	U_s/R	0.368 U_s/R	0.135 U_s/R	0.050 U_s/R	0.018 U_s/R	0.007 U_s/R	0.002 U_s/R	0

从表 6.1 可以看出：在充电过程中，RC 为电容元件电压 u_C 从初始值上升到稳态值的 63.2% 所需的时间。将 $\tau = RC$（单位为 s）称为时间常数，τ 是反映瞬态过程中电压与电流变化快慢的物理量，它仅由电路参数 R 和 C 决定，与电路的初始状态和电源电压无关。在 RC 直流电路中，当 U_s、C 一定时，R 越大，i 越小，充电时间越长；U_s、R 一定时，C 越大，储存的电场能量 W_C 越大，充电时间越长。所以时间常数 τ 越大，充电过程越慢。理论上说，$t \to \infty$，$u_C = U_s$，充电过程才结束。实际应用时，一般认为当 $t = (3 \sim 5)\tau$ 时，$u_C = (0.95 \sim 0.99)U_s$，充电过程基本结束。

电压 u_C 和电流 i 随时间变化的曲线分别如图 6.5(a)、(b)所示。

例 6.4 在如图 6.1 所示电路中，$U_s = 200$ V，$R = 200$ Ω，$C = 1$ μF，电容元件初始电压为 0，$t = 0$ 时开关 S 闭合。试求：时间常数、最大充电电流、u_C 和 i 的表达式。

解：$\tau = RC = 200 \times 1 \times 10^{-6}$ s $= 200$ μs

开关 S 闭合瞬间,电路中的电流 $i(0_+) = \dfrac{U_s}{R} = 1$ A 为最大充电电流。

由式(6.1)得
$$u_C(0_+) = u_C(0_-) = 0$$
$$u_R(0_+) = U - u_C(0_+) = 200 \text{ V}$$

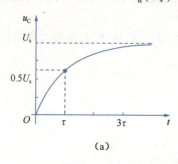
(a)

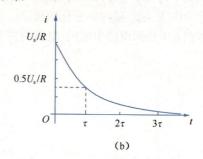
(b)

图 6.5 RC 直流电路中电压 u_C 和电流 i 随时间变化的曲线

由式(6.3)得 $u_C = U_s(1-\mathrm{e}^{-\frac{1}{RC}t}) = 200(1-\mathrm{e}^{-\frac{1}{200 \times 10^{-6}}t})$ V $= 200(1-\mathrm{e}^{-5 \times 10^3 t})$ V

由式(6.4)得 $i = \dfrac{U_s}{R}\mathrm{e}^{-\frac{1}{RC}t} = \dfrac{200}{200}\mathrm{e}^{-\frac{1}{200 \times 10^{-6}}t}$ A $= \mathrm{e}^{-5 \times 10^3 t}$ A

6.2.2 RC 电路的放电过程

如图 6.6 所示电路,开关 S 扳向 1 时电路处于稳定状态,电容元件的电压 $u_C = U_s$。$t=0$ 时,开关 S 由 1 扳向 2,电容元件通过电阻元件放电。u_C 随 t 衰减,但不是均匀变化;经过一个过程(理论上说,$t \to \infty$),电容元件放电完毕,$u_C = 0$,电路进入新稳态。放电过程中 u_C 随时间 t 变化的数值关系见表 6.2。

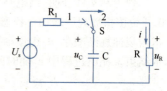

图 6.6 电容元件通过电阻元件放电的电路

表 6.2 放电过程中 u_C 随时间 t 变化的数值关系

t	0	RC	$2RC$	$3RC$	$4RC$	$5RC$	$6RC$	…	∞
$\mathrm{e}^{-\frac{t}{RC}}$	1	0.368	0.135	0.050	0.018	0.007	0.002		0
$u_C(u_R)$	U_s	0.368 U_s	0.135 U_s	0.050 U_s	0.018 U_s	0.007 U_s	0.002 U_s		0

下面讨论换路后电路中电压、电流的变化规律。

根据换路后的电路,由 KVL 及元件的伏安关系得
$$u_R - u_C = 0$$

而 $u_R = Ri, i = -C\dfrac{du_C}{dt}$(负号表示 i 与 u_C 为非关联参考方向)

可得
$$R\left(-C\dfrac{du_C}{dt}\right) - u_C = 0$$

即
$$R\left(-C\dfrac{du_C}{dt}\right) - u_C = 0$$

解这个方程,可得电容元件放电电压的数学表达式为

$$u_C = U_s e^{-\frac{1}{RC}t} \tag{6.6}$$

$$i = \frac{u_R}{R} = \frac{U_s}{R} e^{-\frac{1}{RC}t} \tag{6.7}$$

$$u_R = u_C = U_s e^{-\frac{1}{RC}t} \tag{6.8}$$

电容元件放电时 u_C 和 i 的变化曲线如图 6.7 所示。

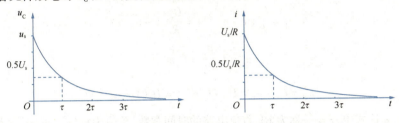

图 6.7　电容元件放电时 u_C 和 i 的变化曲线

由表 6.2 可以看出，RC 是电容元件电压(或电路电流)衰减到原来的 36.8% 所需要的时间，$\tau = RC$ 是放电的时间常数。当 $t = 5RC$ 时，电容元件电压只有初始值的 0.7%，一般认为到此时瞬态过程基本结束，电路已进入新的稳定状态。

例 6.5　在如图 6.6 所示的电路中，已知：$U_s = 100$ V，$R = 1$ MΩ，$C = 50$ μF。试求：电路的时间常数；当 S 由 1 扳向 2 后经过多长时间电流减小到其初始值的一半。

解：时间常数 $\tau = RC = 50$ s

$$i(0_+) = \frac{U_s}{R} = 100 \text{ μA}$$

$i(0_+)$ 的一半为 50 μA。

由 $i = \frac{U_s}{R} e^{-\frac{t}{\tau}} = 100 e^{-\frac{t}{50}}$ μA，得 $50 = 100 \times e^{-\frac{t}{50}}$，即 $e^{-\frac{t}{50}} = 0.5$。

查指数函数表，$\frac{t}{50} = 0.693$

得

$$t = 50 \times 0.693 \text{ s} \approx 34.7 \text{ s}$$

6.3　RL 电路的瞬态过程

6.3.1　RL 电路接通直流电源

图 6.8 所示电路为 RL 直流电路。开关 S 断开时电路处于稳态，且电感元件中元储能。在 $t = 0$ 时将开关 S 闭合，此时 RL 串联电路与直流电源 U_s 接通。由于电感元件上的电流不能突变，即 $i_L(0_+) = i_L(0_-) = 0$，电路中的电流从 0 开始逐渐增大，电感元件不断从电源吸收电能转换为磁场能储存在线圈内部。

下面讨论当 S 闭合后电路中电压、电流的变化规律。

由 KVL 及元件的伏安关系得 $u_R + u_L = U_s$。

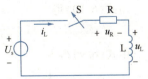

图 6.8　RL 直流电路

视频

RL电路的瞬态过程

而 $u_R = i_L R, u_L = L\dfrac{di_L}{dt}$

将上述表达式整理得 $i_L R + L\dfrac{di_L}{dt} = U_s$。

解此方程得电流变化规律的数学表达式为

$$i_L = \dfrac{U_s}{R}(1 - e^{-\frac{R}{L}t}) = \dfrac{U_s}{R}(1 - e^{-\frac{t}{\tau}}) \tag{6.9}$$

$$u_L = L\dfrac{di_L}{dt} = U_s e^{-\frac{t}{\tau}} \tag{6.10}$$

$$u_R = U_s - u_L = U_s - U_s e^{-\frac{t}{\tau}} = U_s(1 - e^{-\frac{t}{\tau}}) \tag{6.11}$$

以上表达式中,$\tau = \dfrac{L}{R}$ 称为 RL 直流电路的时间常数,单位为秒(s),反映了瞬态过程中电压与电流变化的快慢,τ 取决于电路参数。L 越大表明电感元件要储存越多的能量,瞬态过程越长;R 越大,最大电流越小,电感元件储能过程越短。

由式(6.10)可知,$t = 0$ 时,$u_L = U_s$。u_L 随着时间的延长而逐渐衰减至 0,即电路达到稳态时电感元件上电压为 0,电流却等于最大值。可见,稳态时电感元件相当于一个闭合的开关,或者等效为短路。而电阻元件两端的电压 u_R 随着时间的延长而逐渐增大,最后达到电源电压 U_s。

u_L 和 i_L 随时间变化的曲线如图 6.9 所示。

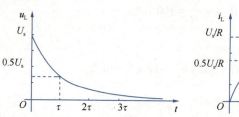
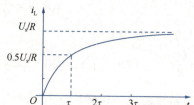

图 6.9 u_L 和 i_L 随时间变化的曲线

例 6.6 如图 6.8 所示 RL 直流电路中,$U_s = 18$ V,$R = 1\,500$ Ω,$L = 15$ H,$i_L(0_-) = 0$,$t = 0$ 时将开关 S 闭合,试求:各电压和电流的表达式;电路中电流最大值为多少?此时,电感元件和电阻元件的电压各为多大?

解:时间常数为

$$\tau = \dfrac{L}{R} = \dfrac{15}{1\,500} \text{ s} = 10 \text{ ms}$$

由式(6.10)得

$$u_L = U_s e^{-\frac{R}{L}t} = U_s e^{-\frac{t}{\tau}} = 18 e^{-100t} \text{ V}$$

由式(6.9)得

$$i_L = \dfrac{U_s}{R}(1 - e^{-\frac{t}{\tau}}) = \dfrac{18}{1\,500}(1 - e^{-100t}) \text{ A} = 12(1 - e^{-100t}) \text{ mA}$$

由式(6.11)得

$$u_R = U_s(1 - e^{-\frac{t}{\tau}}) = 18(1 - e^{-100t}) \text{ V}$$

$$i_{Lmax} = i_L(\infty) = \frac{U_s}{R} = 12 \times 10^{-3} \text{ A} = 12 \text{ mA}$$

$$u_L(\infty) = 0$$

$$u_R(\infty) = U_s - u_L(\infty) = U_s = 18 \text{ V}$$

6.3.2 RL 电路短接

如图 6.10 所示电路,开关 S 扳向 1 时电路已处于稳态。在 $t = 0$ 时将开关 S 由 1 扳向 2。换路后,RL 电路与电源脱离,$i_L(0_+) = i(0_-) = \frac{U_s}{R}$,随后电路中的电流逐渐减小,电感元件通过电阻元件释放磁场能并转换为热能消耗掉。

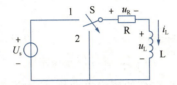

图 6.10　电感元件通过电阻元件放电的电路

下面讨论换路后电路中电压、电流的变化规律。

根据换路后的电路,由 KVL 及元件的伏安关系得

$$u_R + u_L = 0$$

$$u_R = i_L R$$

$$u_L = L \frac{di_L}{dt}$$

由上述表达式得

$$i_L R + L \frac{di_L}{dt} = 0$$

i_L、u_L 的数学表达式为

$$i_L = \frac{U_s}{R} e^{-\frac{R}{L}t} = \frac{U_s}{R} e^{-\frac{t}{\tau}} \quad (6.12)$$

$$u_L = L \frac{di_L}{dt} = -U_s e^{-\frac{t}{\tau}} \quad (6.13)$$

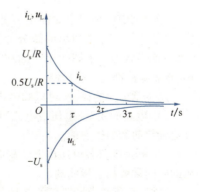

$\tau = \frac{L}{R}$ 为时间常数。在 RL 短接放电的电路中,L 越大,电感元件储存的能量越多,瞬态过程越长;R 越大,消耗的能量越多,瞬态过程就越短。

图 6.11　i_L 和 u_L 随时间变化的曲线

i_L 和 u_L 随时间变化的曲线如图 6.11 所示。

例 6.7　如图 6.12(a)所示 RL 串联电路中,$U_s = 35$ V,$R = 5$ Ω,$L = 0.5$ H,电压表量程为 50 V,内阻 $R_V = 5$ kΩ,电路处于稳态。$t = 0$ 时将开关断开。试求:换路后电感元件电流初始值、时间常数和开关断开后一瞬间电压表两端的电压。

解:

$$i_L(0_-) = \frac{U_s}{R} = \frac{35}{5} \text{ A} = 7 \text{ A}$$

由换路定律,得 $i_L(0_+) = i_L(0_-) = 7$ A

由图 6.12(b)可求得 $\tau = \dfrac{L}{R_V} = \dfrac{0.5}{5 \times 10^3}$ s $= 0.1$ ms

$u_V(0_+) = -R_V i_L(0_+) = -5 \times 10^3 \times 7$ V $= -35$ kV

由本例可见,在开关断开后一瞬间电压表两端的电压出现较大数值(过电压)。电阻值 R_V 越大,这个电压值也越大,会导致电压表损坏,断开开关 S 之前必须先拆除电压表。

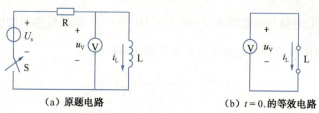

(a) 原题电路　　　　　　(b) $t = 0_+$ 的等效电路

图 6.12　例 6.7 的电路图

电感电路在断电时会产生很高的感应电动势,应注意避免电气设备被击穿。采用的方法有连接放电电阻元件或续流二极管等。开关要装灭弧装置,以免产生电弧而烧坏触点。

6.4　一阶电路的三要素法

视频

一阶电路的三要素法

6.4.1　一阶电路过渡过程的一般规律

当电路中仅有一个储能电容元件 C 或电感元件 L(或者能等效为一个储能元件)时,由基尔霍夫定律列出的微分方程为一阶微分方程。相应地,把含有一个储能元件(或者能等效为一个储能元件)的电路称为一阶电路。本章前面讨论的 RC 直流电路和 RL 直流电路都是一阶电路。

从本章前面的讨论,可以归纳出一阶电路瞬态过程的一般规律如下:

(1)电路的变量(电压或电流)由初始值向新的稳态值过渡,都是按指数规律变化,并逐渐趋向新的稳态值。

(2)同一电路各电压或电流趋向新稳态值的速度与时间常数有关,各电压或电流变化的时间常数都是相同的。

这样,只要知道换路后的初始值、稳态值和时间常数,就能直接写出一阶电路瞬态过程的电压或电流解析式。一阶电路电压或电流的初始值 $f(0_+)$、新的稳态值 $f(\infty)$ 和电路的时间常数 τ 称为三要素。

6.4.2　一阶电路三要素法的应用

根据一阶电路换路后的初始值、新的稳态值和时间常数,直接写出一阶电路的过渡过程的电压或电流解析式的方法称为一阶电路的三要素法。

一阶电路瞬态过程的电压或电流通式

$$f(t) = f(\infty) + [f(0_+) - f(\infty)] e^{-\frac{t}{\tau}} \tag{6.14}$$

根据式(6.14)，只需求出该电压或电流的初始值 $f(0_+)$、稳态值 $f(\infty)$ 和时间常数 τ，就可写出瞬态过程中电压或电流的表达式。

例如 RC 串联电路接通电源充电过程中，$u_C(0_+) = 0$、$u_C(\infty) = U_s$、$\tau = RC$，则
$$u_C = u_C(\infty) + [u_C(0_+) - u_C(\infty)]e^{-\frac{t}{RC}} = U_s e^{-\frac{t}{RC}}$$
结果与式(6.3)完全相同。

把前三节讨论的电路归纳如下，并用式(6.14)化简后的形式来表示，见表 6.3，表中 $\tau = RC$。

表 6.3 一阶电路的三要素表示法

电路名称	微分方程求解结果	三要素表示法
RC 直流电路	$u_C = U_s e(1 - e^{-\frac{t}{\tau}})$ $i = \dfrac{U_s}{R} e^{-\frac{t}{\tau}}$	$f(t) = f(\infty)(1 - e^{-\frac{t}{RC}})$ $f(t) = f(0_+) e^{-\frac{t}{RC}}$
电容元件通过电阻 元件放电的电路	$u_C = U_s e^{-\frac{t}{\tau}}$ $i = \dfrac{U_s}{R} e^{-\frac{t}{\tau}}$	$f(t) = f(0_+) e^{-\frac{t}{\tau}}$
RL 直流电路	$i_L = \dfrac{U_s}{R} I(1 - e^{-\frac{t}{\tau}})$ $u_L = U_s e^{-\frac{t}{\tau}}$	$f(t) = f(\infty)(1 - e^{-\frac{Rt}{L}})$ $f(t) = f(0_+) e^{-\frac{Rt}{L}}$
电感元件通过电阻 元件放电的电路	$i_L = \dfrac{U_s}{R} e^{-\frac{t}{\tau}}$ $u_L = -U_s e^{-\frac{t}{\tau}}$	$f(t) = f(0_+) e^{-\frac{t}{\tau}}$

三要素法解题步骤如下：

(1) 求初始值 $f(0_+)$。具体方法如 6.1 节所述。

(2) 求时间常数 τ。$\tau = RC$ 或 $\tau = L/R$，其中 R 为换路后从储能元件两端看进去的等效电阻。

(3) 求稳态值 $f(\infty)$。画出 $t = \infty$ 的电路(此时电路处于稳态，电容元件等效为开路；电感元件等效为短路)，由 KCL、KVL 求出其他待求的电压和电流。

(4) 代入通式，得出电流 i 或电压 u 的瞬态过程表达式。

再用三要素法分析当电压初始值不为 0 的 RC 直流电路：$u_C(0_+) = u_C(0_-) = U_0$，$u_C(\infty) = U_s$，$\tau = RC$。

$$u_C = u_C(\infty) + [u_C(0_+) - u_C(\infty)]e^{-\frac{t}{RC}} = U_s + (U_0 - U_s)e^{-\frac{t}{RC}} = U_s(1 - e^{-\frac{t}{RC}}) + U_0 e^{-\frac{t}{RC}}$$

式中，第一项为初始电压为 0 的电容元件充电的瞬态过程中电压 u_C 的表达式；第二项为初始电压为 U_0 的电容元件放电过程中电压 u_C 的表达式。

上式表明电压 u_C 是初始值为 0 的电容元件充电电压和初始值为 U_0 的电容元件放电电压的叠加，是线性电路叠加定理在瞬态过程中的体现。

例 6.8 如图 6.13(a) 所示的电路中，$I_s = 12$ A，$R_1 = R_2 = R_3 = 2$ Ω，$L = 4$ H。$t = 0$ 时开关 S 闭合，电路的时间常数为多大？写出电流的表达式 i_L。

解：(1) 求初始值：

由 $t = 0_-$ 时的等效电路得　　$i_L(0_-) = I_s = 12$ A

由换路定律，得　　$i_L(0_+) = i_L(0_-) = 12$ A

(2)画出求等效电阻 R 的电路:

由等效电路得
$$\tau = \frac{L}{R_2+R_3} = \frac{4}{2+2} \text{ s} = 1 \text{ s}$$

(3)画出 $t=\infty$ 时的等效电路:

由 $t=\infty$ 时的等效电路,得
$$i_L(\infty) = \frac{R_2}{R_2+R_3}I_s = \frac{2}{2+2} \times 12 \text{ A} = 6 \text{ A}$$

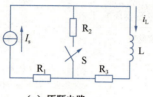　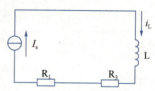

(a)原题电路　　　　　　(b) $t=0_-$ 时的等效电路

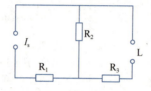　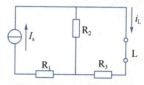

(c)求等效电阻 R 的电路　　(d) $t=\infty$ 时的等效电路

图 6.13　例 6.8 的电路图

$$i_L = i_L(\infty) + [i_L(0_+) - i_L(\infty)]e^{-\frac{t}{RC}} = [6+(12-6)e^{-\frac{t}{1}}] \text{ A} = 6(1+e^{-t}) \text{ A}$$

电流 i_L 从 12 A 的初始值按指数规律下降到 6 A, 电路进入到新的稳态。

例 6.9　如图 6.14(a)所示电路中, 直流电压源的电压 $U_s=10 \text{ V}, R_1=R_2=2 \text{ }\Omega, R_3=5 \text{ }\Omega, C=0.5 \text{ F}$, 电路原已稳定。$t=0$ 时开关接通, 试求: 换路后的 $u_C(t)$。

解: 用三要素法求解。

(1)电路原已稳定, 电容元件等效于开路, 画出 $t=0_-$ 时的等效电路, 如图 6.14(b)所示。与电容元件 C 串联的电阻元件 R_3 无电流通过。

$$u_C(0_-) = -\frac{R_1}{R_1+R_2}U_s = -\frac{U_s}{2} = -10/2 \text{ V} = -5 \text{ V}$$

由换路定律可得
$$u_C(0_+) = u_C(0_-) = -5 \text{ V}$$

(2)画出 $t=\infty$ 时的等效电路, 如图 6.14(c)所示。

$$u_C(\infty) = \frac{R_2}{R_1+R_2}U_s = \frac{U_s}{2} = \frac{10}{2} \text{ V} = 5 \text{ V}$$

(3)求电路时间常数 τ。电容元件 C 所接的二端网络(电压源短路)如图 6.14(d)所示。

$$R = \frac{R_1R_2}{R_1+R_2} = \frac{R_1}{2} = \frac{2}{2} \text{ }\Omega = 1 \text{ }\Omega$$

$$\tau = RC = 1 \times 0.5 \text{ s} = 0.5 \text{ s}$$

(4)由式(6.14)得

$$u_C = u_C(\infty) + [u_C(0_+) - u_C(\infty)]e^{-\frac{t}{\tau}} = 5 + (-5-5)e^{-\frac{t}{0.5}} = 5 - 10e^{-2t} \text{ V}$$

式(6.14)只适用于直流电路。如果要用于正弦交流电源时,三要素法改用式$f(t) = f'(t) + [f(0_+) - f'(0_+)]e^{-\frac{t}{\tau}}$,其中,$f'(t)$为正弦交流电源作用时电压电流的稳态解;$f(0_+)$为电压电流的初始值;$f'(0_+)$为正弦稳态解,$f'(t)$在$t = 0_+$时刻的数值。运用高等数学中解微分方程的方法,就可以通过列出微分方程求解相应的问题。

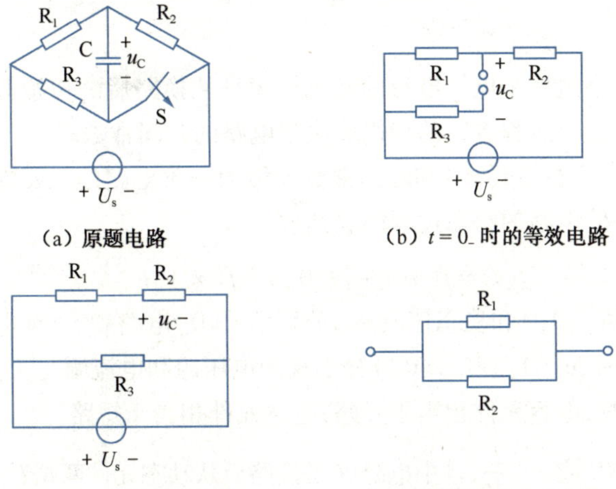

(a) 原题电路　　(b) $t = 0_-$时的等效电路

(c) $t = \infty$时的等效电路　　(d) 求等效电阻 R 的电路

图 6.14　例 6.9 的电路图

小　结

1. 瞬态过程及换路定律

(1)在具有储能元件的电路中,电路由一种稳态变化到另一种稳态的过程为瞬态过程。引起瞬态过程的电路变化称为换路。

(2)换路后的一瞬间,电容元件两端电压和电感元件中的电流保持换路前一瞬间的数值而不能跃变,即

$$u_C(0_+) = u_C(0_-)$$
$$i_L(0_+) = i_L(0_-)$$

这一结论称为换路定律。利用换路定律和 $t = 0_+$ 时的等效电路,可求得电路中各电流、电压的初始值。

2. RC 电路的瞬态过程

初始电压为 0 的 RC 充电电路瞬态过程中,电压、电流的数学表达式为 $u_C = U_s(1 - e^{-\frac{1}{RC}t})$,$i = C\dfrac{du_C}{dt} = \dfrac{U_s}{R}e^{-\frac{1}{RC}t}$。可见,电容元件两端电压 u_C 由初始值 0 开始按指数规律增加至稳态值 U_s,增加的快慢由 RC 决定,充电电流 i 按指数规律逐渐减小至 0。初始电压为 U_s 的 RC 放电电路瞬态过程中,电压、电流的数学表达式为 $u_C = U_s e^{-\frac{1}{RC}t}$,$i = \dfrac{u_R}{R} = \dfrac{U_s}{R}e^{-\frac{1}{RC}t}$。

3. RL 电路的瞬态过程

初始电流为 0 的 RL 充电电路瞬态过程中，电压、电流的数学表达式为 $u_L = U_s \mathrm{e}^{-\frac{t}{\tau}}$，$i_L = \frac{U_s}{R}(1 - \mathrm{e}^{-\frac{R}{L}t}) = \frac{U_s}{R}(1 - \mathrm{e}^{-\frac{t}{\tau}})$。在初始电流为 $\frac{U_s}{R}$ 的 RL 放电电路瞬态过程中，电压、电流的数学表达式为 $u_L = -U_s \mathrm{e}^{-\frac{t}{\tau}}$，$i_L = \frac{U_s}{R}\mathrm{e}^{-\frac{R}{L}t} = \frac{U_s}{R}\mathrm{e}^{-\frac{t}{\tau}}$。

4. 一阶电路的三要素法

一阶电路在瞬态过程中电压电流的变化规律是从换路后的初始值按指数规律变化到稳态值的过程。过渡过程进行的快慢取决于电路的时间常数。

初始值 $f(0_+)$、稳态值 $f(\infty)$ 和时间常数 τ 称为一阶电路的三要素。由三要素法可以很方便地写出一阶电路的瞬态过程的表达式

$$f(t) = f(\infty) + [f(0_+) - f(\infty)]\mathrm{e}^{-\frac{t}{\tau}}$$

电压、电流的初始值 $f(0_+)$ 和稳态值 $f(\infty)$ 分别由 $t = 0_+$ 电路和 $t = \infty$ 电路解出。

画 $t = 0_+$ 电路时，$u_C(0_+)$ 和 $i_L(0_+)$ 分别视为电压源和电流源。

画 $t = \infty$ 电路时，电容元件相当于开路；电感元件相当于短路。

时间常数 $\tau = RC$ 或 $\tau = \frac{L}{R}$，其中电阻 R 是换路后从动态元件两端看进去的等效电阻。

拓展阅读

汽车点火线圈

汽车产业作为国民经济支柱产业的地位越来越突出。随着汽车"入世"，国门完全打开，我国的轿车产业与国外发达国家的汽车企业处于同一个大市场，将不可避免地面临激烈竞争与挑战。通过国际大市场，使我们有机会在与强手的合作与竞争中学习先进技术、先进管理和服务经验，不断自我完善，使我国汽车产业做大做强。汽车点火是启动汽车的第一阶段，汽车点火线圈的工作原理（见图 6.15）如下：

通常汽车的点火线圈中有两组线圈，即初级线圈和次级线圈。初级线圈用较粗的漆包线（线径 0.5～1 mm）绕 200～500 匝，次级线圈用较细的漆包线（线径 0.1 mm 左右）绕 15 000～25 000 匝。初级线圈一端与车上低压电源（+）连接，另一端与开关装置（断电器）连接。次级线圈一端与初级线圈连接，另一端与高压侧输出端连接输出高电压。汽车点火线圈次级电压要有足够高，这个足够高的电压（15 kV～20 kV）才能击穿火花塞两电极间的间隙，这个电压称为击穿电压。

点火线圈之所以能将车上低电压变成高电压，是由于有与普通变压器相同的原理，即初级线圈与次级线圈的匝数比大。但点火线圈工作方式却与普通变压器不一样，普通变压器是连续工作的，而点火线圈则是断续工作的，它根据发动机不同的转速以不同的频率反复进行存储能量及释放能量。

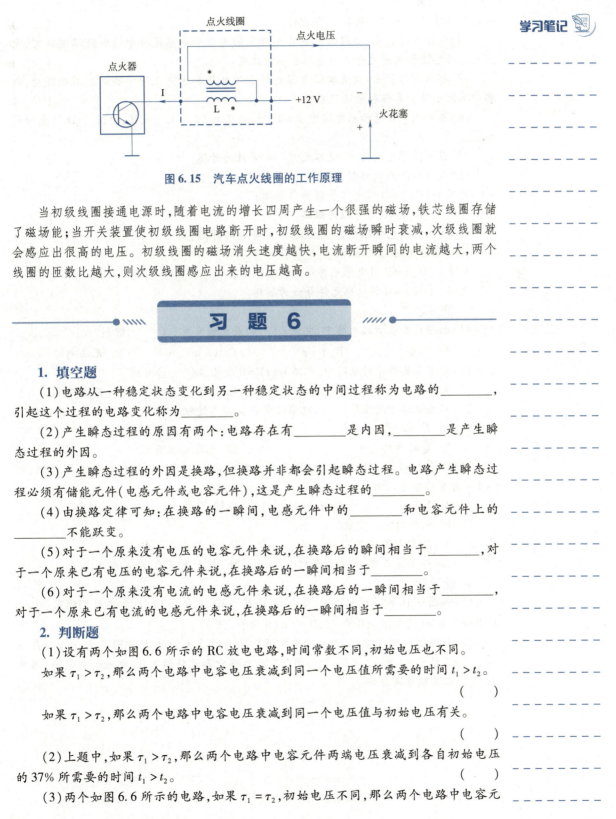

图 6.15 汽车点火线圈的工作原理

当初级线圈接通电源时,随着电流的增长四周产生一个很强的磁场,铁芯线圈存储了磁场能;当开关装置使初级线圈电路断开时,初级线圈的磁场瞬时衰减,次级线圈就会感应出很高的电压。初级线圈的磁场消失速度越快,电流断开瞬间的电流越大,两个线圈的匝数比越大,则次级线圈感应出来的电压越高。

习 题 6

1. 填空题

(1) 电路从一种稳定状态变化到另一种稳定状态的中间过程称为电路的_____,引起这个过程的电路变化称为_____。

(2) 产生瞬态过程的原因有两个:电路存在有_____是内因,_____是产生瞬态过程的外因。

(3) 产生瞬态过程的外因是换路,但换路并非都会引起瞬态过程。电路产生瞬态过程必须有储能元件(电感元件或电容元件),这是产生瞬态过程的_____。

(4) 由换路定律可知:在换路的一瞬间,电感元件中的_____和电容元件上的_____不能跃变。

(5) 对于一个原来没有电压的电容元件来说,在换路后的瞬间相当于_____,对于一个原来已有电压的电容元件来说,在换路后的一瞬间相当于_____。

(6) 对于一个原来没有电流的电感元件来说,在换路后的一瞬间相当于_____,对于一个原来已有电流的电感元件来说,在换路后的一瞬间相当于_____。

2. 判断题

(1) 设有两个如图 6.6 所示的 RC 放电电路,时间常数不同,初始电压也不同。

如果 $\tau_1 > \tau_2$,那么两个电路中电容电压衰减到同一个电压值所需要的时间 $t_1 > t_2$。
( )

如果 $\tau_1 > \tau_2$,那么两个电路中电容电压衰减到同一个电压值与初始电压有关。
( )

(2) 上题中,如果 $\tau_1 > \tau_2$,那么两个电路中电容元件两端电压衰减到各自初始电压的 37% 所需要的时间 $t_1 > t_2$。
( )

(3) 两个如图 6.6 所示的电路,如果 $\tau_1 = \tau_2$,初始电压不同,那么两个电路中电容元

件电压衰减到同一电压所需要的时间 $t_1 = t_2$。 (　　)

(4)换路定律指出:换路瞬间电容元件上的电压和电感元件中的电流不能跃变,电容元件的电流和电感元件上的电压也不能跃变。 (　　)

(5)换路定律指出:换路瞬间电容元件上的电压和电感元件中的电流不能跃变,电路中其他元件的电压和电流可以跃变。 (　　)

(6)在如图6.6所示的电路中,$t=0_+$ 时,电压 $u_C(0_+)$ 为最大值,电流 $i_C(0_+)$ 也为最大值。 (　　)

(7)在直流稳态电路中,电容元件一定等效为开路。 (　　)

(8)在分析动态电路时,

电压 $u_C(0_+) \neq 0$ 时电容等效为电压源;

电压 $u_C(0_+) = 0$ 时等效为短路。 (　　)

(9)在直流稳态电路中,电感元件一定等效为开路。 (　　)

(10)在分析动态电路时,

电流 $i_L(0_+) \neq 0$ 时电感元件等效为电流源; (　　)

电流 $i_L(0_+) = 0$ 时电感元件等效为短路。 (　　)

3. 选择题

(1)如图6.8所示的电路中,电流 $i_L(t)$ 的最大值发生在(　　)时刻。

　　A. $t=0$　　　　B. $t=\tau$　　　　C. $t=\infty$　　　　D. 无法确定

(2)如图6.8所示的电路中,电流 $i_L(t)=0$ 发生在(　　)时刻。

　　A. $t=0$　　　　B. $t=\tau$　　　　C. $t=\infty$　　　　D. 无法确定

(3)只要电路中发生(　　),电路必定产生瞬态过程。

　　A. 开关动作　　　　　　　　B. 动态元件储能有变化

　　C. 电路结构变化　　　　　　D. 电源电压变化

(4)电感 $L=1$ H 与电阻 $R=1$ Ω 构成串联回路(短接),若 $t=0$ 时电流为 10 A,则 $t=1$ s 时电路中电流为(　　)。

　　A. 2 A　　　　B. 6.3 A　　　　C. 3.7 A　　　　D. 5 A

(5)RL 电路的时间常数(　　)。

　　A. 与 R、L 成正比　　　　　　B. 与 R、L 成反比

　　C. 与 R 成正比,与 L 成反比　　D. 与 L 成正比,与 R 成反比

4. 计算题

(1)如图6.16所示的电路中,$U_S=60$ V,$R_1=20$ Ω,$R_2=30$ Ω,电路原已稳定。$t=0$ 时闭合开关S,试求:$u_C(0_+)$、$i_C(0_+)$、$i_1(0_+)$ 和 $i(0_+)$。

(2)如图6.17所示电路,已知开关S闭合前,L、C 上无储能,$U_S=10$ V,$R_1=R_2=R_3=10$ Ω,$L=2$ H,$C=1$ μF。试求:开关闭合后两电路中各元件的电压、电流的初始值(各电压、电流取关联参考方向)。

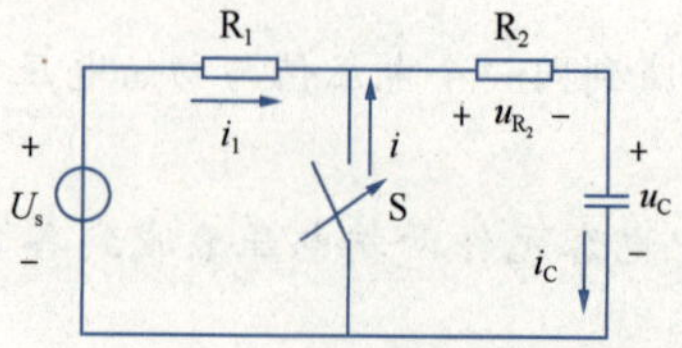

图 6.16　题 4.(1)图 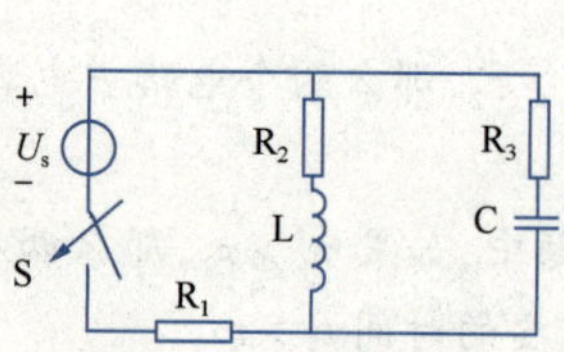　　　　图 6.17　题 4.(2)图

(3) 求图 6.18 所示的两个电路在开关 S 闭合后,各元件的电压、电流的初始值。已知开关闭合前,电路处于稳态,$U_s = 10$ V,$R_1 = 3$ Ω,$R_2 = 2$ Ω,$L = 2$ mH。

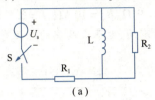
(a)

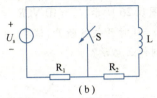
(b)

图 6.18　题 4.(3)图

(4) 如图 6.19 所示的电路原已处于稳态,已知:$U_s = 10$ V,$R_1 = 4$ Ω,$R_2 = 6$ Ω,$C = 1$ F。$t = 0$ 时开关由 1 扳向 2,试求:换路后电容元件两端电压 u_C 和电流 i_C 的表达式。

(5) 如图 6.20 所示的电路,已知:$U_s = 10$ V,$R_1 = 4$ Ω,$R_2 = 6$ Ω,$C = 1$ F,电路处于稳定状态。$t = 0$ 时开关断开,试求:开关 S 断开后电压 u_C 和流过 R_2 的电流 i。

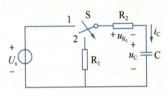

图 6.19　题 4.(4)图

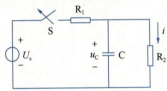

图 6.20　题 4.(5)图

(6) 如图 6.21 所示的电路,已知:$U_s = 20$ V,$R_1 = 3$ Ω,$R_2 = 2$ Ω,$L = 0.1$ H,电路处于稳定状态。$t = 0$ 时开关 S 断开,试求:开关断开后电路的电流 i 和电压 u_L 及 u_R。

(7) 如图 6.22 所示的电路,已知:$U_s = 10$ V,$R_1 = 6$ Ω,$R_2 = 4$ Ω,$L = 2$ mH,开关 S 原处于断开状态,电路处于稳定状态。试求:开关闭合后电流 i 和电压 u_L 表达式。

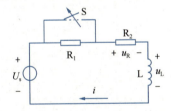

图 6.21　题 4.(6)图

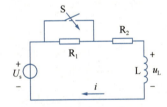

图 6.22　题 4.(7)图

(8) 如图 6.23 所示的电路中,已知:$U_s = 180$ V,$R_1 = 30$ Ω,$R_2 = 60$ Ω,$C = 0.1$ F,电容元件两端初始电压为 0,试求:开关 S 闭合后 $u_C(t)$、$i_C(t)$、$i_1(t)$ 和 $i_2(t)$。

(9) 如图 6.24 所示的电路中,电路处于稳定状态,$U_s = 50$ V,$R_1 = 2$ kΩ,$R_2 = 3$ kΩ,$C = 1$ μF,$t = 0$ 时开关闭合,试求:开关闭合瞬间电路中各电压和电流的初始值,并写出各电压和电流的解析式。

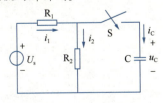

图 6.23　题 4.(8)图

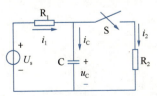

图 6.24　题 4.(9)

(10) 如图 6.25 所示的电路中，开关 S 断开前电路处于稳态，已知：$U_s = 20$ V，$R_1 = R_2 = 1$ kΩ，$C = 1$ μF，试求：开关断开后 u_C 和 i_C 的解析式。

(11) 如图 6.26 所示，$U_s = 10$ V，$R_s = 1$ Ω，$R = 9$ Ω，$R_V = 10$ kΩ，$L = 0.5$ H，$t = 0$ 前电路处于稳态，$t = 0$ 时开关 S 断开，试求：开关断开瞬间，电压表两端的电压有多大？从本题读者能得到什么启示？

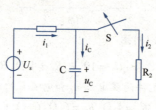

图 6.25 题 4.(10) 图

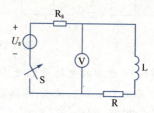

图 6.26 题 4.(11) 图

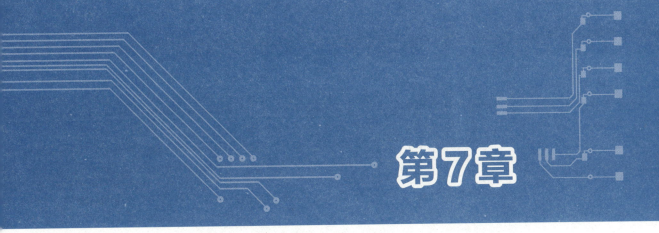

第7章

非正弦周期电流电路

在一个线性电路中有一个正弦电源作用或多个同频率电源同时作用时,电路各部分的稳态电压、电流都是同频率的正弦量。在前面分析的交流电路中,总是认为电路中的激励及各部分稳态响应都是同频率的正弦量。

在实际工程实践中,常常会遇到许多不是按正弦规律变化的信号(可分为周期性的和非周期性两种)。把不按正弦规律作周期性变化的电压或电流,称为非正弦周期电压或电流。

学习目标

(1) 了解非正弦周期波的概念及其产生的原因。

(2) 了解非正弦周期波的合成与分解及谐波的概念;了解常见非正弦波的识别。

(3) 正确运用叠加定理分析计算非正弦周期电流电路的稳态响应。

素质目标

(1) 自然界中事物具有多样性,不同的波形在运用过程中存在不同的分析方式,不能一概而论。

(2) 电路在概念上有广义、狭义两种定义方式,不同场合需求不同,培养多方面、多角度考虑问题的能力。

7.1 非正弦周期量的产生、合成与分解

收音机、电视机收到的信号电压或电流,以及在自动控制、电子计算机等技术领域中用到的脉冲信号都是非正弦周期信号。

图 7.1 所示的是三个非正弦周期波形。

上述波形虽然形状各不相同,但变化规律都是周期性的。含有周期性非正弦信号的电路,称为非正弦周期性电流电路。本章仅讨论线性非正弦周期性电流电路。

7.1.1 非正弦周期量的产生

非正弦周期性电流产生的原因很多,通常有以下三种情况:

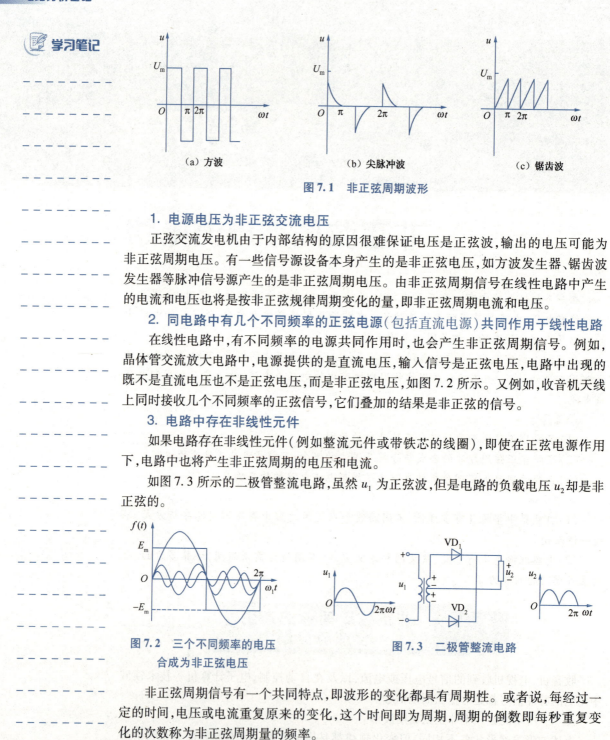

图 7.1 非正弦周期波形

1. 电源电压为非正弦交流电压

正弦交流发电机由于内部结构的原因很难保证电压是正弦波,输出的电压可能为非正弦周期电压。有一些信号源设备本身产生的是非正弦电压,如方波发生器、锯齿波发生器等脉冲信号源产生的是非正弦周期电压。由非正弦周期信号在线性电路中产生的电流和电压也将是按非正弦规律周期变化的量,即非正弦周期电流和电压。

2. 同电路中有几个不同频率的正弦电源(包括直流电源)共同作用于线性电路

在线性电路中,有不同频率的电源共同作用时,也会产生非正弦周期信号。例如,晶体管交流放大电路中,电源提供的是直流电压,输入信号是正弦电压,电路中出现的既不是直流电压也不是正弦电压,而是非正弦电压,如图 7.2 所示。又例如,收音机天线上同时接收几个不同频率的正弦信号,它们叠加的结果是非正弦的信号。

3. 电路中存在非线性元件

如果电路存在非线性元件(例如整流元件或带铁芯的线圈),即使在正弦电源作用下,电路中也将产生非正弦周期的电压和电流。

如图 7.3 所示的二极管整流电路,虽然 u_1 为正弦波,但是电路的负载电压 u_2 却是非正弦的。

图 7.2 三个不同频率的电压合成为非正弦电压

图 7.3 二极管整流电路

非正弦周期信号有一个共同特点,即波形的变化都具有周期性。或者说,每经过一定的时间,电压或电流重复原来的变化,这个时间即为周期,周期的倒数即每秒重复变化的次数称为非正弦周期量的频率。

7.1.2 非正弦周期量的合成与分解

1. 非正弦波的合成

设有一个正弦电压 $u_1 = U_{1m}\sin\omega t$,其波形如图 7.4(a)所示。显然这一波形与同频率矩形波相差甚远。如果在这个波形上加第二个正弦电压波形,其频率是 u_1 的 3 倍,而振幅是 u_1 的 1/3,则表示式为

$$u_2 = U_{1m}\sin\omega t + \frac{1}{3}U_{1m}\sin 3\omega t$$

其波形如图 7.4(b)所示。如果再加第三个正弦电压波形,其频率为 u_1 的 5 倍,振幅为 u_1 的 1/5,则表示式为

$$u_3 = U_{1m}\sin\omega t + \frac{1}{3}U_{1m}\sin 3\omega t + \frac{1}{5}U_{1m}\sin 5\omega$$

其波形如图 7.4(c)所示。接近于矩形波。照此规律把更高频率的电压分量考虑进去,如果叠加的正弦项是无穷多个,那么它们的合成波形就会与如图 7.4(d)所示的矩形波一样。矩形波实际上就是由振幅按 $1、\frac{1}{3}、\frac{1}{5}、\frac{1}{7}\cdots$ 的规律递减,且频率为基波的 1、3、5、7 …倍的一系列无限多的正弦谐波分量所合成的,可用下式表示

$$u = U_{1m}\sin\omega t + \frac{1}{3}U_{1m}\sin 3\omega t + \frac{1}{5}U_{1m}\sin 5\omega t + \frac{1}{7}U_{1m}\sin 7\omega t + \cdots$$

由此可以看出,两个或两个以上频率成整数倍的正弦波可以合成一个非正弦的周期波。对于不同的波形,它们的各次谐波分量之间振幅及相位的差别也不一样。

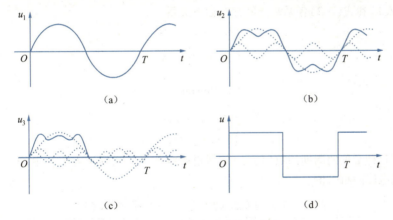

图 7.4 正弦波合成为非正弦波

2. 非正弦波的分解

两个频率不同的正弦波可以合成一个非正弦波。反之,一个非正弦波也可分解成几个不同频率的正弦波。

分解方法:傅里叶级数展开法。

由数学知识可知,如果一个函数是周期性的,且满足狄里赫利条件,那么它可以展开成一个收敛级数,即傅里叶级数。电工与无线电技术中所遇到的周期函数一般都能满足这个条件。

设给定的周期函数 $f(t)$ 的周期为 T,角频率 $\omega = 2\pi/T$,则 $f(t)$ 的傅里叶级数展开式为

$$f(t) = A_0 + A_{1m}\sin(\omega t + \varphi_0) + A_{2m}\sin(2\omega t + \varphi_1) + \cdots + A_{km}\sin(k\omega t + \varphi_k) \quad (7.1)$$

上式中,第一项 A_0 称为 $f(t)$ 的直流分量(零次谐波);

第二项 $A_{1m}\sin(\omega t + \varphi_0)$ 称为 $f(t)$ 的基波分量(一次谐波);

第三项 $A_{2m}\sin(2\omega t+\varphi_1)$ 称为 $f(t)$ 的二次谐波；

……

第 $(k+1)$ 项 $A_{km}\sin(k\omega t+\varphi_k)$ 称为 $f(t)$ 的 k 次谐波。

谐波分量的频率是基波的几倍，就称它为几次谐波。非正弦波含有的直流分量，可以视为是频率为 0 的正弦波，称为零次谐波。

利用三角函数公式，还可以把式(7.1)写成式(7.2)

$$f(t) = a_0 + (a_1\cos\omega t + b_1\sin\omega t) + (a_2\cos 2\omega t + b_2\sin 2\omega t) + \cdots$$
$$+ (a_k\cos k\omega t + b_k\sin k\omega t) + \cdots = a_0 + \sum_{k=1}^{\infty}(a_k\cos k\omega t + b_k\sin k\omega t)$$
(7.2)

式中，a_0、a_k、b_k 称为傅里叶系数，可由下列积分求得，即

$$\begin{cases} a_0 = \dfrac{1}{T}\int_0^T f(t)\mathrm{d}t = \dfrac{1}{2\pi}\int_0^{2\pi} f(t)\mathrm{d}t \\ a_k = \dfrac{2}{T}\int_0^T f(t)\cos k\omega t\mathrm{d}t = \dfrac{1}{\pi}\int_0^{2\pi} f(t)\cos k\omega t\mathrm{d}t \\ b_k = \dfrac{2}{T}\int_0^T f(t)\sin k\omega t\mathrm{d}t = \dfrac{1}{\pi}\int_0^{2\pi} f(t)\sin k\omega t\mathrm{d}t \end{cases}$$
(7.3)

式(7.1)和式(7.2)各系数之间存在如下关系

$$\begin{cases} A_0 = a_0 \\ A_{km} = \sqrt{a_k^2 + b_k^2} \\ \varphi_k = \arctan\dfrac{a_k}{b_k} \end{cases}$$
(7.4)

$$\begin{cases} a_k = A_{km}\sin\varphi_k \\ b_k = A_{km}\cos\varphi_k \end{cases}$$
(7.5)

现将几种常见的周期函数(信号)的傅里叶级数展开式列于表 7.1 中，表中 $f(t)$ 代表电流或电压的瞬时值。

表 7.1 常见的周期函数的波形及傅里叶级数展开式

序号	波形	傅里叶级数 $\left(\omega=\dfrac{2\pi}{T}\right)$	性质
1	矩形波	$u(t) = \dfrac{4U_m}{\pi}\left(\sin\omega t + \dfrac{1}{3}\sin 3\omega t + \dfrac{1}{5}\sin 5\omega t + \cdots + \dfrac{1}{k}\sin k\omega t + \cdots\right)$ $(k=1,3,5\cdots)$	原点对称 $a_0=0$、$a_k=0$ 横轴对称，k 为奇数
2	矩形波	$u(t) = \dfrac{U_m}{2} - \dfrac{U_m}{\pi}\left(\sin\omega t + \dfrac{1}{2}\sin 2\omega t + \dfrac{1}{3}\sin 3\omega t + \cdots + \dfrac{1}{k}\sin k\omega t + \cdots\right)$ $(k=1,2,3,4\cdots)$	$a_k=0$

续表

序号	波形	傅里叶级数 $\left(\omega=\dfrac{2\pi}{T}\right)$	性质
3	三角波	$u(t)=\dfrac{U_m}{2}-\dfrac{U_m}{\pi}\left(\sin\omega t+\dfrac{1}{2}\sin 2\omega t+\dfrac{1}{3}\sin 3\omega t+\cdots+\dfrac{1}{k}\sin k\omega t+\cdots\right)$ $(k=1,2,3,4,\cdots)$	原点对称 $a_0=0\ a_k=0$ 横轴对称 k 为奇数
4	半波整流波	$u(t)=\dfrac{2U_m}{\pi}\left(\dfrac{1}{2}+\dfrac{\pi}{4}\cos\omega t+\dfrac{1}{1\times 3}\cos 2\omega t-\dfrac{1}{3\times 5}\cos 4\omega t+\dfrac{1}{5\times 7}\cos 6\omega t-\cdots+\right.$ $\left.-\dfrac{\cos\dfrac{k\pi}{2}}{k^2-1}\cos k\omega t+\cdots\right)$ $(k=1,2,4,6,\cdots)$	纵轴对称 $b_k=0$
5	全波整流波	$u(t)=\dfrac{4U_m}{\pi}\left(\dfrac{1}{2}+\dfrac{1}{1\times 3}\cos 2\omega t-\dfrac{1}{3\times 5}\cos 4\omega t+\cdots-\dfrac{\cos\dfrac{k\pi}{2}}{k^2-1}\cos k\omega t+\cdots\right)$ $(k=2,4,6,\cdots)$	纵轴对称 $b_k=0$ 偶次谐波函数 k 为偶数
6	矩形脉冲波	$u(t)=aU_m\dfrac{2U_m}{\pi}\left(\sin a\pi\cos\omega t+\dfrac{1}{2}\sin 2a\pi\cos 2\omega t+\dfrac{1}{3}\sin 3a\pi\cos 3\omega t+\cdots+\dfrac{1}{k}\sin ka\pi\cos k\omega t+\cdots\right)$ $(k=1,2,3,\cdots)$	纵轴对称 $b_k=0$

3. 几种对称的周期性函数波形

工程上常见的非正弦波往往具有某种对称性。波形的对称性与某些谐波成分有一定关系,利用函数的对称性,可使函数的傅里叶级数展开式中系数 a_0、a_k、b_k 得到简化。

如果在某些特殊情况下根据给出的波形用直观方法就能判断它含有哪些谐波成分,或哪些谐波成分相对比较显著,可以给研究问题带来不少方便。

(1)平均值为0:如果周期函数的波形对称于横轴,即在一个周期内,横轴上方的正面积与横轴下方的负面积互相抵消,就不存在直流分量,即 $a_0=0$。如表7.1所示的矩形波、三角波等。

(2)原点对称——奇函数:如果周期函数的波形对称于坐标原点或以原点为中心,将原波形旋转180°,得到的图像和原来波形完全重合,在数学上把此类函数称为奇函数,即 $f(t)=-f(-t)$。其傅里叶级数展开式将不含直流分量和余弦分量,只含正弦分量。如表7.1所示的矩形波、三角波。奇函数的傅里叶级系数中:$a_0=0$、$a_k=0$。

(3)纵轴对称——偶函数:如果周期函数的波形对称于纵轴,数学上把此类函数称为偶函数,即$f(t)=f(-t)$。如表 7.1 所示的矩形脉冲波、全波整流波。将它分解成傅里叶级数时,将不含正弦分量,只含有直流分量和余弦分量。偶函数的傅里叶级数系数中:$b_k=0$。

(4)横轴对称——奇次谐波函数:当一个非正弦周期波形的前半周期移动半个周期之后正好是原来波形的镜像,或者说两个相差半个周期的函数值大小相等,符号相反,则波形为横轴对称,即$f(t)=-f\left(t+\dfrac{T}{2}\right)$,如表

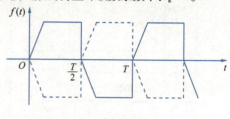

图 7.5 梯形波

7.1 所示的矩形波、三角波和如图 7.5 所示的梯形波等。其傅里叶级数展开式将不含直流分量和偶次谐波分量,只含奇次谐波分量。

(5)偶次对称——偶次谐波函数:一个非正弦周期波形的前半周期移动半个周期之后正好是原来波形,或者说两个相差半个周期的函数值大小相等,符号相同,即$f(t)=f\left(t+\dfrac{T}{2}\right)$,如表 7.1 所示的全波整流波。其傅里叶级数展开式将不含奇次谐波分量,只含直流分量和偶次谐波分量。

注意:波形究竟是何种对称不仅与波形有关,还与所选择的坐标系原点位置(即计时起点)有关并且与周期的选择有关,而且有的波形不仅只是一种对称性。

例 7.1 如图 7.6 所示,试说明:

(1)该波形属于何种对称?

(2)该波形的傅里叶展开式中含有哪些谐波成分?

解:如图 7.6 所示的波形与如表 7.1 所示的矩形波相似,但是坐标原点选择不同,相当于纵坐标移动了 $T/4$。由此得到:

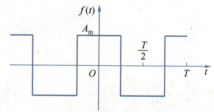

图 7.6 例 7.1 图

(1)该波形是属于纵轴对称且又属于横轴对称的波形;

(2)由于横轴对称只含有奇次谐波分量,而纵轴对称只含有余弦谐波分量,所以可得到该波形的傅里叶展开式中仅具有奇次余弦谐波分量。

例 7.2 试将表 7.1 所示的振幅为 50 V,周期为 0.02 s 的三角波电压分解为傅里叶级数(取至五次谐波)。

解:电压基波的角频率为

$$\omega = \frac{2\pi}{T} = \frac{2\pi}{0.02} \text{ rad/s} = 100\pi \text{ rad/s}$$

$$u(t) = \frac{8U_m}{\pi^2}(\sin \omega t - \frac{1}{9}\sin 3\omega t + \frac{1}{25}\sin 5\omega t)$$

$$= \frac{8 \times 50}{\pi^2}(\sin 100\pi t - \frac{1}{9}\sin 300\pi t + \frac{1}{25}\sin 500\pi t) \text{ V}$$

$$= (40.5\sin 100\pi t - 4.50\sin 300\pi t + 1.62\sin 500\pi t) \text{ V}$$

7.2 非正弦周期量的最大值、有效值、平均值和平均功率

7.2.1 非正弦周期量的最大值

非正弦周期量的最大值是一个周期内的最大瞬时值,用 U_m、I_m、E_m 表示。与正弦量的定义和表示相同。

7.2.2 非正弦周期量的有效值

非正弦周期信号的有效值定义与正弦波一样。

如果一个非正弦周期电流流经电阻元件 R 时,电阻元件上产生的热量和一个直流电流 I 流经同一电阻元件 R 时,在同样时间内所产生的热量相同,这个直流电流的数值 I 称为该非正弦电流的有效值。

定义式
$$I = \sqrt{\frac{1}{T}\int_0^T i^2 \mathrm{d}t} \tag{7.6}$$

设
$$i = I_0 + I_{1m}\sin(\omega t + \varphi_1) + I_{2m}\sin(2\omega t + \varphi_{2m}) + \cdots + I_{km}\sin(k\omega t + \varphi_k)$$
$$= I_0 + \sum_{k=1}^{\infty} I_{km}\sin(k\omega t + \varphi_k)$$

将该表达式代入式(7.6)得

$$I = \sqrt{\frac{1}{T}\int_0^T \left[I_0 + \sum_{k=1}^{\infty} I_{km}\sin(k\omega t + \varphi_k)\right]^2 \mathrm{d}t}$$

将上式积分号内直流分量与各次谐波之和的平方展开,结果有以下四种类型:

(1) $\frac{1}{T}\int_0^T I_0^2 \mathrm{d}t = I_0^2$;

(2) $\frac{1}{T}\int_0^T I_{km}^2 \sin^2(k\omega t + \varphi_k)\mathrm{d}t = \frac{I_{km}^2}{2} = I_k^2$;

(3) $\frac{1}{T}\int_0^T 2I_0 I_{km}\sin(k\omega t + \varphi_k)\mathrm{d}t = 0$;

(4) $\frac{1}{T}\int_0^T 2I_{km}\sin(k\omega t + \varphi_k)I_{qm}\sin(q\omega t + \varphi_q)\mathrm{d}t = 0 (k \neq q)$。

经数学推导得出它们的有效值计算公式为

$$I = \sqrt{I_0^2 + \sum_{k=1}^{\infty} I_k^2} = \sqrt{I_0^2 + I_1^2 + I_2^2 + \cdots + I_k^2 + \cdots} \tag{7.7}$$

同理
$$U = \sqrt{U_0^2 + \sum_{k=1}^{\infty} U_k^2} = \sqrt{U_0^2 + U_1^2 + U_2^2 + \cdots + U_k^2 + \cdots} \tag{7.8}$$

结论:非正弦周期量的有效值等于恒定分量的平方与各次谐波有效值的平方和的平方根。直流分量 I_0 可以视为零次谐波,它的有效值是恒定值。I_1、I_2、I_k 均为各次谐波分量的有效值。这里还要指出,尽管各次谐波的有效值与最大值之间存在 0.707

$\left(\text{即} \dfrac{1}{\sqrt{2}}\right)$ 倍的关系，但是非正弦量的有效值与它的最大值之间不存在这样的关系。

例 7.3 已知周期电流的傅里叶级数展开式为 $i = 100 - 63.7\sin \omega t - 31.8\sin 2\omega t - 21.2\sin 3\omega t$ A，试求：其有效值。

解：

$$I_0 = 100 \text{ A}$$

$$I_1 = \frac{63.7}{\sqrt{2}} \text{ A} = 45 \text{ A}$$

$$I_2 = \frac{31.8}{\sqrt{2}} \text{ A} = 22.5 \text{ A}$$

$$I_3 = \frac{21.2}{\sqrt{2}} \text{ A} = 15 \text{ A}$$

$$I = \sqrt{I_0^2 + I_1^2 + I_2^2 + I_3^2} = \sqrt{100^2 + 45^2 + 22.5^2 + 15^2} \text{ A} = 112.9 \text{ A}$$

电流 i 的有效值为 112.9 A。

7.2.3 非正弦周期量的平均值

实践中还会用到平均值的概念。以电流为例，其定义为一个周期内函数绝对值的平均值

$$I_{av} = \frac{1}{T}\int_0^T |i| \, dt \tag{7.9}$$

即非正弦周期电流的平均值等于此电流绝对值的平均值。式(7.9)又称整流平均值，它相当于正弦电流经全波整流后的平均值。例如，当 $i = I_m\sin \omega t$ 时，其平均值为

$$I_{av} = \frac{1}{T}\int_0^T |i| \, dt = \frac{1}{T}\int_0^T |I_m\sin \omega t| \, dt$$

$$= \frac{2}{T}\int_0^{\frac{T}{2}} |I_m\sin \omega t| \, dt = \frac{2I_m}{\pi}$$

$$= 0.637 I_m = 0.898 I$$

同理，电压平均值的表示式为

$$U_{av} = \frac{1}{T}\int_0^T |u| \, dt \tag{7.10}$$

对于同一非正弦电流，当用不同类型的仪表进行测量时，就会得出不同的结果。用磁电式仪表（直流仪表）测量所得结果将是电流的恒定分量（直流分量）；用电动式或电磁式仪表测量所得的结果是电流的有效值；用整流式仪表测量所得的结果是电流的平均值。在测量非正弦量时，一定要注意选择合适的仪表。

7.2.4 非正弦周期量的平均功率

设有一个二端网络，在非正弦周期电压 u 的作用下产生非正弦周期电流 I，若选择电压和电流的方向一致，如图 7.7 所示，此二端网络吸收的瞬时功率和平均功率为

$$p = ui$$

平均功率为瞬时功率在一个周期内的平均值

$$P = \frac{1}{T}\int_0^T p\mathrm{d}t = \frac{1}{T}\int_0^T ui\mathrm{d}t \qquad (7.11)$$

将电压和电流展开成傅里叶级数，有

$$u = U_0 + \sum_{k=1}^{\infty} U_{km}\sin(k\omega t + \varphi_{k_u})$$

$$i = I_0 + \sum_{k=1}^{\infty} I_{km}\sin(k\omega t + \varphi_{k_i})$$

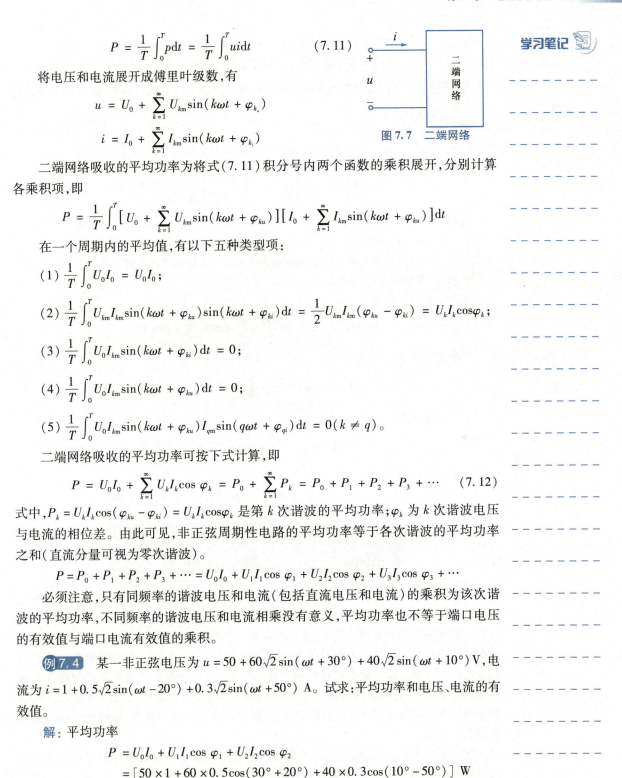

图 7.7 二端网络

二端网络吸收的平均功率为将式(7.11)积分号内两个函数的乘积展开，分别计算各乘积项，即

$$P = \frac{1}{T}\int_0^T \Big[U_0 + \sum_{k=1}^{\infty} U_{km}\sin(k\omega t + \varphi_{ku})\Big]\Big[I_0 + \sum_{k=1}^{\infty} I_{km}\sin(k\omega t + \varphi_{ku})\Big]\mathrm{d}t$$

在一个周期内的平均值，有以下五种类型项：

(1) $\dfrac{1}{T}\int_0^T U_0 I_0 = U_0 I_0$；

(2) $\dfrac{1}{T}\int_0^T U_{km}I_{km}\sin(k\omega t + \varphi_{ku})\sin(k\omega t + \varphi_{ki})\mathrm{d}t = \dfrac{1}{2}U_{km}I_{km}(\varphi_{ku} - \varphi_{ki}) = U_k I_k \cos\varphi_k$；

(3) $\dfrac{1}{T}\int_0^T U_0 I_{km}\sin(k\omega t + \varphi_{ki})\mathrm{d}t = 0$；

(4) $\dfrac{1}{T}\int_0^T I_0 U_{km}\sin(k\omega t + \varphi_{ku})\mathrm{d}t = 0$；

(5) $\dfrac{1}{T}\int_0^T U_{km}\sin(k\omega t + \varphi_{ku})I_{qm}\sin(q\omega t + \varphi_{qi})\mathrm{d}t = 0(k \neq q)$。

二端网络吸收的平均功率可按下式计算，即

$$P = U_0 I_0 + \sum_{k=1}^{\infty} U_k I_k \cos\varphi_k = P_0 + \sum_{k=1}^{\infty} P_k = P_0 + P_1 + P_2 + P_3 + \cdots \qquad (7.12)$$

式中，$P_k = U_k I_k \cos(\varphi_{ku} - \varphi_{ki}) = U_k I_k \cos\varphi_k$ 是第 k 次谐波的平均功率；φ_k 为 k 次谐波电压与电流的相位差。由此可见，非正弦周期性电路的平均功率等于各次谐波的平均功率之和(直流分量可视为零次谐波)。

$$P = P_0 + P_1 + P_2 + P_3 + \cdots = U_0 I_0 + U_1 I_1 \cos\varphi_1 + U_2 I_2 \cos\varphi_2 + U_3 I_3 \cos\varphi_3 + \cdots$$

必须注意，只有同频率的谐波电压和电流(包括直流电压和电流)的乘积为该次谐波的平均功率，不同频率的谐波电压和电流相乘没有意义，平均功率也不等于端口电压的有效值与端口电流有效值的乘积。

例 7.4 某一非正弦电压为 $u = 50 + 60\sqrt{2}\sin(\omega t + 30°) + 40\sqrt{2}\sin(\omega t + 10°)$ V，电流为 $i = 1 + 0.5\sqrt{2}\sin(\omega t - 20°) + 0.3\sqrt{2}\sin(\omega t + 50°)$ A。试求：平均功率和电压、电流的有效值。

解：平均功率

$$\begin{aligned} P &= U_0 I_0 + U_1 I_1 \cos\varphi_1 + U_2 I_2 \cos\varphi_2 \\ &= [50 \times 1 + 60 \times 0.5\cos(30° + 20°) + 40 \times 0.3\cos(10° - 50°)] \text{ W} \\ &= 78.5 \text{ W} \end{aligned}$$

电压、电流的有效值为

$$U = \sqrt{U_0^2 + U_1^2 + U_2^2} = \sqrt{50^2 + 60^2 + 40^2} \text{ V} = 87.75 \text{ V}$$

$$I = \sqrt{I_0^2 + I_1^2 + I_2^2} = \sqrt{1^2 + 0.5^2 + 0.3^2} \text{ A} = 1.16 \text{ A}$$

例7.5 流过 10 Ω 电阻元件的电流为 $i = 10 + 28.28\sin t + 14.14\sin 2t$ A，试求：其平均功率。

解：
$$P = P_0 + P_1 + P_2 = I_0^2 R + I_1^2 R + I_2^2 R = R(I_0^2 + I_1^2 + I_2^2)$$

$$= 10\left[10^2 + \left(\frac{28.28}{\sqrt{2}}\right)^2 + \left(\frac{14.14}{\sqrt{2}}\right)^2\right] \text{ W} = 6\,000 \text{ W}$$

例7.6 某二端网络的电压和电流分别为

$$u = 100\sin(\omega t + 30°) + 50\sin(3\omega t + 60°) + 25\sin 5\omega t \text{ V}$$

$$i = 10\sin(\omega t - 30°) + 5\sin(3\omega t + 30°) + 2\sin(5\omega t - 30°) \text{ A}$$

试求：二端网络吸收的功率。

解：一次谐波功率

$$P_1 = U_1 I_1 \cos \varphi_1 = \frac{100}{\sqrt{2}} \times \frac{10}{\sqrt{2}} \cos 60° \text{ W} = 250 \text{ W}$$

三次谐波功率

$$P_3 = U_3 I_3 \cos \varphi_3 = \frac{50}{\sqrt{2}} \times \frac{5}{\sqrt{2}} \cos 30° \text{ W} = 108.2 \text{ W}$$

五次谐波功率

$$P_5 = U_5 I_5 \cos \varphi_5 = \frac{25}{\sqrt{2}} \times \frac{2}{\sqrt{2}} \cos 30° \text{ W} = 21.6 \text{ W}$$

总的平均功率

$$P = P_1 + P_3 + P_5 = (250 + 108.2 + 21.6) \text{ W} = 379.8 \text{ W}$$

7.3 非正弦周期性电流电路的分析计算

非正弦周期信号有各种各样的波形，把这样的一个电压加在线性电路上，要计算电路中的电压、电流似乎比较困难。但如果掌握了在一定的条件下将非正弦周期信号转换为一系列正弦谐波分量的规律，就比较容易了。因为整个周期信号是非正弦的，但它的谐波分量却是正弦的。因此对于每一个谐波分量来说，前面正弦交流电路中所讲的相量法仍旧适用。这样根据线性电路的叠加定理，即整个非正弦周期信号对线性电路作用的结果，等于它的各次谐波对该线性电路所作用结果的总和，如图7.8所示。可以用计算直流电路和正弦交流电路的方法，分别对各次谐波进行计算，最后把所得的结果叠加起来即可。

把傅里叶级数、直流电路、交流电路的分析和计算方法以及叠加定理应用于非正弦的周期电路中，就可以对其电路进行分析和计算。其具体步骤如下：

（1）把给定的非正弦周期电流或电压分解为傅里叶级数（直流分量和各次谐波分量）。高次谐波取到哪一项为止，要根据所需精确度而定。

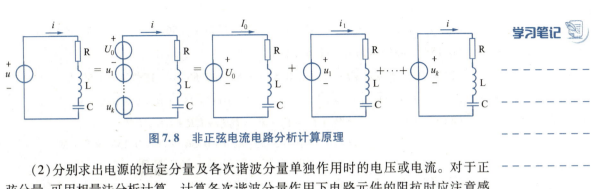

图 7.8 非正弦电流电路分析计算原理

(2) 分别求出电源的恒定分量及各次谐波分量单独作用时的电压或电流。对于正弦分量,可用相量法分析计算。计算各次谐波分量作用下电路元件的阻抗时应注意感抗、容抗与频率的关系。

电阻 R:与频率无关,始终为一常量(不考虑趋肤效应的影响);

电感 L:对直流相当于短路,对 k 次谐波有 $X_{L_k} = k\omega L = kX_{L_1}$;

电容 C:对直流相当于开路,对 k 次谐波有 $X_{C_k} = \dfrac{1}{k\omega C} = \dfrac{X_{C_1}}{k}$。

(3) 应用线性电路的叠加定理,将各次谐波作用下的电压或电流的瞬时值进行叠加。如:$u = u_0 + u_1 + u_2 + \cdots + u_k$,$i = i_0 + i_1 + i_2 + \cdots + i_k$。

由于各次谐波的频率不同,不能用相量形式进行叠加。

例 7.7 在 RL 串联电路中,若 $R = 20\ \Omega$,$L = 63.7\ \text{mH}$,$\omega = 314\ \text{rad/s}$,电源电压 $u(t) = 10 + 100\sqrt{2}\sin\omega t + 25\sqrt{2}\sin 2\omega t + 10\sqrt{2}\sin 942t\ \text{V}$,试求:(1)电路中的瞬时电流 i;(2)电流的有效值;(3)电压的有效值;(4)电路的有功功率。

解:(1)直流分量单独作用时:$I_0 = \dfrac{U_0}{R} = \dfrac{10}{20}\ \text{A} = 0.5\ \text{A}$

基波分量单独作用时:$X_{L_1} = 314 \times 63.7 \times 10^{-3}\ \Omega = 20\ \Omega$

$$Z_1 = R + jX_{L_1} = (20 + j20)\ \Omega = 28.3\angle 45°\ \Omega$$

$$\dot{I}_1 = \dfrac{\dot{U}_1}{Z_1} = \dfrac{100}{28.3\angle 45°}\ \text{A} = 3.53\angle -45°\ \text{A}$$

$$i_1 = 3.53\sqrt{2}\sin(314t - 45°)\ \text{A}$$

二次谐波单独作用时:$X_{L_2} = 2 \times 314 \times 63.7 \times 10^{-3}\ \Omega = 40\ \Omega$

$$Z_2 = R + jX_{L_2} = (20 + j40)\ \Omega = 44.7\angle 63.4°\ \Omega$$

$$\dot{I}_2 = \dfrac{\dot{U}_2}{Z_2} = \dfrac{25}{44.7\angle 63.4°}\ \text{A} = 0.56\angle -63.4°\ \text{A}$$

$$i_2 = 0.56\sqrt{2}\sin(2 \times 314t - 63.4°)\ \text{A}$$

三次谐波单独作用时:

$$X_{L_3} = 3 \times 314 \times 63.7 \times 10^{-3}\ \Omega = 60\ \Omega$$

$$Z_3 = R + jX_{L_3} = (20 + j60)\ \Omega = 63.2\angle 71.6°\ \Omega$$

$$\dot{I}_3 = \dfrac{\dot{U}_3}{Z_3} = \dfrac{10}{63.2\angle 71.6°}\ \text{A} = 0.5\angle -71.6°\ \text{A}$$

$$i_3 = 0.158\sqrt{2}\sin(3 \times 314t - 71.6°)\ \text{A}$$

所以

$$i = i_0 + i_1 + i_2 + i_3 = [0.5 + 3.53\sqrt{2}\sin(314t - 45°) + 0.56\sqrt{2}\sin(2 \times 314t - 63.4°) +$$
$$0.158\sqrt{2}\sin(3 \times 314t - 71.6°)] \text{ A}$$

(2) $I = \sqrt{I_0^2 + I_1^2 + I_2^2 + I_3^2} = \sqrt{0.5^2 + 3.53^2 + 0.56^2 + 0.158^2} \text{ A} = 3.59 \text{ A}$

(3) $U = \sqrt{U_0^2 + U_1^2 + U_2^2 + U_3^2} = \sqrt{10^2 + 100^2 + 25^2 + 10^2} \text{ V} = 104.1 \text{ V}$

(4) $P = P_0 + P_1 + P_2 + P_3 = U_0 I_0 + I_1^2 R + I_2^2 R + I_3^2 R$
$= (0.5 \times 10 + 3.53^2 \times 20 + 0.56^2 \times 20 + 0.158^2 \times 20) \text{ W}$
$= (5 + 250 + 6.27 + 0.5) \text{ W} = 261.77 \text{ W}$

例 7.8 在如图 7.9 所示的电路中，已知 $u = 200 + 100\sin 3\omega t$ V，$R = 50$ Ω，$\omega L = 5$ Ω，$\dfrac{1}{\omega C} = 45$ Ω，试求：各电表(电磁式或电动式)的读数。

解： 直流 200 V 作用时，电感 L 短路，电容 C 开路，

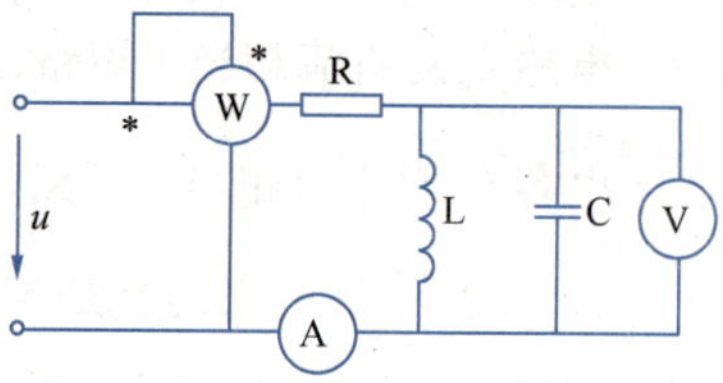

$$I_0 = \frac{U_0}{R} = \frac{200}{50} \text{ A} = 4 \text{ A}$$
$$U_0 = 0$$
$$P_0 = I_0^2 R = 4^2 \times 50 \text{ W} = 800 \text{ W}$$

图 7.9 例 7.8 图

三次谐波单独作用时，

$$Z_3 = R + \frac{j3\omega L\left(-j\dfrac{1}{3\omega C}\right)}{j3\omega L - j\dfrac{1}{3\omega C}} = \infty$$

$$I_3 = 0, P_3 = 0, U_3 = \frac{U_{m3}}{\sqrt{2}} = \frac{100}{\sqrt{2}} \text{ V} = 70.7 \text{ V}$$

各表读数分别为：　　电流表读数 $I = \sqrt{I_0^2 + I_3^2} = 4$ A

电压表读数 $U = \sqrt{U_0^2 + U_3^2} = 70.7$ V

功率表读数 $P = P_0 + P_3 = 800$ W

小　结

1. 非正弦周期波的有关概念

（1）不按正弦规律变化的电流、电压、电动势统称为非正弦交流电。其中具有周期性变化规律的称为非正弦周期交流电。

（2）非正弦周期波的产生：

① 电源电压或电流采用非正弦电压和电流。

② 同电路中有几个不同频率的正弦电源(包括直流电源)共同作用于线性电路。

③ 电路中存在非线性元件(例如整流元件或带铁芯的线圈)。

（3）非正弦的周期信号，在满足狄里赫利条件的情况下可以展开为傅里叶级数。傅里叶级数一般包含有直流分量、基波分量和高次谐波分量。它有以下两种表达式：

$$f(t) = a_0 + \sum_{k=1}^{\infty}(a_k\cos k\omega t + b_k\sin k\omega t)$$

$$f(t) = A_0 + \sum_{k=1}^{\infty} A_{km}\sin(k\omega t + \varphi_k)$$

两种形式的系数之间的对应关系为

$$A_{km} = \sqrt{a_k^2 + b_k^2}$$

$$\varphi_k = \arctan \frac{a_k}{b_k}$$

$$A_0 = a_0$$

$$a_k = A_{km}\sin \varphi_k$$

$$b_k = A_{km}\cos \varphi_k$$

一个非正弦电流、电压,可以分解为多次谐波代数和的形式,即

$$i = I_0 + \sqrt{2}I_1\sin(\omega t + \varphi_{01}) + \sqrt{2}I_2\sin(2\omega t + \varphi_{02}) + \cdots$$

$$u = U_0 + \sqrt{2}U_1\sin(\omega t + \varphi_{01}) + \sqrt{2}U_2\sin(2\omega t + \varphi_{02}) + \cdots$$

(4)非正弦周期量的有效值和平均值。非正弦周期信号有效值的定义与正弦信号有效值的定义相同,即

$$I = \sqrt{\frac{1}{T}\int_0^T i^2(t)\mathrm{d}t}$$

$$U = \sqrt{\frac{1}{T}\int_0^T u^2(t)\mathrm{d}t}$$

与各次谐波分量有效值的关系为

$$I = \sqrt{I_0^2 + I_1^2 + I_2^2 + \cdots}$$

$$U = \sqrt{U_0^2 + U_1^2 + U_2^2 + \cdots}$$

非正弦交流电路的平均值是指一个周期内函数绝对值的平均值。其定义为

$$I_{av} = \frac{1}{T}\int_0^T |i(t)|\mathrm{d}t$$

$$U_{av} = \frac{1}{T}\int_0^T |u(t)|\mathrm{d}t$$

正弦周期量的平均功率为多次谐波平均功率之和,即

$$P = P_0 + P_1 + P_2 + P_3 + \cdots = U_0 I_0 + U_1 I_1 \cos\varphi_1 + U_2 I_2 \cos\varphi_2 + U_3 I_3 \cos\varphi_3 + \cdots$$

2. 非正弦量的计算

非正弦交流电路的计算应用了线性电路的叠加定理,并借助于直流电路及交流电路的计算方法,其步骤如下:

(1)把给定的非正弦周期电流或电压展开为傅里叶级数(直流分量和各次谐波分量)。高次谐波取到哪一项为止,要根据所需准确度而定。

(2)分别求出电源的恒定分量及各次谐波分量单独作用时的电压或电流。对于正弦分量,可用相量法分析计算。计算各次谐波分量作用下电路元件的阻抗时应注意感抗、容抗与频率的关系。

电阻 R:与频率无关,始终为一常量(不考虑趋肤效应的影响);

电感 L:对直流相当于短路,对 k 次谐波有 $X_{L_k} = k\omega L = kX_{L_1}$;

电容 C：对直流相当于开路，对 k 次谐波有 $X_{C_k} = \dfrac{1}{k\omega C} = \dfrac{X_{C_1}}{k}$。

(3) 应用线性电路的叠加定理，将各次谐波作用下的电压或电流的瞬时值进行叠加。如 $u = u_0 + u_1 + u_2 + \cdots + u_k$，$i = i_0 + i_1 + i_2 + \cdots + i_k$，若各次谐波的频率不同，不能用相量形式进行叠加。

拓展阅读

谐波的危害及治理

安全问题无小事，全国各大行业安全问题事关人民群众生命财产安全，严格防范安全事故发生，全面落实安全生产职责制，扎实开展安全生产防患意识、安全生产大检查、安全宣传教育培训等重要活动，强化安全生产基础工作，稳定安全生产总体形势，关乎国家经济稳定发展，"安全生产，必须警钟长鸣"。

背景一：2003 年 8 月 17 日，美国纽约大停电，数万居民在一年中最热的天气下"煎熬"了 5 天，发生 60 起重大火灾，一天经济损失 200 亿~300 亿美元。

背景二：20 世纪 90 年代初，三列电气机车同时在山西石洞口电厂供电区域通过，结果将经过十几次锻打的 12.5 MW 发电机组主轴扭成"麻花"，西北电网因此解网，造成当时电力系统最高等级恶性事故。

背景三：某大型钢铁公司 70 t 交流电弧炉，由于没有安装电力滤波装置，一台 9 万千伏安变压器瞬间被烧坏，损失 500 多万元。

触目惊心的事故，发人深思的教训。这一切都指向同一个源头：谐波。谐波的危害十分严重，在住宅及楼宇环境中，电动机、空调、热水器、冰箱、吸尘器等设备在工作时，都会产生谐波，这些设备即使单台造成的干扰不大，谐波使电能的产生、传输和利用的效率降低，使电气设备过热、产生振动和噪声，并使绝缘老化，使用寿命缩短，甚至发生故障或烧毁，最终造成巨大损失。同时也造成楼宇中的其他音响、电视、计算机、网络控制设备无法正常运行，如计算机出现数据错误、死机，空调、洗衣机噪声大、震动。

谐波对电力系统环境的影响和危害不能小觑。由于谐波污染范围大、距离远、传播快，对电网的污染比之于一个问题化工厂对大气环境的污染更为严重。据权威测算，仅江苏一个省，每天因谐波而浪费的电就有上亿度。

如何治理电气中的谐波？

既然谐波存在多方面的危害，采取必要的有效手段，避免或补偿已产生的谐波，就显得尤为重要。谐波的治理可归纳为以下治理措施：

① 加强标准和相应规范的宣传贯彻。不少国家和国际组织都制定了限制电力系统和用电设备谐波的标准和规定，家电中的电机、变频器及家电设备本身，也需要验证当供电中含有谐波的情况下的运行是否正常，谐波治理是一项互惠互利、节能增效，是保证电网和设备安全稳定运行的举措。

② 主管部门对所辖电网进行系统分析，正确测量，以确定谐波源位置和产生的原因，为谐波治理准备充分的原始材料；在谐波产生起伏较大的地方，可设置长期观察点，

收集可靠的数据。对电力用户而言,可以监督供电部门提供的电力是否满足要求;对于供电部门而言,可以评估电力用户的用电设备是否产生了超标的谐波污染。

③针对谐波的产生和传播的特点,采取相应的隔离、补偿和减小措施。在配电网中,主要存在的是三次谐波污染,可以在谐波检测的基础上,通过适当加装滤波设备来减小谐波注入电网。对于各种电气设备的设计者,在设计初始,就要考虑其设备的谐波污染度,将谐波限制在标准允许的范围内。

习题 7

1. 判断题

(1) 两个不同频率的正弦交流电压之和仍是正弦交流电。( )

(2) 两个同频率的正弦交流电流之差仍是正弦交流电。( )

(3) 非正弦交流电压作用在电阻元件上时,产生的电流波形与电压相似。( )

(4) 关于原点对称的非正弦周期波,其谐波成分中含有直流分量和余弦谐波分量。( )

(5) 只要电源电压是按正弦规律变化的,电路的电流也一定是按正弦规律变化的。( )

(6) 各次谐波的相量可以叠加。( )

(7) 在非正弦交流电路中,用电压表、电流表测量得到的电压、电流值均是有效值。( )

(8) 非正弦周期波的周期一定与其基波分量的周期相同。( )

(9) 一个正弦交流电压作用下的电路,当电路中有铁芯线圈或二极管等非线性元件时,电路中的电流将是非正弦的。( )

(10) 计算非正弦周期性电流电路时,电容元件对直流分量相当于短路,电感元件对直流分量相当于开路。( )

(11) 已知一个电阻元件和电容元件串联电路的基波复阻抗 $Z_1 = (10 - j10)$ Ω,那么它的二次谐波阻抗 $Z_2 = (20 - j20)$ Ω。( )

(12) 已知一个电阻元件和电容元件串联电路的基波复阻抗 $Z_1 = (10 - j10)$ Ω,那么它的二次谐波阻抗 $Z_2 = (10 - j5)$ Ω,三次谐波阻抗 $Z_3 = (10 - j10/3)$ Ω。( )

(13) 已知一个电阻元件和电感元件串联电路的基波复阻抗 $Z_1 = (10 + j10)$ Ω,那么它的二次谐波阻抗 $Z_2 = (10 + j20)$ Ω,三次谐波阻抗 $Z_3 = (10 + j30)$ Ω。( )

(14) 波形究竟是何种对称不仅与波形有关,还与所选择的坐标系原点位置(即计时起点)有关,并且与周期的选择有关;有的波形不仅只是一种对称性。( )

(15) 在线性电路中,如果电源是方波,则电路中各部分电流及电压也都是方波。( )

(16) 奇对称的波形一定含有直流分量。( )

(17) 非正弦交流电压作用在电阻元件上时,产生的电流波形与电压的波形相似。( )

(18) 非正弦交流电压作用在电感元件上时,电流的高次谐波分量更突出。( )

(19)非正弦交流电压作用在电容元件上时,电流的高次谐波分量被削弱。（　　）
(20)非正弦交流电的有效值等于各次谐波有效值之和的开方。（　　）
(21)非正弦交流电路的平均值是指一个周期内函数的平均值。（　　）

2. 填空题

(1)两个同频率正弦波相加为_____,两个不同频率正弦波相加为_____。

(2)一个电阻元件和电感元件串联电路的基波复阻抗 $Z_1 = (1+j1)$ Ω,那么它的二次谐波阻抗 $Z_2 = $_____Ω,三次谐波阻抗 $Z_3 = $_____Ω,如果基波频率是 50 Hz,那么此电路的电阻是_____Ω,电感是_____H。

(3)非正弦周期电流 $i = [50 + 40\sin 100t + 30\sin(300t + 45°) + 20\sin(500t + 60°)]$ mA,则该电流 i 的直流分量为_____,一次谐波分量为_____,二次谐波分量为_____,三次谐波分量为_____。基波的角频率为_____,基波的频率为_____。

(4)一个线性电路中,如果电源电压是非正弦周期电压,那么,电路中产生的电流将是_____电流。

(5)两个或两个以上频率比为正整数的正弦波,叠加的结果是一个_____。

(6)计算线性非正弦周期性电流电路时,电容元件对直流分量相当于_____,电感元件对直流分量相当于_____,对 k 次谐波,$X_{L_k} = $_____,$X_{C_k} = $_____。

(7)电动势、电压和电流按周期性变化,但不按_____变化的交流电称为非正弦交流电。

(8)当正弦交流电压加到铁芯线圈、晶体管等非线性元件上时,电路中的电流将按_____规律变化。

(9)非正弦交流电的有效值等于_____的平方根。

(10)非正弦波可以分解为一系列的_____分量。

(11)非正弦交流电的谐波分量中,基波的振幅值_____,频率愈高的谐波分量其振幅值_____。

(12)非正弦交流电路的平均功率是各次谐波产生_____之和。

(13)两个正弦波相加,在_____的情况下仍得正弦波;在_____情况下,得到非正弦波。

(14)一个对称方波的周期是 2 μs,其基波频率为_____,三次谐波频率为_____。

(15)如图 7.10 所示的三角波包含有_____谐波分量。

(16)非正弦周期电流的有效值 $I = $_____,平均功率 $P = $_____。

(17)已知一个电阻电容串联电路的基波复阻抗 $Z_1 = (10-j10)$ Ω,那么它的二次谐波阻抗 $Z_2 = $_____Ω,三次谐波阻抗 $Z_3 = $_____Ω,如果基波频率是 100 Hz,那么此电路的电阻是_____Ω,电容是_____F。

(18)已知一个无源二端网络如图 7.11 所示,其输入电压、电流为
$u = [\sin(\omega t + 90°) + \sin(2\omega t - 45°) + \sin(3\omega t - 60°)]$ V
$i = [5\sin \omega t + 2\sin(2\omega t + 45°)]$ A
则此网络的一次谐波阻抗 $Z_1 = $_____,二次谐波阻抗 $Z_2 = $_____,三次谐波阻抗 $Z_3 = $_____,有功功率 $P = $_____。

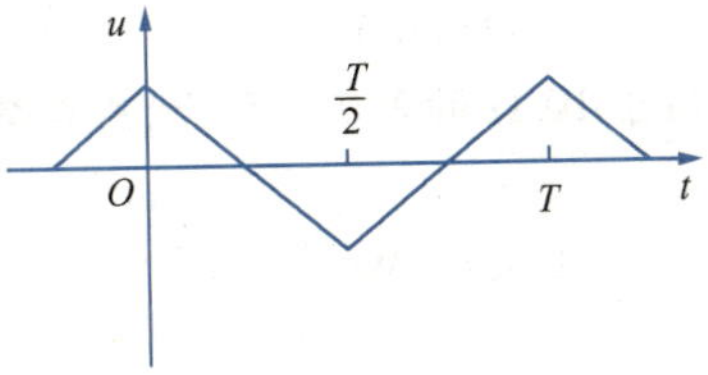

图 7.10 题 2.(15)图 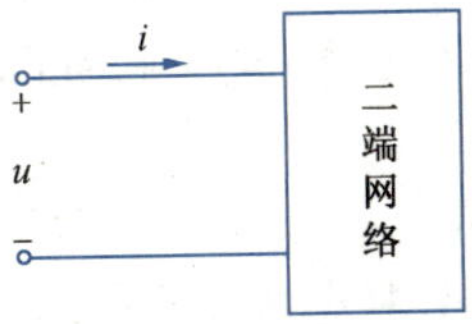　　图 7.11 题 2.(18)图

(19)根据波形的对称性,全波整流波属于_____对称的波形,其傅里叶函数展开式中含有_____谐波分量。

(20)在非正弦周期量中,各次谐波的有效值等于各次谐波最大值的_____倍,非正弦周期量的有效值等于各次谐波分量的_____。

(21)非正弦交流电可以分解为一系列频率成_____的正弦波分量,其中与_____同频率的谐波分量称为基波,其他分量称为_____。

3. 选择题

(1)关于原点对称的非正弦周期量,其谐波成分中含有(　　)。
　　A. 直流分量和余弦分量　　　　B. 正弦分量
　　C. 奇次正弦分量　　　　　　　D. 以上答案均不对

(2)任意一个非正弦周期波都可以分解成无数个频率成整数倍的(　　)叠加。
　　A. 正弦波　　　B. 非正弦波　　　C. 以上答案均不对

(3)对于某一非正弦周期电流,当用电磁式仪表测量时,其结果是(　　)。
　　A. 电流的恒定分量　　B. 电流的有效值　　C. 电流的平均值

(4)已测出一个对称方波的周期 $t=5~\mu s$,则这个方波的基波频率 f 为(　　)。
　　A. 2×10^5 Hz　　　B. 79 557.7 Hz　　　C. 5 Hz

(5)如图 7.12 所示波形,其波形展开式包含有(　　)谐波成分。
　　A. 奇次余弦
　　B. 奇次正弦
　　C. 偶次余弦
　　D. 偶次正弦
　　E. 以上答案都不对

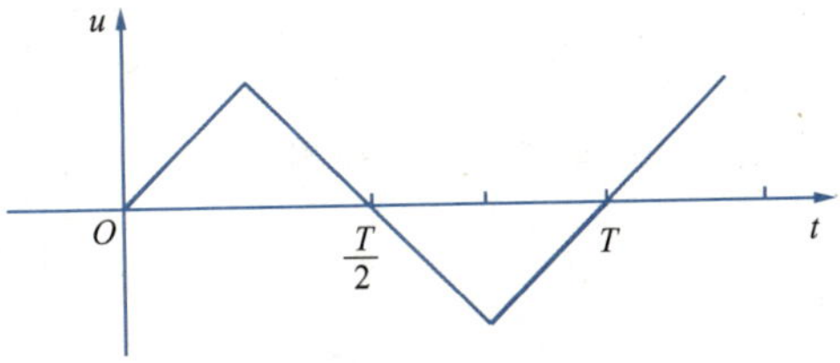

图 7.12 题 3.(5)图

(6)根据非正弦周期波的波形对称性,可以判断:当波形在一个周期内横轴上、下面积不相等时,其谐波成分中一定(　　)。
　　A. 含有直流分量　　B. 不含直流分量　　C. 含有正弦分量　　D. 含有余弦分量

(7)非正弦电压 $u=(100+50\sin\omega t)$ V,则电路中电压的有效值为(　　)。

A. 106.1 V B. 111.8 V C. 86.6 V D. 79 V

(8) 非正弦电流 $i = (1 + 5\sin \omega t)$ A,作用于 10 Ω 的电阻元件上,则电路中电流的有功功率为( )。

A. 135 W B. 125.5 W C. 260 W D. 以上均不对

(9) 如图 7.4(d) 方波中( )。

A. 只有偶次谐波 B. 只有奇次谐波 C. 既有偶次谐波又有奇次谐波

4. 分析计算题

(1) 判断如图 7.13 所示各波形是否具有对称性。如果具有对称性,分析所含的谐波成分,并判断是否含有直流分量。

(2) 说明下列函数的波形所具有的对称性。

① $f_1(t) = 8\sin \omega t + 6\sin 3\omega t + 4\sin 5\omega t$;

② $f_2(t) = 10 + 8\cos \omega t + 6\cos 2\omega t + 4\cos 4\omega t$;

③ $f_3(t) = 10\sin \omega t + 8\sin 2\omega t + 6\sin 3\omega t$。

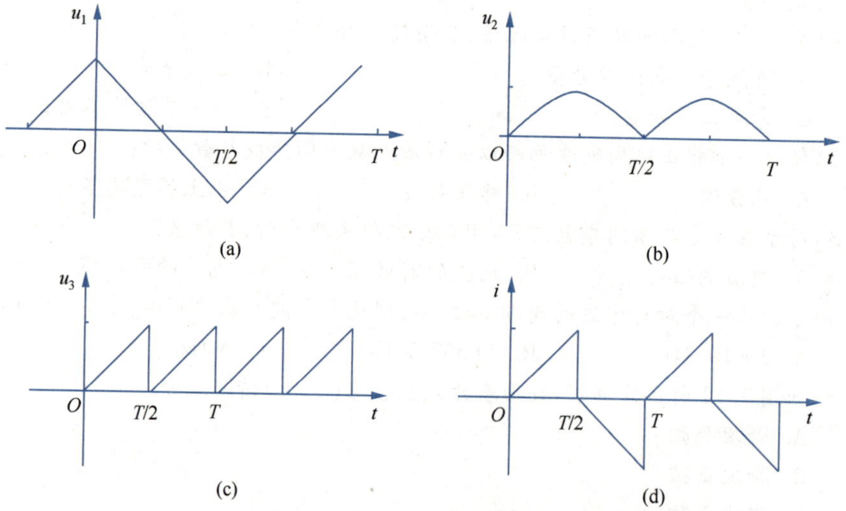

图 7.13 题 4.(1) 图

(3) 在如图 7.14 所示电路中,已知:$u = (200 + 100\sin 3 \times 314t)$ V,$R = 10$ Ω,$\omega L = 10$ Ω,$\dfrac{1}{\omega C} = 90$ Ω,试求:各电表(电磁式)的读数。

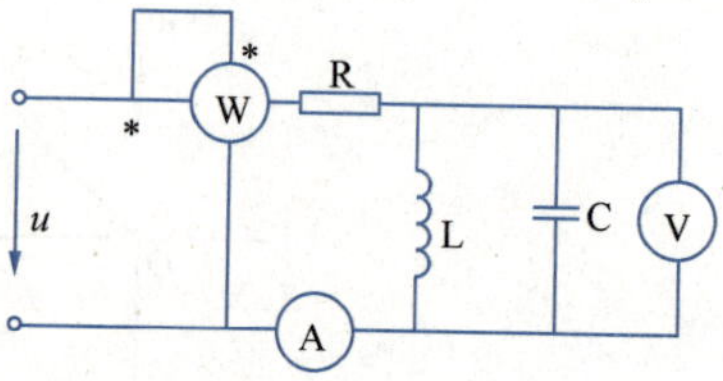

(4) 电阻 $R = 1$ Ω,两端所加电压为 u,如图 7.15(a) 所示。

① 写出电压的解析式;

② 电流解析式;

③ 电阻元件消耗的有功功率。

图 7.14 题 4.(3) 图

(5) 已知如图 7.16 所示电路中,u 为非正弦周期性电源电压,电容 C 及电源基波角频率 ω_1 均已知。试求:电感元件 L 与 L_1 满足何条件时,负载 R 无基波电流,而三次谐波电流与电源电压同相。

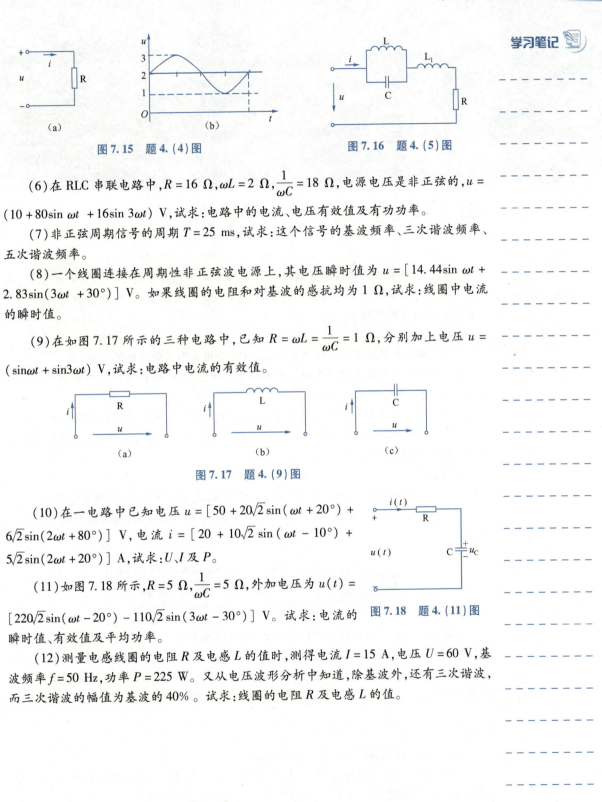

图 7.15 题 4.(4)图　　图 7.16 题 4.(5)图

(6)在 RLC 串联电路中，$R = 16\ \Omega$，$\omega L = 2\ \Omega$，$\dfrac{1}{\omega C} = 18\ \Omega$，电源电压是非正弦的，$u = (10 + 80\sin\omega t + 16\sin 3\omega t)$ V，试求：电路中的电流、电压有效值及有功功率。

(7)非正弦周期信号的周期 $T = 25$ ms，试求：这个信号的基波频率、三次谐波频率、五次谐波频率。

(8)一个线圈连接在周期性非正弦波电源上，其电压瞬时值为 $u = [14.44\sin\omega t + 2.83\sin(3\omega t + 30°)]$ V。如果线圈的电阻和对基波的感抗均为 1 Ω，试求：线圈中电流的瞬时值。

(9)在如图 7.17 所示的三种电路中，已知 $R = \omega L = \dfrac{1}{\omega C} = 1\ \Omega$，分别加上电压 $u = (\sin\omega t + \sin 3\omega t)$ V，试求：电路中电流的有效值。

图 7.17 题 4.(9)图

(10)在一电路中已知电压 $u = [50 + 20\sqrt{2}\sin(\omega t + 20°) + 6\sqrt{2}\sin(2\omega t + 80°)]$ V，电流 $i = [20 + 10\sqrt{2}\sin(\omega t - 10°) + 5\sqrt{2}\sin(2\omega t + 20°)]$ A，试求：U、I 及 P。

(11)如图 7.18 所示，$R = 5\ \Omega$，$\dfrac{1}{\omega C} = 5\ \Omega$，外加电压为 $u(t) = [220\sqrt{2}\sin(\omega t - 20°) - 110\sqrt{2}\sin(3\omega t - 30°)]$ V。试求：电流的瞬时值、有效值及平均功率。

图 7.18 题 4.(11)图

(12)测量电感线圈的电阻 R 及电感 L 的值时，测得电流 $I = 15$ A，电压 $U = 60$ V，基波频率 $f = 50$ Hz，功率 $P = 225$ W。又从电压波形分析中知道，除基波外，还有三次谐波，而三次谐波的幅值为基波的 40%。试求：线圈的电阻 R 及电感 L 的值。

第8章

电路基础实验与实训

任何自然科学理论都离不开实践。科学实践是研究自然科学极为重要的环节,也是科学技术得以发展的重要保证。实验是为了认识世界或事物,检验某种科学理论或假定而进行的操作或活动。

学习目标

(1)了解与本课程有关的技术规范;具备安全用电和节约用电的能力。

(2)熟悉常用电路实验设备的组成和特性及使用方法,能较熟练使用常用电工仪器及电压表、电流表等常用电工仪表。

(3)掌握基本的电路实验操作技能,具有识读电路图、分析电路实验结果的基本能力,逐步学会解决工程问题的思维方法和工作方法;培养严谨的工作作风、实事求是的科学态度和创新精神。

素质目标

(1)通过实际操作,培养严谨、细致的工作作风,提高动手能力,增强工匠意识。

(2)在实践过程中,遵守实验实训室纪律要求,培养遵纪守法、爱岗敬业的主动性和自觉性。

8.1 电路基础实验综述

在系统学习了电路理论知识的基础上,还要加强基本实验技能的训练,实验课是这种技能训练的重要环节。电路基础实验是电类专业学生的主要实验课之一,属于专业基础实验课。实验质量的高低将直接影响实际动手能力的高低,而实际动手能力则关系到今后的工作和发展。因此,对实验课应该给予足够的重视。

8.1.1 电路基础实验的目的

(1)通过实验,巩固、加深和丰富电路理论知识。

(2)学习正确使用电流表、电压表、变阻器等常用仪表和设备,掌握并熟练毫伏表、直流稳压电源、函数信号发生器、示波器等常用电子仪器的操作方法。

(3)掌握一些基本的电子测试技术。

(4)训练选择实验方法、整理实验数据、分析误差、绘制曲线、判断实验结果、编写电类实验报告的能力。

(5)培养实事求是、严肃认真、细致踏实的科学作风和独立工作的能力。

8.1.2 电路基础实验的要求

一般实验课分为课前准备、进行实验和编写实验报告三个阶段,各个阶段的要求如下:

1. 课前准备

(1)阅读实验指导书,明确实验的目的、任务与要求,了解完成实验的方法和步骤;并结合实验原理复习相关的理论知识,完成必要的理论估算;设计好实验数据的记录表格,认真思考并解答预习思考题。

(2)理解并牢记指导书中提出的注意事项,了解仪器、仪表的使用方法,防止实验过程中损坏仪器仪表。

(3)完成预习报告,报告中应有实验目的、所用仪器设备、实验原理、原理图、实验步骤及数据记录表格,实验时将其带到实验室进行实验。

2. 进行实验

(1)应在上课前提前进入实验室,根据安排到指定的实验桌就座,指导教师对该实验的内容及注意事项做简要的介绍后,学生再独立做实验。

(2)使用仪器设备前先阅读说明书,了解其规格、量程和性能及使用注意事项等,检查仪器设备是否齐全、完好,如发现问题应及时提出。

(3)接线。接线时应考虑仪器和设备安放的位置,以使接线、操作、读数方便。接线数量应尽量少,走线要清楚,以利于检查。确认接线无误时才允许接通电源或信号源。若自己不能确认时一定要事先给指导教师检查。有些实验要更改电路,更改时,首先应从电源或信号源的输出端处拆下连接线,然后更改电路。严禁带电更改电路,这是因为带电更改电路时,稍有疏忽就会损坏仪器和设备,也不利于人身安全。

(4)实验进行过程中要胆大心细,一丝不苟。对实验中出现的现象和所得的数据应做好记录。随时分析、研究实验结果的合理性,如果发现异常现象,应及时查找原因。如遇到事故,应立即切断电源,并报告指导教师。

(5)为了测取准确的数据,在选择测试点时应注意使其分布合理。如曲线的弯曲段应多取几个测试点;每测试完一项任务,暂不要拆线,分析判断一下数据是否正确合理,若有错误可重新进行测试。要求对测量的数据,测前有预见,测后有判断。

(6)实验内容全部完成后,原始数据经指导教师签认后才有效。拆除实验线路前应先切断电源,拆完线后将仪器设备复归原位,清理好导线及桌面,经指导教师验收后才可离去。

3. 编写实验报告

(1)编写实验报告是将实验结果进行归纳总结、分析与提高的阶段。实验报告应文理通顺、简明扼要、字迹端正、图表清晰、分析与论证得当。

(2)实验报告应包括以下内容:

实验目的:填写实验的目的和意义。

实验仪器设备:填写实验实际使用的设备名称、型号和数量。

实验原理图:绘制实验原理电路图及实验线路图。

实验内容:填写必要的实验步骤,实验方法,列表记录实验数据,写出必要的数据处理过程。

总结:对实验现象、数据进行分析处理,得出结论。实验中若有故障发生,应分析故障的原因,简述排除故障的方法。

回答问题:总结本次实验的心得体会并提出有关建议。

8.1.3 电路基础实验的注意事项

(1)实验课上认真听取指导教师讲解仪器仪表的使用方法及注意事项,爱护实验设备。导线和工具使用完毕放回原位,不要擅自取用其他实验台上的实验模块和实验设备。

(2)取、放实验模块或元器件时要小心,以避免损坏,移动仪器设备时要轻拿轻放。电气设备应按铭牌上规定的额定值使用。使用仪表时应选择合适的量程。使用电子仪器时应阅读有关说明书,熟悉使用方法,了解各旋钮的作用。

(3)在实验过程中应注意仪器设备的运行情况,随时注意有无异常现象。例如,短路、过热、绝缘烧焦发出异味、声音不正常、电源熔丝熔断发出响声或合上电源而不工作等。出现上述情况时应立即断开总电源开关,并报告指导教师共同分析原因,排除故障。如果实验仪器和设备损坏,应如实填写事故报告单,以便处理。

8.2 基础实验

8.2.1 直流电路的认知实验

1. 实验目的

(1)学会使用电工原理实验箱。
(2)掌握直流稳压电源的使用方法。
(3)掌握万用表的使用方法。
(4)学习电路中电流、电压和电位的测量方法。

2. 实验准备

预习本次实验指导,查阅教材,理解电压和电位的概念。

实验前要思考的问题:

(1)直流稳压电源与一般的电池有何不同?
(2)在测量电路中的电压、电流时,应怎样接入电压表和电流表?
(3)电源输出端能短路吗?

3. 实验所需的仪器设备及注意事项

1)实验所需的仪器设备

(1)晶体管直流稳压电源一台。
(2)电工原理实验箱一台。
(3)万用表一块。

2)仪器设备的使用

(1)晶体管直流稳压电源是给电路供电的主要设备,它能提供40 V以下连续可调的直流电压(符合安全电压要求)。

(2)电工原理实验箱的使用:电工原理实验箱是完成电工技能训练的主要设备,由电路模块(或万能接线卡)、万能接线座及箱内元件等部分组成。箱内的电压表和电流表可用于测量交直流电压和电流。

(3)万用表的使用。万用表用途非常广泛,可以用来测量电阻、直流电压和交流电压、直流电流,有的还可以测量电感、电容及晶体管放大倍数等。

3)注意事项

(1)使用直流稳压电源时不允许电源输出端短路,使用输出电压时要分清正负极。

(2)使用电工原理实验箱时要选择合适的电路模块来实现电路的连接,使用箱内电压、电流表要注意量程的选择。

(3)测量电压时,电压表应并联在被测电路中使用;测量电流时,电流表应串联在被测电路中使用。

(4)使用万用表要注意根据被测量选择功能挡位,并注意选择合适的量程。测量电阻时,万用表每换一次挡都应调零,并选择合适的挡位使指针指在均匀的刻度范围。不允许带电测电阻,万用表使用完毕后,应将转换开关置于交流电压的最高挡位或 OFF 的位置。

4. 实验原理及步骤

1)直流稳压电源的使用

(1)熟悉直流稳压电源面板上各开关、旋钮的位置,了解其使用方法。

(2)将直流稳压电源的电源插头插入 220 V 插座,合上电源开关,指示灯亮。

(3)调节"粗调旋钮"到合适位置,将电流、电压指示置于电压位置,将"细调旋钮"从最小位置调到最大位置,观察直流稳压电源所配置的电压表的指示情况。

(4)按表 8.1 给出的电压值确定"粗调旋钮"挡位,调出该电压值。

表 8.1 粗调旋钮挡位的确定

输出电压值/V	2.0	8.0	12.0	16.0	27.0	30
"粗调旋钮"挡位						

2)万用表的使用

(1)确定被测量是电阻、直流电压(或交流电压)还是直流电流,将转换开关置于对应的功能区。

(2)估计被测量的大小范围,选择合适量程,如果无法知道被测量大小范围,应先选用最大量程,然后根据被测量的大小改变量程。

(3)分辨表盘刻度,读出测量值大小。测量值 =(指针指示数/满偏示数)× 量程

(4)按表 8.2 给出的条件,用万用表完成各项测量。

表 8.2 万用表完成各项测定值

被测电阻/Ω	10	100	510	1 000	7 500	15 000
指针指示值及挡位						
被测电压设置/V	2.0	8.5	12.0	16.8	27.3	30
电压测量值/V						

3) 电流、电压和电位的测量

(1) 按图 8.1 所示原理图,完成电路的连接。$R_1 = 300\ \Omega$,$R_2 = 200\ \Omega$,$R_3 = 100\ \Omega$,$U_{s1} = 12\ V$,$U_{s2} = 9\ V$。

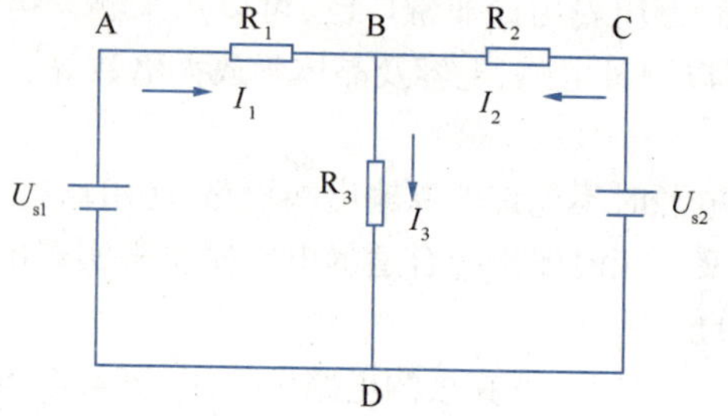

图 8.1 实验电路

(2) 分别以 A、D 两点为参考点,测量 I_1、I_2、I_3、U_{AB}、U_{AD}、U_{BC}、U_{BD}、U_{CD}、U_A、U_B、U_C、U_D,将所测数值填入表 8.3 中。注意测量时若电压表或电流表指针反偏,请将两表笔对调,测量值记负值(说明电压或电流参考方向与实际方向相反)。

表 8.3 测 量 结 果

参考点	电流/mA			电压/V					电位/V			
	I_1	I_2	I_3	U_{AB}	U_{AD}	U_{BC}	U_{BD}	U_{CD}	U_A	U_B	U_C	U_D
A												
D												

5. 实验报告

(1) 完成实验步骤和对应表格数据的填写,整理实验数据,并与理论计算值进行比较,分析产生误差的原因。

(2) 根据测量结果,说明电压与电位有何区别和联系。

(3) 回答思考题:

① 晶体管直流稳压电源输出电压的调节有哪些步骤?晶体管直流稳压电源输出端为什么不允许短路?

② 使用万用表时有什么注意事项?用万用表的电流挡或欧姆挡测量电压会有什么不良后果?为什么?

(4) 总结本次实验的心得体会。

8.2.2 基尔霍夫定律的验证实验

1. 实验目的

(1) 验证基尔霍夫定律,加深对基尔霍夫定律的理解。

(2) 进一步掌握直流稳压电源、电压表、电流表的使用。

2. 实验准备

预习本次实验指导,了解直流稳压电源、电压表、电流表的使用方法。

实验前要思考的问题:

(1)实验有哪些内容和步骤?
(2)直流稳压电源、电压表、电流表的如何使用、如何读数?使用时应注意哪些问题?

3. 实验所需的仪器设备及注意事项

1)实验所需的仪器设备
(1)电路原理实验箱一套。
(2)晶体管直流稳压电源一台。

2)电压表、电流表的使用
箱内电压表的使用:选择合适的量程,将电压表与被测电路并联。测直流时,正笔(红笔)应接高电位端。测量时若电压表指针反偏,应将电压表两表棒对调,再进行测量。

$$测量值 = (量程/满偏示数) \times 指针指示数$$

箱内电流表的使用:选择合适的量程,将电流表与被测电路串联(电流插头一边插在电流表下的插口内,一边插在电路的相应插口内)。测直流时,正笔应接电流的流入端。改变量程前应先断开开关。若电流表指针反偏应立即将"极性"开关换向。

$$测量值 = (量程/满偏示数) \times 指针指示数$$

3)注意事项
(1)实验前要在电工原理实验箱中合理选择电路模块实现所做实验的电路连接。
(2)使用直流稳压电源时要分清输出电压正负极性,不允许电源输出端短路。
(3)使用电压表、电流表时要注意接法和量程选择。测量时若电压表或电流表指针反偏,请将两表笔对调,测量值记负值(说明电压或电流参考方向与实际方向相反)。

4. 实验原理及步骤

1)实验原理

基尔霍夫电流定律:$\sum I = 0$;基尔霍夫电压定律:$\sum U = 0$ 或 $\sum U = \sum IR$。

2)验证基尔霍夫电流定律
(1)打开实验箱,找到能实现电路连接的电路模块,按图8.2所示完成电路的连接。$R_1 = 300 \ \Omega, R_2 = 200 \ \Omega, R_3 = 100 \ \Omega, U_{s1} = 12 \ V, U_{s2} = 9 \ V$;
(2)调节稳压电源左路输出 U_{s1} 为 12 V,右路输出 U_{s2} 为 0 V(电压值以箱内电压表为准,U_{s2} 为 0 V 表示电路中 U_{s2} 处用短路线代替);
(3)电流表量程选择为直流 50 mA,将电流表的插头依次插入电路板的三个电流插口中,测量各支路电流,记入表8.4中;
(4)分别改变 U_{s2} 为 3 V 和 6 V,测各支路电流,记入表8.4中;
(5)计算 $I_1 + I_2 - I_3$,验证 $\sum I = 0$:即 $I_1 + I_2 - I_3 = 0$。

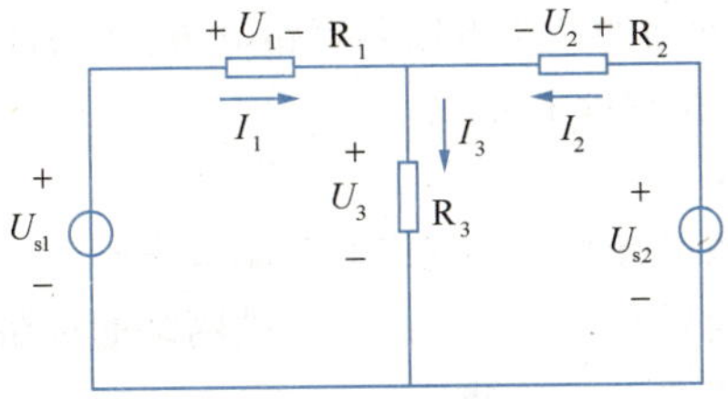

图8.2 验证基尔霍夫定律

表 8.4　验证基尔霍夫电流定律

U_{s1}/V	U_{s2}/V	I_1		I_2		I_3		$I_1+I_2-I_3$	
		计算值	测量值	计算值	测量值	计算值	测量值	计算值	测量值
12	0								
	3								
	6								

3）验证基尔霍夫电压定律

（1）实验电路如图 8.2 所示。

（2）电压表量程选择为直流 15 V，用电压表依次测量 U_1、U_2、U_3，记入表 8.5，验证 $U_1+U_3-U_{s1}=0$；$U_2+U_3-U_{s2}=0$。

表 8.5　验证基尔霍夫电压定律

U_{s1}/V	U_{s2}/V	U_1		U_2		U_3		$U_1+U_3-U_{s1}$		$U_2+U_3-U_{s2}$	
		计算值	测量值	计算值	测量值	计算值	测量值	计算值	测量值	计算值	测量值
12	0										
	3										
	6										

5. 实验报告

（1）完成表 8.4、表 8.5，验证 $\sum I=0$，$\sum U=0$。

（2）回答思考题：使用直流电压表、电流表时如何读取的测量值？测量值在数值上一定等于指针所指示的数值吗？为什么？

（3）总结本次实验的心得体会。

8.2.3　戴维南定理的验证

1. 实验目的

（1）学习开路电压和入端电阻的测量方法，验证戴维南定理，加深对戴维南定理的理解。

（2）熟练掌握直流稳压电源、电压表、电流表的使用。

2. 实验准备

预习复习戴维南定理的内容，加深对定理的理解，计算图 8.3 所示电路中负载 R_3 支路断开后对应的有源二端网络的开路电压和短路电流，并用戴维南定理计算电流 I_3。预习本次实验指导，理解实验的思路和步骤。

实验前要思考的问题：

（1）如何用实验方法测量有源二端网络的开路电压？

（2）二端网络的等效内阻如何确定？有源二端网络的短路电流怎样测量？

3. 实验所需的仪器设备及注意事项

1）实验所需的仪器设备

（1）电工原理实验箱一台。

(2)晶体管直流稳压电源一台。

(3)电阻箱一个。

2)注意事项

(1)实验前要在电工原理实验箱中合理选择电路模块,实现所做实验的电路连接。

(2)使用电压表、电流表时要注意接法和量程选择;使用电阻箱时注意各挡对应的倍率值。

(3)使用直流稳压电源时要分清输出电压正负极性,不允许电源输出端短路。

4. 实验原理及步骤

1)实验原理

有源二端网络的等效电源参数测定:等效电源的电压等于其开路电压 U_{OC},将负载支路断开,测量有源二端网络开路时的电压值即得。等效电源的内阻 R_0,即入端电阻 R_i = U_s/I_{SC},I_{SC} 为含源二端网络的短路电流,将负载支路短路,测量有源二端网络短路时的电流值即得。测出 I_{SC} 和 U_{OC},即可得出等效电源的参数 U_{OC} 和 R_i。

用等效电源替代有源二端网络,测量等效电源作用下的负载电流,与计算值对比,验证戴维南定理。

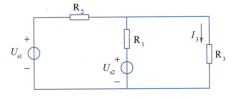

图 8.3 原电路

2)实验步骤

(1)测量有源二端网络的开路电压和短路电流;

取 U_{s1} = 12 V,U_{s2} = 6 V,R_1 = 300 Ω,R_2 = 300 Ω,R_3 = 150 Ω,按图 8.3 连接电路,分别测量开路电压 U_{OC}、短路电流 I_{SC} 和负载电流 I_3,计算等效电阻 R_i。将实际测量的负载电流 I_3 与计算的 I_3 值对比,填入表 8.6 中。

表 8.6 负 载 电 流

开路电压 U_{OC}/V	短路电流 I_{SC}/mA	等效电源内阻 R_i/Ω	负载电流 I_3/mA(测量值)	计算值 I_3/mA

(2)测量有源二端网络在等效电源作用下负载电流 I_3。按图 8.4 接线,外接负载 R_3 = 15 Ω,测量电流 I_3,填入表 8.7 中,与表 8.6 中负载电流 I_3 的测量值对比。

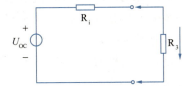

图 8.4 原电路的戴维南等效电路

表 8.7　$R_1=300\ \Omega, R_2=300\ \Omega, R_3$ 改变

R_3/Ω	100	150	200	250	300
I_3/mA					

注意:图 8.4 中 U_{OC} 为有源二端网络的开路电压,不能把图 8.3 的 U_{s1} 或 U_{s2} 数值带入图 8.4 中。

5. 实验报告

(1)完成实验报告的表格,得出相应结论。

(2)回答思考题:

① 实验中如何确定二端网络的等效内阻?

② 有源二端网络的短路电流怎样测量?

③ 总结本次实验的心得体会。

8.2.4　叠加定理的验证

1. 实验目的

验证线性电路叠加定理的正确性,从而加深对线性电路的叠加性和齐次性的认识和理解。

2. 实验准备

理解叠加定理:在有几个独立源共同作用的线性电路中,通过每一个元件的电流或其两端的电压,可以看成是由每一个独立源单独作用时在该元件上所产生的电流或电压的代数和。

实验前要思考的问题:叠加定理中 E_1、E_2 分别单独作用,在实验中应如何操作?可否直接将不作用的电源(E_1 或 E_2)置零(短路)?

3. 实验所需的仪器设备及注意事项

1)实验所用的仪器设备

(1)直流可调稳压电源一台。

(2)万用表或直流电压表一块。

(3)直流毫安表一块。

2)注意事项

(1)用电流插头测量各支路电流时,应注意仪表的极性,当电压、电流实际方向与参考方向相反时要记负号。

(2)注意仪表量程的及时更换。

4. 实验原理及步骤

(1)按图 8.5 接线,$U_{s1}=12$ V,U_{s2} 为可调直流稳压电源,调至 +6 V。

(2)电源 U_{s2} 单独作用时,将开关 S_1 扳向 U_{s1} 侧,开关 S_2 扳向短路侧,用直流电压表和毫安表测量各支路电流及各电阻元件两端的电压,将数据记入表 8.8 中。

(3)电源 U_{s2} 单独作用时,将开关 S_1 扳向短路侧,开关 S_2 扳向 U_{s2} 侧,重复实验步骤(2),将数据记入表 8.8 中。

(4)电源 U_{s1} 和 U_{s2} 共同作用时,开关 S_1 和 S_2 分别扳向 U_{s1} 和 U_{s2} 侧,重复上述测量步骤。将数据记入表 8.8 中。

表 8.8 测 量 数 据

测量项目	U_{s1}/V	U_{s2}/V	I_1/mA	I_2/mA	I_3/mA	U_{AB}/V	U_{CD}/V	U_{AD}/V	V_{BC}/V	V_{BD}/V
U_{s1}单独作用										
U_{s2}单独作用										
U_{s1}、U_{s2}共同作用										

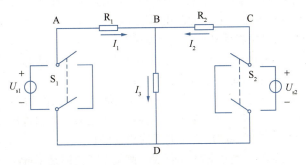

图 8.5 叠加定理实验电路

5. 实验报告

(1)根据实验数据,进行分析、比较,归纳、总结实验结论,即验证线性电路的叠加定理。

(2)回答思考题:各电阻元件所消耗的功率能否用叠加定理计算得出?用上述实验数据,进行计算并得出结论。

(3)总结本次实验的心得体会。

8.2.5　正弦交流电路的认识

1. 实验目的

(1)学会使用交流电流表和交流电压表。

(2)学会使用自耦调压器和试电笔。

(3)学会使用函数信号发生器、双踪示波器及毫伏表。

2. 实验准备

预习交流电压表、函数信号发生器、双踪示波器、毫伏表、自耦调压器和试电笔的使用方法。

实验前要思考的问题:

(1)交流交流电压表与直流电压表有何区别?

(2)自耦调压器与隔离变压器有何区别?

(3)正弦交流信号源有哪些?

3. 实验所需的仪器设备及注意事项

1)实验所需的仪器设备

(1)电工原理实验箱一套。

(2)单相调压器一台。

(3)试电笔一支。

(4)函数信号发生器一台。
(5)双踪示波器一台。
(6)毫伏表一块。
(7)交流电压表一块。

2)注意事项

(1)单相调压器是用来调节工频 50 Hz 交流电压大小的常用仪器,输入电压为交流 220 V,通过旋转手柄实现输出电压的改变,输出电压大小为 0~250 V。调压器输出不能短路,通电和断电前必须将手柄旋转回到零位。

(2)试电笔是用于验电的工具,可用于区分中性线和相线,试电笔亮,表示试电笔所接为相线,试电笔不亮,表示试电笔所接为中性线。

(3)函数信号发生器是用于产生小电压的交流信号源,输出频率 0~1 MHz,具有波形转换功能,可输出方波、三角波和正弦波。注意函数信号发生器输出端不能短路。

交流电压表是用于测量 50 Hz 交流电压的测量仪表。

毫伏表是用于测量频率范围较大的仪表。测量电压范围是 1 mV~300 V。

示波器是既可以用于测量信号的大小,还可以用于观察信号波形的仪器。

本次操作中使用的电压较高,要注意安全,以免发生人身伤亡或设备损坏事故。

4. 实验原理及步骤

1)单相调压器的使用

(1)按图 8.6 接线。

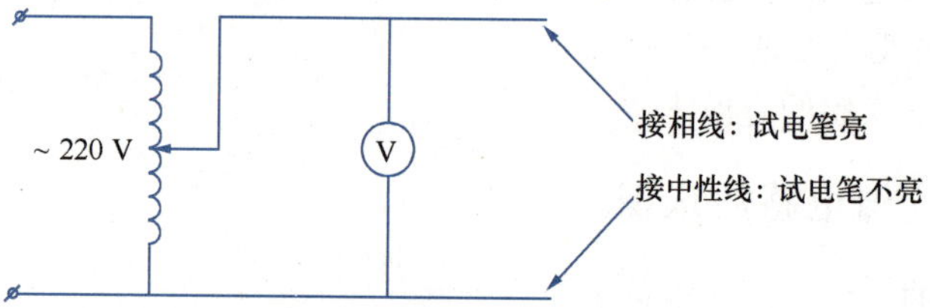

图 8.6 单相调压器电路

(2)用试电笔分清电源的相线和中性线,如不符合图 8.6 的要求,则必须改变电源插头的方向。

(3)调节自耦调压器手柄,在电压表上可以看到电压的变化。按表 8.9 给出的条件,测出电压并填入表 8.9 中。

表 8.9 测 量 电 压

调压器指示值/V	40	80	120	160	200	240
电压表测量值						

2)函数信号发生器的使用

(1)接通函数信号发生器电源开关,按下波形选择按钮,按下频率范围选择按钮,调节 MAIN 和 FINE 旋钮,观察数字频率计显示值。

(2)接通毫伏表电源开关,将毫伏表输入线与函数信号发生器输出线相连,调节 AM-PLITUDE 旋钮,改变输出电压的大小,并观察毫伏表显示值。

(3) 按照上述步骤的操作方法,调出频率为 1 kHz、电压为 5 V 的正弦交流信号。将操作步骤详细填入表 8.10 中。

表 8.10　函数信号发生器操作步骤

3) 双踪示波器的使用

(1) 接通双踪示波器电源开关,将扫描时间 TIME 旋钮置于中间(0.2 ms)位置,细调置于校正位置;将增益衰减旋钮 VAR 置于中间(0.2 V)位置,细调置于校正位置;将扫描触发方式开关置于 AUTO 位置,SOURCE 置于 INT 位置,输入方式置于 AC 位置;亮度和聚集旋钮置于合适位置;将波形显示方式置于 ALT 位置;调节水平位移和垂直位移旋钮,将光标置于显示屏中间位置。

(2) 将函数信号发生器输出线与双踪示波器输入线相连,重新调整 TIME 和 VAR,调节触发电平 LEVEL,直至在示波器显示屏上得到完整稳定的波形。

(3) 请在双踪示波器上调出频率为 1 kHz、电压为 5 V 的正弦交流信号波形。将操作步骤详细填入表 8.11 中。

表 8.11　双踪示波器操作步骤

5. 实验报告
(1) 根据操作步骤填写完成表 8.9 ~ 表 8.11。
(2) 回答思考题:
① 根据双踪示波器所显示的波形计算出波形周期 T 和波形幅度 U。
② 单相调压器输出电压与函数信号发生器输出电压有何区别?
(3) 总结本次实验的心得体会。

8.2.6　RL 串联电路和 RC 串联电路的电压与电流关系研究

1. 实验目的
(1) 理解单相正弦交流电路中 R、L、C 元件的性质。
(2) 掌握 RL 及 RC 串联电路中电压与电流相位之间的关系。
(3) 熟悉调压器、交流电压表、交流电流表的正确使用方法。

2. 实验准备
预习本次实验指导。

实验前要思考的问题：
在 RC 及 RL 串联电路中电压与电流相位之间的关系如何？

3. 实验所需的仪器设备及注意事项

1）实验所需的仪器设备

(1) DGX-Ⅲ电工原理实验箱一台。
(2) 调压变压器一台。
(3) 250 mH/1 A 电感元件一个。
(4) 可变电容箱一个。
(5) 100 Ω/1 A 滑线式变阻器一台。

2）注意事项

(1) 使用调压变压器时，输出电压不能超过负载所需电压值。
(2) 调压变压器输入、输出不能接反，接通和断开电源时都必须回零。
(3) 使用电工原理实验箱内电压表和电流表时，要注意测量内容及量程。
(4) 接线完毕，必须经过检查无误后方能合闸。改接线路时，必须断开电源。
(5) 注意仪表的量程，切勿超过。

4. 实验原理及步骤

1）实验原理

(1) RC 串联电路。RC 串联电路如图 8.7 所示，由相量计算可得出电路的复阻抗为

$$Z = R - jX_C = R - j\frac{1}{\omega C} = \frac{\dot{U}}{\dot{I}}$$

电路的阻抗为

$$|Z| = \sqrt{R^2 + \left(\frac{1}{\omega C}\right)^2} = \frac{U}{I}$$

电路的辐角为

$$\varphi = \arctan\frac{X_C}{R} \quad 或 \quad \varphi = \arctan\frac{U_C}{U_R}$$

电路中，电压的相量之和及模为

$$\dot{U} = \dot{U}_R + \dot{U}_C$$

$$|U| = \sqrt{(U_R)^2 + (U_C)^2}$$

其相量关系如图 8.8 所示。

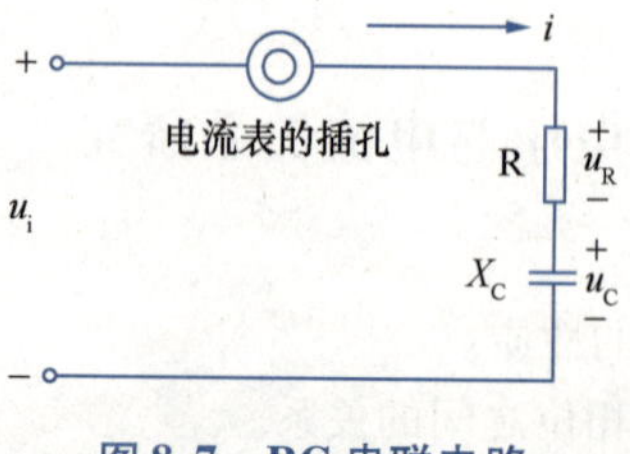

图 8.7 RC 串联电路 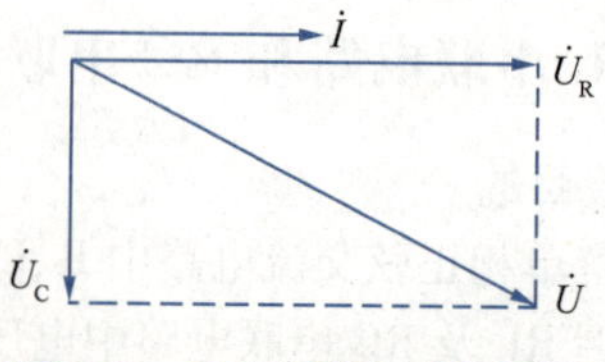   图 8.8 RC 串联电路相量图

(2) RL 串联电路。RL 串联电路如图 8.9(a)所示，电路是由一个电阻元件与一个电感元件相串联组成的。电感元件由导线绕制而成，含有一定的电阻值，因此电感元件不

能看作为纯电感元件,在实际中应看作为 rL 串联,如图 8.9(b)所示。

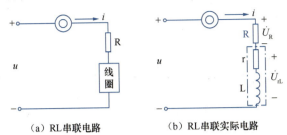

图 8.9 RL 串联电路

电路的复阻抗为
$$Z = (R+r) + jX_L$$

电路的阻抗为
$$|Z| = \sqrt{(R+r)^2 + (X_L)^2} = \frac{U}{I}$$

电路的辐角为
$$\varphi = \arctan\frac{X_L}{R+r} \quad \cos\varphi = \frac{U^2 + U_R^2 - U_{rL}^2}{2UU_R}$$

电路中,电压的相量之和及电压有效值为
$$\dot{U} = \dot{U}_R + \dot{U}_r + \dot{U}_L$$
$$U = \sqrt{(U_R + U_r)^2 + U_L^2}$$

其相量关系如图 8.10 所示。

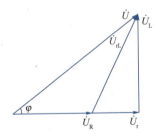

图 8.10 RL 串联电路相量图

2) 实验步骤

(1) 按图 8.11 所示的实验电路接线。

(2) 取 R 为 100 Ω,改变电容箱的电容值,分别为 2 μF、4 μF、6 μF。

(3) 按表 8.12 要求调节调压变压器的输出电压的值。测量电路中的 U_R、U_C 以及 I 的大小,把读数填入表 8.12 中。

(4) 按图 8.12 所示的实验电路接线。

(5) 取 L 为 250 mH/22 Ω,改变电阻器的阻值,使 R 分别为 50 Ω、75 Ω、100 Ω。

(6) 按表 8.13 的要求调节调压变压器的输出电压的值。测量电路中的 U_R、U_{RL} 以及 I 的大小,把读数填入表 8.13 中。

表 8.12　RC 串联电路电压、电流数据

$C/\mu F$	R/Ω	U/V	U_R/V	U_C/V	I/A	Φ
2	100	200				
4	100	200				
6	100	200				

表 8.13　RL 串联电路电压、电流数据

L/mH	R/Ω	U/V	U_R/V	U_{rL}/V	I/A	U_r/V	U_L/V	Φ
250	50	40						
250	75	40						
250	100	40						

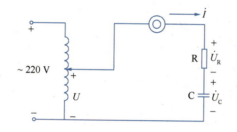

图 8.11　RC 串联实验电路　　　图 8.12　RL 串联实验电路

5. 实验报告

（1）根据表 8.12、表 8.13 的数据分别作出两电路的电压三角形相量图。

（2）根据表 8.12、表 8.13 的数据分别算出 Φ、U_r 和 U_L。

（3）总结本次实验的心得体会。

8.2.7　荧光灯电路的安装及功率因数的提高

1. 实验目的

（1）掌握荧光灯的工作原理，学会荧光灯电路的安装方法。

（2）通过实验了解功率因数提高的意义。

（3）学会功率表的使用方法。

2. 实验准备

预习本次实验指导。

实验前要思考的问题：提高功率因数的意义是什么？如何提高功率因数？

3. 实验所需的仪器设备及注意事项

1）实验所需的仪器设备

（1）DGX - Ⅲ 电工原理实验箱一台。

（2）单相自耦调压变压器一台。

(3) 单相功率表一块。
(4) 可变电容箱一个。
(5) 荧光灯箱一台。

2) 注意事项

(1) 使用功率表时,必须注意选择合适的量程。
(2) 调压变压器输入、输出不能接反,接通和断开电源时都必须回零。
(3) 使用电工原理实验箱内电压表和电流表时,要注意测量内容及量程。
(4) 实验线路连接完毕必须经过指导教师检查,无误后方能接通电源。本次实验使用电源电压较高,实验过程中一定要注意人身安全。
(5) 功率表的电压、电流线圈接线应符合要求,应正确选择量程。

4. 实验原理及步骤

1) 实验原理

荧光灯电路由荧光灯管(A)、镇流器(L)和辉光启动器(S)三部分组成,如图8.13所示。当电路接通电源时,220 V电源加在辉光启动器两端,使得辉光启动器内发生辉光放电,双金属片受热弯曲,动静触点接通,电源经镇流器、灯丝、辉光启动器构成电流通路使荧光灯灯丝预热发射电子。辉光启动器接通经1~3 s后,辉光放电结束,双金属片冷却,又把触点断开。在触点断开的瞬间,电流被突然切断,于是在镇流器L上感应出400~600 V的高电压与电源电压一起加在灯管A两端,使灯管内气体电离而放电,产生大量的紫外线,因为灯管A的内壁涂有荧光粉,荧光粉吸收紫外线后发射出近似日光的光线来,荧光灯就开始正常工作了。

视频

日光灯的工作原理

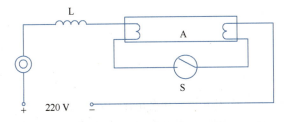

图 8.13 荧光灯电路原理图

辉光启动器相当于一只自动开关,能自动接通电路(加热灯丝)或开断电路(使镇流器工作产生高压,使管内气体击穿放电)。镇流器的作用除了感应出高压使灯管 A 放电外,在荧光灯正常工作时起限制电流的作用,镇流器的名称也由此而来。由于电路中串联了镇流器,它是电感量较大的线圈,因此电路的功率因数较低。

负载功率因数过低,一方面没有充分利用电源的容量,另一方面又在输电线路中增加损耗。为了提高功率因数,一般最常用的方法是在负载两端并联一个大小合适的电容器,抵消负载电流的一部分无功分量。实验中在荧光灯接电源两端并联一个电容箱,当电容器的容量逐步增加时,电容支路的电流 I_C 也随之增加。由于电路的总电流 $\dot{I} = \dot{I}_C + \dot{I}_L$,所以,随着 I_C 的增加,电路的总电流反而逐渐减小。

2) 实验步骤

(1) 按图 8.14 所示的实验电路接线。电容箱接线如图 8.15 所示。

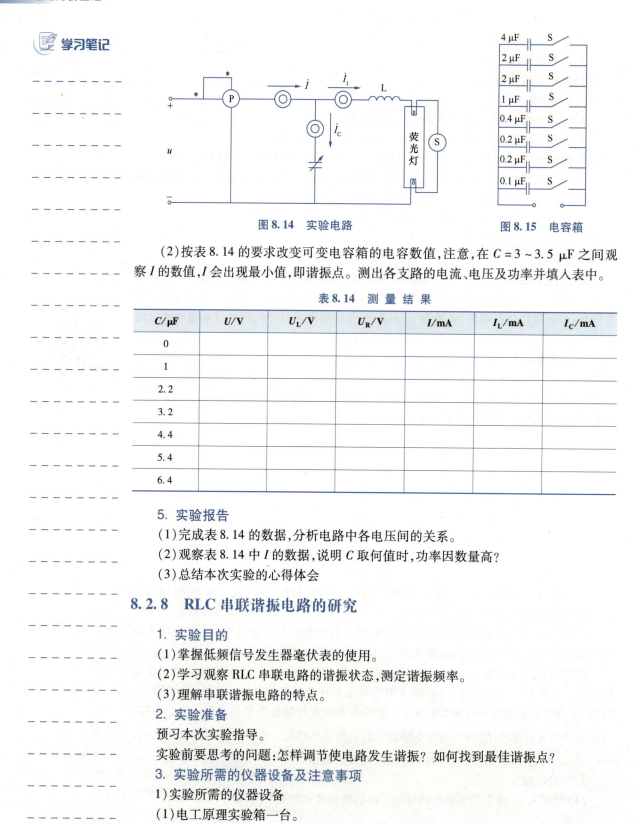

图 8.14　实验电路　　　　　　图 8.15　电容箱

(2) 按表 8.14 的要求改变可变电容箱的电容数值,注意,在 $C = 3 \sim 3.5 \ \mu F$ 之间观察 I 的数值, I 会出现最小值,即谐振点。测出各支路的电流、电压及功率并填入表中。

表 8.14　测　量　结　果

$C/\mu F$	U/V	U_L/V	U_R/V	I/mA	I_L/mA	I_C/mA
0						
1						
2.2						
3.2						
4.4						
5.4						
6.4						

5. 实验报告

(1) 完成表 8.14 的数据,分析电路中各电压间的关系。
(2) 观察表 8.14 中 I 的数据,说明 C 取何值时,功率因数量高?
(3) 总结本次实验的心得体会

8.2.8　RLC 串联谐振电路的研究

1. 实验目的

(1) 掌握低频信号发生器毫伏表的使用。
(2) 学习观察 RLC 串联电路的谐振状态,测定谐振频率。
(3) 理解串联谐振电路的特点。

2. 实验准备

预习本次实验指导。
实验前要思考的问题:怎样调节使电路发生谐振?如何找到最佳谐振点?

3. 实验所需的仪器设备及注意事项

1) 实验所需的仪器设备
(1) 电工原理实验箱一台。

(2)函数信号发生器一台。
(3)晶体管毫伏表一台。
(4)双踪示波器一台。

2)注意事项

(1)使用函数信号发生器时输出端不能短路。
(2)使用双踪示波器时,亮度和聚焦要调节合适,防止因亮度过高而损坏显示屏。
(3)使用晶体管毫伏表时,要防止超过量程,变换挡位时应及时校对指针零位。

4. 实验原理及步骤

1)实验原理

在图 8.16 所示的 RLC 串联谐振电路中,电流为

$$\dot{I} = \frac{\dot{U}}{R + \mathrm{j}(X_L - X_C)}$$

式中,感抗 $X_L = \omega L = 2\pi f L$;容抗 $X_C = \dfrac{1}{\omega C} = \dfrac{1}{2\pi C}$。

当电源频率为 f_0 时,电路中的感抗与容抗大小相等,即 $X_L = X_C$ 电路的端电压 $\dot{U}$ 与电流 $\dot{I}$ 同相位,此时电路发生串联谐振,f_0 称为谐振频率,$f_0 = \dfrac{1}{2\pi\sqrt{LC}}$ 由于谐振电路的电抗为零,阻抗的模 $|Z| = R$ 最小,电路呈电阻性,电路中电流的有效值 $I_0 = \dfrac{U}{R}$ 将达到最大,$\dot{U}_L$ 和 $\dot{U}_C$ 大小相等,相位相反,互相抵消,$\dot{U} = \dot{U}_R$。电流曲线如图 8.17 所示。

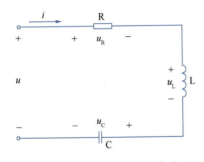

图 8.16 RLC 串联谐振电路

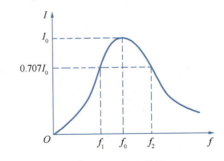

图 8.17 电流曲线

2)实验步骤

(1)寻找谐振频率,验证谐振电路的特点。按图 8.18 接线,取 $R = 1\ 000\ \Omega$,$C = 0.1\ \mu F$,$L = 10\ mH$,调节信号发生器使输出电压为 3 V,调节频率,使 U_R 最大,测出 U_R、U_L、U_C 并读取 f_0,填入表 8.15 中。

表 8.15 测 量 结 果

R/Ω	1 000	L/mH	10	$C/\mu F$	0.1
U_R/V		U_L/V		U_C/V	
f_0/Hz		$I_0 = U_R/R$		Q	

(2)观察谐振曲线。按图 8.19 接线,调节信号发生器保持输出电压为 3 V,观察在不同的频率下(当信号发生器改变频率时,应对其输出电压及时调整,始终保持为 3 V)

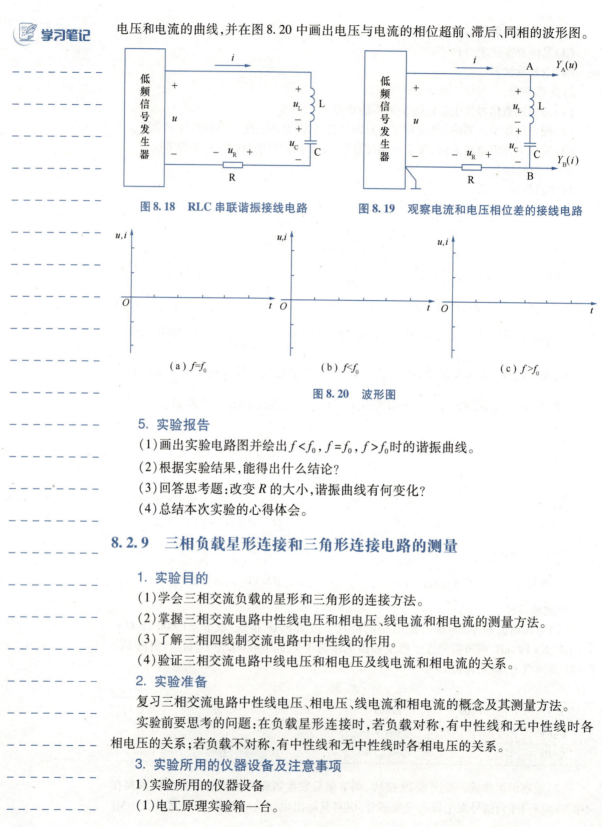

图 8.18　RLC 串联谐振接线电路

图 8.19　观察电流和电压相位差的接线电路

(a) $f=f_0$　　(b) $f<f_0$　　(c) $f>f_0$

图 8.20　波形图

5. 实验报告

(1) 画出实验电路图并绘出 $f<f_0$，$f=f_0$，$f>f_0$ 时的谐振曲线。

(2) 根据实验结果，能得出什么结论？

(3) 回答思考题：改变 R 的大小，谐振曲线有何变化？

(4) 总结本次实验的心得体会。

8.2.9　三相负载星形连接和三角形连接电路的测量

1. 实验目的

(1) 学会三相交流负载的星形和三角形的连接方法。

(2) 掌握三相交流电路中性线电压和相电压、线电流和相电流的测量方法。

(3) 了解三相四线制交流电路中中性线的作用。

(4) 验证三相交流电路中线电压和相电压及线电流和相电流的关系。

2. 实验准备

复习三相交流电路中性线电压、相电压、线电流和相电流的概念及其测量方法。

实验前要思考的问题：在负载星形连接时，若负载对称，有中性线和无中性线时各相电压的关系；若负载不对称，有中性线和无中性线时各相电压的关系。

3. 实验所用的仪器设备及注意事项

1) 实验所用的仪器设备

(1) 电工原理实验箱一台。

(2)灯泡若干。

(3)交流电压表、交流电流表。

2)注意事项

(1)实验中应根据电路情况,在测量电压、电流时选择合适的量程。

(2)本次实验中,电路换接次数较多,要注意正确接线,在做负载三角形连接时,一定要记得拆出中性线,以免发生电源短路。在换接电路时,应先断开电源。实验时间较长时,灯泡过热,要注意防止烫伤。

(3)本次实验使用的电源电压较高,实验过程中要注意安全,防止触电事故。

4. 实验原理及步骤

1)实验原理

(1)星形连接。当负载对称时(灯泡均为 25 W),其线电压与相电压之间的关系为 $U_L = \sqrt{3} U_P$,线电流与相电流之间的关系为 $I_L = I_P$,电源中性点与负载中性点间的电压为零,中性线电流 $I_N = 0$。若电源电压(指线电压)为 380 V,则各相的相电压为 220 V。

当三相电路出现负载不平衡(即三相负载不对称)时,由于中性线的存在,各相电压依然相等,线电压与相电压的关系、线电流与相电流的关系依然符合 $U_L = \sqrt{3} U_P$,$I_L = I_P$,但此时的中性线电流 I_N 不再等于零,其相量关系应为 $\dot{I}_N = \dot{I}_U + \dot{I}_V + \dot{I}_W$。

若负载不对称,同时中性线断开,则电源中性点与负载中性点之间的电压不再为零,而是有一定的数值,各相电灯将出现亮暗不一的现象,这就是中性点位移引起的各相电压不等的结果。若某相电压升高,超过负载电压额定值时,将使该相负载因电压过高而烧坏。

(2)三角形连接。将灯泡箱各相灯组的 U_2 与 V_1、V_2 与 W_1、W_2 与 U_1 分别首尾相连(电路见图 8.21),再将 U_1、V_1 和 W_1 端引出的导线与三相电源相连,这种连接方法称为三角形连接。显然,在负载作三角形连接时 $U_L = U_P$,$I_L = \sqrt{3} I_P$。由于三相线电压与相电压相等均为 380 V,所以在实验中每相负载应用两只灯泡串联,以保证灯泡端电压不超过 220 V。

2)实验步骤

(1)三相负载星形连接:

① 按图 8.22 所示的实验电路接线,经检查无误后,合上电源开关。分别测出对称负载有中性线和无中性线时的,线电压、相电压、相(线)电流、中性线电流和中性线电压的值,并填入表 8.16 中。

② 将 U 相负载换成三只 15 W 的灯泡,合上电源开关。分别测出不对称负载有中性线和无中性线时的,线电压、相电压、相(线)电流、中性线电流和中性线电压的值,并填入表 8.16 中。

③ 观察负载不对称有中性线和无中性线时,各相灯泡的亮暗变化情况。

(2)三相负载三角形连接:

① 按图 8.23 所示的实验电路接线,经检查无误后,合上电源开关。分别测出对称负载相(线)电压、线电流、相电流的值,并填入表 8.17 中。

② 将 U 相负载换成三只 15 W 的灯泡,合上电源开关。分别测出不对称负载相(线)电压、线电流、相电流的值,并填入表 8.17 中。

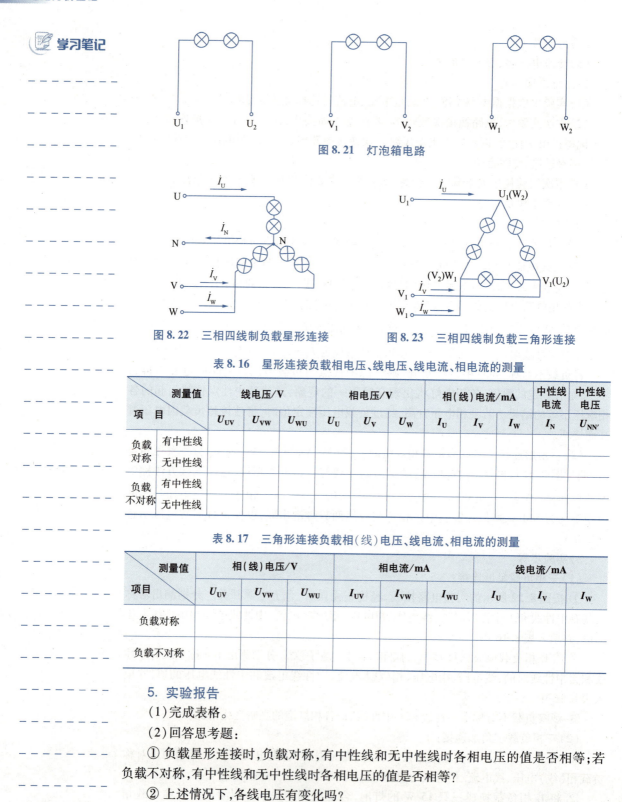

图 8.21 灯泡箱电路

图 8.22 三相四线制负载星形连接

图 8.23 三相四线制负载三角形连接

表 8.16 星形连接负载相电压、线电压、线电流、相电流的测量

项目	测量值	线电压/V			相电压/V			相(线)电流/mA			中性线电流	中性线电压
		U_{UV}	U_{VW}	U_{WU}	U_U	U_V	U_W	I_U	I_V	I_W	I_N	$U_{NN'}$
负载对称	有中性线											
	无中性线											
负载不对称	有中性线											
	无中性线											

表 8.17 三角形连接负载相(线)电压、线电流、相电流的测量

项目	测量值	相(线)电压/V			相电流/mA			线电流/mA		
		U_{UV}	U_{VW}	U_{WU}	I_{UV}	I_{VW}	I_{WU}	I_U	I_V	I_W
负载对称										
负载不对称										

5. 实验报告

（1）完成表格。

（2）回答思考题：

① 负载星形连接时，负载对称，有中性线和无中性线时各相电压的值是否相等；若负载不对称，有中性线和无中性线时各相电压的值是否相等？

② 上述情况下，各线电压有变化吗？

（3）总结本次实验的心得体会。

8.2.10 互感耦合线圈的测试实验

1. 实验目的
(1) 掌握互感线圈同名端的测试方法。
(2) 掌握互感系数以及耦合系数的测试方法。

2. 实验准备
预习本次实验指导。
实验前要思考的问题:
(1) 什么是自感?什么是互感?在实验室中如何测定?
(2) 如何判断两个互感线圈的同名端?若已知线圈的自感和互感,两个互感线圈相串联的总电感与同名端有何关系?
(3) 互感的大小与哪些因素有关?各个因素如何影响互感的大小?

3. 实验所需的仪器设备及注意事项
1) 实验仪器设备
(1) 直流电压表、毫安表。
(2) 交流电压表、电流表。
(3) 互感线圈。
(4) 直流稳压电源。

2) 注意事项
(1) 接线完毕,必须经过检查无误后方能闭合开关。
(2) 接通或断开电源时,必须将调压器转回零点,调节时要特别仔细、小心,整个实验过程中,线圈 N_2 的电压不得超过 200 V。
(3) 改接线路时,必须断开电源。
(4) 注意各仪表的量程,要随时观察电流表的读数,不能超量程使用。

4. 实验原理及步骤
1) 实验原理
(1) 同名端的测定。两个互感耦合线圈的极性决定于线圈的绕法与相互位置,当从外观上无法判断线圈的绕法时,可以通过实验法来判定其同名端(同极性端)。

① 直流法。用电池和直流电流表来进行测定,电路如图 8.24(a)所示。当开关 S 闭合的瞬间,电流从 A 端流入,此时若电流表指针正偏,说明 B 端电压为正极性,则 A、B 端为同名端;若电流表指针反偏,说明 B′端电压为正极性,则 A、B′端为同名端。

② 交流法。如图 8.24(b)所示,将两个绕组 N_1 和 N_2 的任意两端(如2、4 端)连在一起,交流电压表测量线圈剩余两端的电压(图中的 1、3 端)。在其中的一个绕组(如 N_1)两端加一个的交流电压 u_1,交流电压表就有数值显示,若电压表读数小于 u_1,则绕组为反向串联,故 1、3 为同名端;若电压表读数大于 u_1,则绕组为顺向串联 U_{13} 是两绕组端压之和,则 1、4 为同名端。

(2) 测定两线圈的互感系数 M。在图 8.25 中,互感线圈的 N_1 侧施加交流电压 u_1,互感线圈的 N_2 侧接电压表,测出 I_1 及 U_2。根据互感电势 $E_{2M} \approx U_2 = \omega M I_1$,可算得互感系数为

$$M = \frac{U_2}{\omega I_1}$$

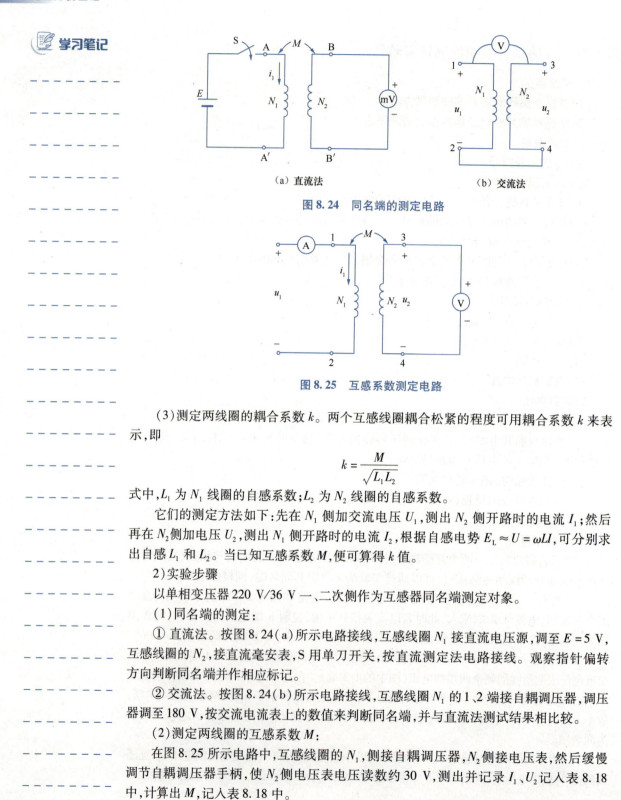

图 8.24 同名端的测定电路

图 8.25 互感系数测定电路

(3)测定两线圈的耦合系数 k。两个互感线圈耦合松紧的程度可用耦合系数 k 来表示,即

$$k = \frac{M}{\sqrt{L_1 L_2}}$$

式中,L_1 为 N_1 线圈的自感系数;L_2 为 N_2 线圈的自感系数。

它们的测定方法如下:先在 N_1 侧加交流电压 U_1,测出 N_2 侧开路时的电流 I_1;然后再在 N_2 侧加电压 U_2,测出 N_1 侧开路时的电流 I_2,根据自感电势 $E_L \approx U = \omega L I$,可分别求出自感 L_1 和 L_2。当已知互感系数 M,便可算得 k 值。

2)实验步骤

以单相变压器 220 V/36 V 一、二次侧作为互感器同名端测定对象。

(1)同名端的测定:

① 直流法。按图 8.24(a)所示电路接线,互感线圈 N_1 接直流电压源,调至 $E = 5$ V,互感线圈的 N_2,接直流毫安表,S 用单刀开关,按直流测定法电路接线。观察指针偏转方向判断同名端并作相应标记。

② 交流法。按图 8.24(b)所示电路接线,互感线圈 N_1 的 1、2 端接自耦调压器,调压器调至 180 V,按交流电流表上的数值来判断同名端,并与直流法测试结果相比较。

(2)测定两线圈的互感系数 M:

在图 8.25 所示电路中,互感线圈的 N_1,侧接自耦调压器,N_2 侧接电压表,然后缓慢调节自耦调压器手柄,使 N_2 侧电压表电压读数约 30 V,测出并记录 I_1、U_2 记入表 8.18 中,计算出 M,记入表 8.18 中。

表 8.18　I_1、U_2 值

测量值	I_1	U_2	计算 $M = \dfrac{U_2}{\omega I_1}$

(3) 测定两线圈的耦合系数 k

在图 8.25 电路中，先让 N_1 侧开路，互感线圈的 N_2 侧施加 30 V 的交流电压 U_2，测出 I_2 并记录 $U_2 I_2$；同理再将 N_2 侧开路，互感线圈的 N_1 侧施加 200 V 的交流电压 U_1，测出 I_1，并将 U_1、I_1 记录到表 8.19 中，分别计算出 L_1、L_2 和 k 记入表 8.19 中。

表 8.19　L_1、L_2 和 k 的值

测量值	U_1	I_1	U_2	I_2	计算 $L_1 = \dfrac{U_1}{\omega I_1}$	计算 $L_2 = \dfrac{U_2}{\omega I_2}$	计算 $K = \dfrac{M}{\sqrt{L_1 L_2}}$

5. 实验报告

(1) 根据实验现象，总结测定互感线圈同名端的方法。
(2) 根据表 8.18 的记录数据，计算互感系数 M。
(3) 根据表 8.18 和表 8.19 的数据，计算耦合系数 k。
(4) 总结本次实验的心得体会。

8.2.11　RC 一阶电路的响应测试

1. 实验目的

(1) 研究 RC 一阶电路的零输入响应、零状态响应及全响应的规律和特点。
(2) 学习电路时间常数的测量方法，了解电路参数对时间常数的影响。
(3) 掌握有关微分电路和积分电路的基本概念。
(4) 进一步学会用示波器观测波形。

2. 实验准备

预习本次实验指导，熟读仪器使用说明，准备方格纸。

实验前要思考的问题：

(1) 何种电信号可作为 RC 一阶电路零输入响应、零状态响应和完全响应的激励源？
(2) 已知 RC 一阶电路 $R = 10\ \text{k}\Omega$，$C = 0.1\ \mu\text{F}$，计算电路的时间常数 τ，并根据 τ 值的物理意义，拟定测量 τ 的方案。
(3) 积分电路和微分电路必须具备什么条件？它们在方波序列脉冲的激励下，其输出信号波形的变化规律如何？这两种电路有何功用？

3. 实验所需仪器设备及注意事项

1) 实验所需设备

(1) 电工原理实验箱一台。
(2) 函数信号发生器。
(3) 双踪示波器。

2)注意事项

(1)调节电子仪器各旋钮时,动作不要过快、过猛。实验前,需熟读双踪示波器的使用说明书。观察双踪时,要特别注意相应开关、旋钮的操作与调节。

(2)信号源的接地端与示波器的接地端要连在一起(称为共地),以防外界干扰而影响测量的准确性。

(3)示波器的辉度不应过亮,尤其是光点长期停留在荧光屏上不动时,应将辉度调暗,以延长示波器的使用寿命。

4. 实验原理及步骤

动态电路的过渡过程是十分短暂的单次变化过程。要用普通示波器观察过渡过程和测量有关的参数,就必须使这种单次变化的过程重复出现。为此,利用信号发生器输出的方波来模拟阶跃激励信号,即利用方波输出的上升沿作为零状态响应的正阶跃激励信号;利用方波输出的下降沿作为零输入响应的负阶跃激励信号。只要选择方波的重复周期远大于电路的时间常数 τ,那么电路在这样的方波序列脉冲信号的激励下,它的响应就和直流电接通与断开的过渡过程是基本相同的。

1)实验原理

(1)如图 8.26 所示的 RC 一阶电路的零输入响应和零状态响应分别按指数规律衰减和增长,其变化的快慢决定于电路的时间常数 τ。

(2)时间常数 τ 的测定方法。用示波器测量零输入响应的波形,如图 8.27(a)所示。根据一阶微分方程的求解得知 $u_C = U_m e^{-t/RC} = U_m e^{-t/\tau}$。当 $t = \tau$ 时,$u_C(\tau) = 0.368 U_m$。此时所对应的时间就等于 τ。亦可用零状态响应波形增加到 $0.632 U_m$ 所对应的时间测得,如图 8.27(b)所示。

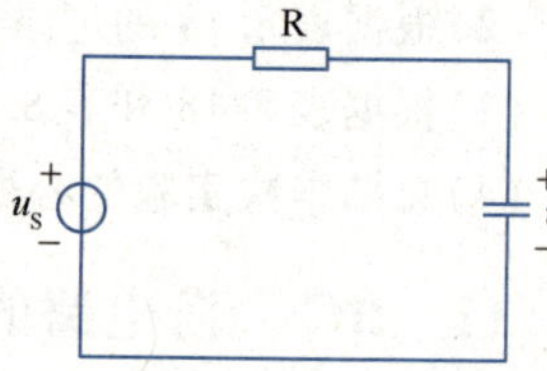

图 8.26 RC 一阶电路

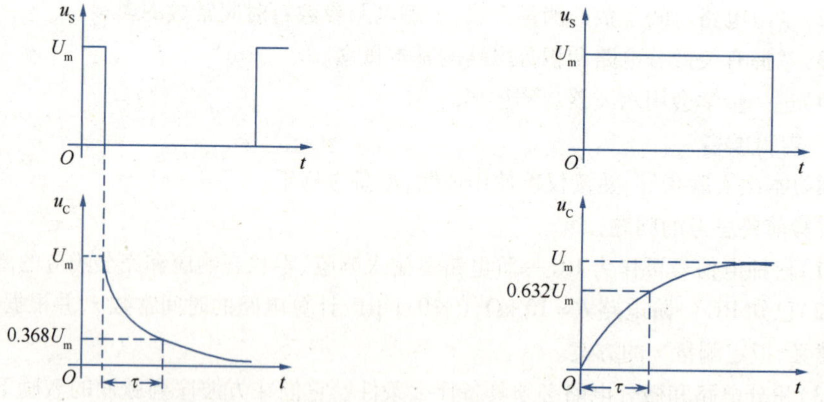

(a)零输入响应　　(b)零状态响应

图 8.27 一阶电路的零输入响应和零状态响应规律

(3)微分电路和积分电路是 RC 一阶电路中较典型的电路,它对电路元件参数和输入信号的周期有着特定的要求。一个简单的 RC 串联电路,在方波序列脉冲的重复激励下,当满足 $\tau = RC \ll \dfrac{T}{2}$ 时(T 为方波脉冲的重复周期),且由 R 两端的电压作为响应输出,则该电路就是一个微分电路。因为此时电路的输出信号电压与输入信号电压的微分成正比,如图 8.28(a)所示。利用微分电路可以将方波转变成尖脉冲。

若将图 8.28(a)中的 R 与 C 位置调换一下,如图 8.28(b)所示,由 C 两端的电压作为响应输出,且当电路的参数满足 $\tau = RC \gg \dfrac{T}{2}$,则该 RC 电路称为积分电路。因为此时电路的输出信号电压与输入信号电压的积分成正比。利用积分电路可以将方波转变成三角波。

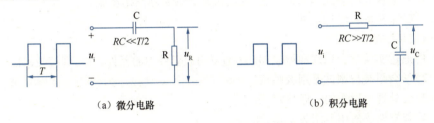

图 8.28 微分电路和积分电路

从输入/输出波形来看,上述两个电路均起着波形变换的作用,请在实验过程中仔细观察并记录。

2)实验步骤

(1)认清 R、C 元件在实验箱中的位置布局和其标称值以及电路板上各开关的通断位置。

(2)从电路板上选 $R = 10 \text{ k}\Omega, C = 6\,800 \text{ pF}$ 组成如图 8.26 所示的 RC 充放电电路。u_s 为脉冲信号发生器输出的 $U_m = 3 \text{ V}, f = 1 \text{ kHz}$ 的方波电压信号,并通过两根同轴电缆线,将激励 u_i 和响应 u_C 的信号分别连至双踪示波器的两个输入口 Y_A 和 Y_B。这时可在示波器的屏幕上观察到激励与响应的变化规律,根据图像测算出时间常数 τ,并用方格纸按 1:1 的比例描绘波形。

(3)逐渐改变电容值或电阻值,定性地观察 C 和 R 值对响应的影响,并记录观察到的现象。

(4)令 $R = 10 \text{ k}\Omega, C = 0.1 \text{ μF}$,观察并描绘响应的波形,继续增大 C 值,定性地观察 C 值对响应的影响。

(5)令 $C = 0.01 \text{ μF}, R = 100 \text{ Ω}$,组成如图 8.28(a)所示的微分电路。在同样的方波激励信号($U_m = 3 \text{ V}, f = 1 \text{ kHz}$)作用下,观测并描绘激励与响应的波形。

(6)增减 R 的值,定性地观察对响应的影响,并记录。

5. 实验报告

(1)根据实验观测结果,在方格纸上绘出 RC 一阶电路充放电时 u_C 的变化曲线,由曲线测得 τ 值,并与参数值的计算结果作比较,分析误差原因。

(2)根据实验观测结果,归纳、总结积分电路和微分电路的形成条件,阐明波形变换的特征。

(3)总结本次实验的心得体会。

8.3 实 训

视频

万用表元器件
的识别与组装

指针式万用表的安装与调试。

1. 实训目的

（1）熟悉万用表的结构、工作原理和使用方法，了解电路理论的实际应用，学会排除万用表简单故障的基本方法。

（2）掌握仪表的装配和调试工艺，提高组装者的实际操作技能。

2. 实训任务和纪律要求

1）实训任务

（1）通过实验学会识别和测试 MF47 型万用表套件中的元件，学习焊接技术。

（2）学会组装与调试万用表整机。

（3）会处理万用表的一般故障。

（4）能够熟练使用万用表。

2）实训纪律要求

遵守实验室制度，自觉按规定出勤。妥善保管好工具，认真细心地安装、焊接和校试万用表。

3. 实训预备知识

（1）电阻的串联和并联的特点和应用。

（2）万用表的原理和使用方法。

（3）色环电阻器的识读：

① 四环电阻器的识读。如图 8.29 所示，其中有一条色环与其他色环间相距较大，且色环较粗，读数时应将其作为定位环放在右侧。

图 8.29 四环电阻器的识读

这四条色环表示的意义：左边第一条色环表示第一位有效数字，第二个色环表示第二位有效数字，第三个色环表示乘数，第四个色环也就是离其他色环较远并且较粗的色环，表示误差（见表 8.20）。图 8.29 中四环颜色分别为红、紫、绿、棕，阻值为 $R = 27 \times 10^5$ Ω = 2.7 MΩ，误差为 ±0.5%。

② 五环电阻器的识读。如图 8.30 所示，其中有一条色环与其他色环间相距较大，且色环较粗，读数时应将其作为定位环放在右侧。

图 8.30 五环电阻器的识读

从左向右，前三条色环分别表示三位有效数字，第四条色环表示乘数，第五条色环表示误差（见表 8.20）。

图 8.30 中五环颜色分别为蓝、紫、绿、黄、棕,阻值为 $R = 675 \times 10^4 = 6.75\ \text{M}\Omega$,误差为 $\pm 1\%$。

表 8.20　色环电阻器的色环含义

颜色	第一位数字	第二位数字	第三位数字 (四环电阻器无此环)	倍乘数	误差/%
黑	0	0	0	10^0	
棕	1	1	1	10^1	±1
红	2	2	2	10^2	±2
橙	3	3	3	10^3	
黄	4	4	4	10^4	
绿	5	5	5	10^5	±0.5
蓝	6	6	6		±0.25
紫	7	7	7		±0.1
灰	8	8	8		
白	9	9	9		
金				10^{-1}	±5
银				10^{-2}	±10

读色环的小窍门:

a. 表示允许误差的色环比其他色环稍宽,距离其他色环稍远。

b. 金色和银色只能是乘数和允许误差,一定放在右侧。

c. 本次实习使用的电阻大多数允许误差是 ±1%,用棕色色环表示,因此棕色环一般都在最右侧。

4. 万用表的结构(以 MF47 型为例)及电路原理图

1)万用表的结构

万用表由机械部分、显示部分与电气部分这三部分组成。万用表的表头是一只高灵敏度的磁电式直流电流表,万用表的主要性能指标基本上取决于表头的性能。表头的灵敏度是指表头指针满刻度偏转时流过表头的直流电流值,这个值越小,表头的灵敏度越高。测电压时的内阻越大,其性能就越好。表头上有四条刻度线,它们的功能如下:第一条(从上到下)标有 R 或 Ω,指示的是电阻值,转换开关在欧姆挡时,即读此条刻度线;第二条标有⌒和 VA,指示的是交、直流电压和直流电流值,当转换开关在交、直流电压或直流电流挡,量程在除交流 10 V 以外的其他位置时,即读此条刻度线;第三条标有 10 V,指示的是 10 V 的交流电压值,当转换开关在交、直流电压挡,量程在交流 10 V 时,即读此条刻度线;第四条标有 dB,指示的是音频电平。

测量电路是用来把各种被测量转换到适合表头测量的微小直流电流的电路,它由电阻元件、半导体元件及电池组成。测量电路能将各种不同的被测量(如电流、电压、电阻等)、不同的量程,经过一系列的处理(如整流、分流、分压等)统一变成一定量程的微小直流电流送入表头进行测量。

转换开关又称挡位开关,用来选择各种不同的测量电路,以满足不同种类和不同量程的测量要求。

2) 指针式万用表的原理图(见图8.31)

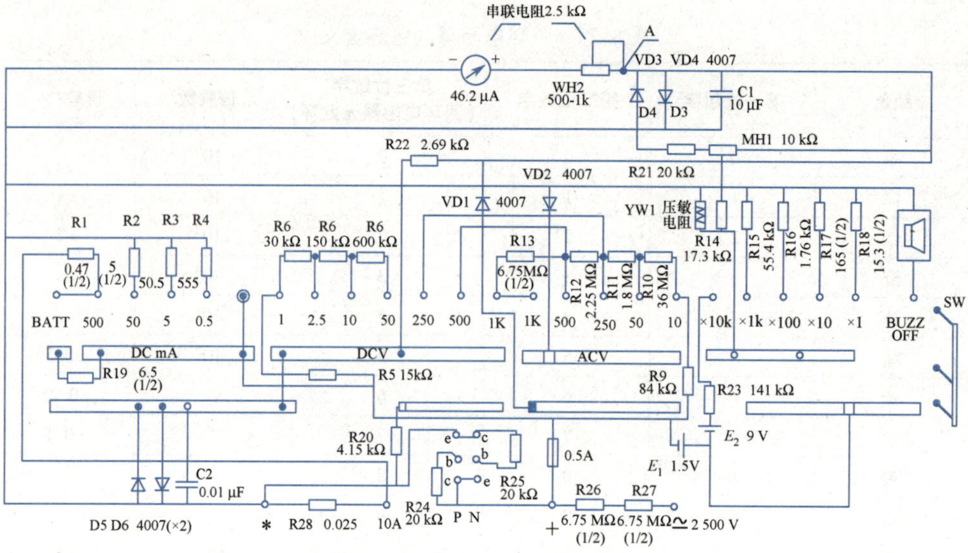

图8.31 指针式万用表的原理图

5. 实训使用的材料、工具及仪器仪表

(1)万用表 MF47 型散件一套。

(2)万用表 MF-30 或 MF168 一块(用于校对检查故障)。

(3)工具一套:电烙铁 15 W、镊子、尖嘴钳、斜口钳等。

(4)校准仪器仪表:标准交、直流电压表、标准直流电流表、标准电阻箱、直流稳压电源、交流调压器、数字式三用表校验仪等。

6. 万用表安装步骤及注意事项

1)安装步骤

(1)清点材料。

(2)二极管、电容器、电阻器的识别与核对。

(3)焊接前的准备工作。

(4)元器件的焊接与安装。

(5)机械部件的安装调整。

(6)万用表校验调试及故障的排除。

2)注意事项

(1)清点材料时请参考材料配套清单,并按材料清单一一对应,记清每个元件的名称与外形。

(2)小心拆开包装,不要将塑料袋撕破,以免材料丢失。

(3)清点材料时请将表的后盖当容器,将所有的元件都放在里面。

(4)清点完后请将材料放回塑料袋中备用;暂时不用的材料请放在塑料袋里。

(5)弹簧和钢珠一定不要丢失。

7. 指针式万用表套件的各元件外形图

(1)电阻元件,如图8.32 所示。

学习笔记

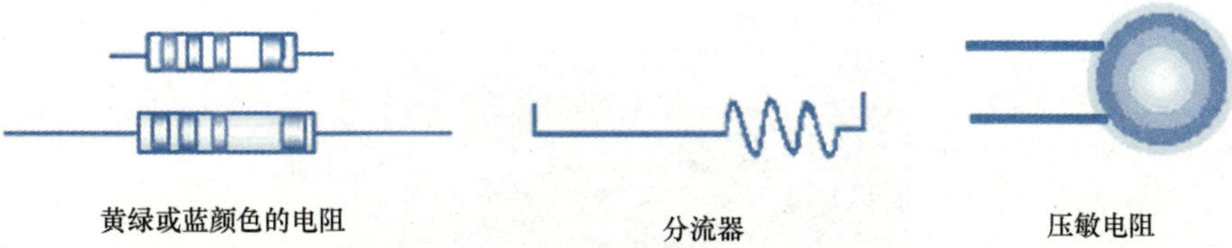

黄绿或蓝颜色的电阻
分流器
压敏电阻

图 8.32　电阻元件

(2)可调电阻元件,如图 8.33 所示。用十字螺丝刀轻轻拧动可调电阻元件的黑色旋钮,可以调节可调电阻元件的阻值;用十字螺丝刀轻轻拧动可调电阻元件的橙色旋钮,也可调节可调电阻元件的阻值。

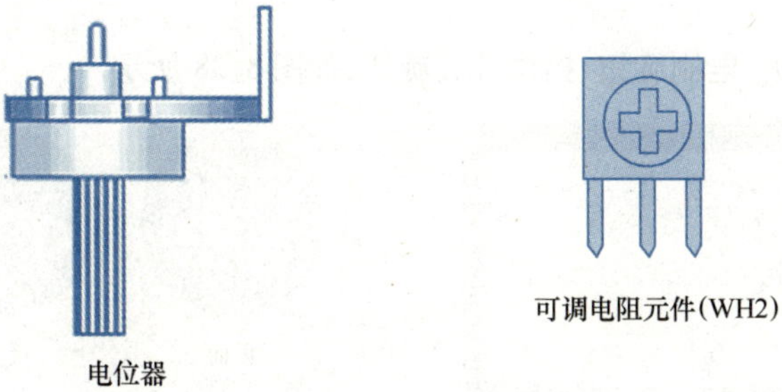

可调电阻元件(WH2)
电位器

图 8.33　可调电阻元件

(3)二极管、熔丝夹,如图 8.34 所示。

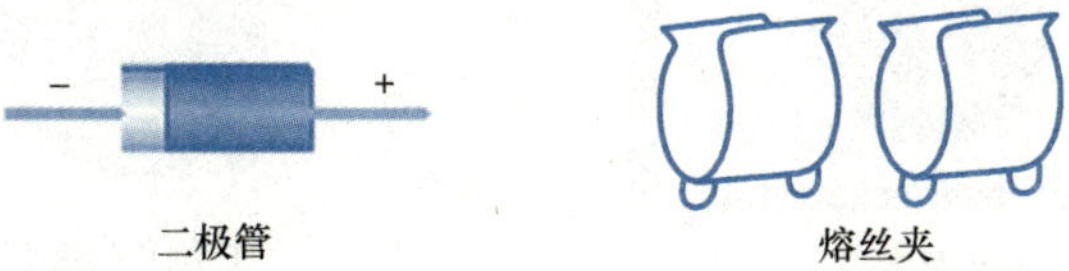

-
+
二极管
熔丝夹

图 8.34　二极管、熔丝夹

(4)电容元件,如图 8.35 所示。

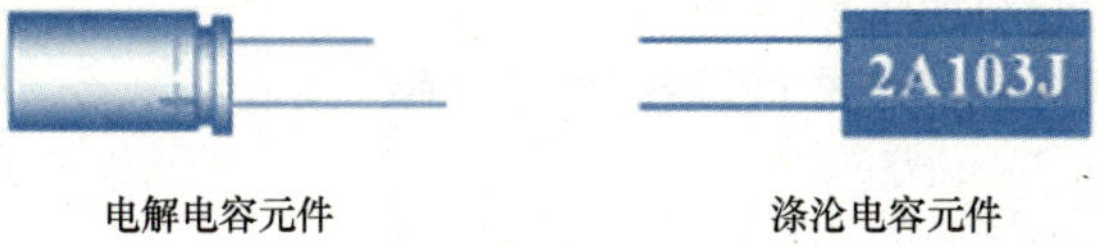

2A103J
电解电容元件
涤沦电容元件

图 8.35　电容元件

(5)熔丝管、连接线,如图 8.36 所示。

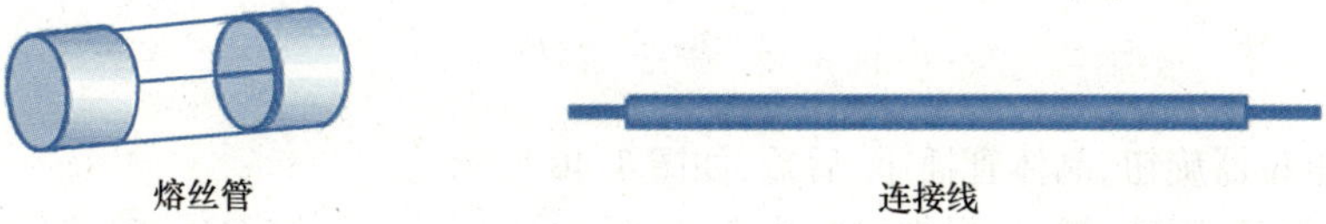

熔丝管
连接线

图 8.36　熔丝管、连接线

(6)印制电路板,如图 8.37 所示。

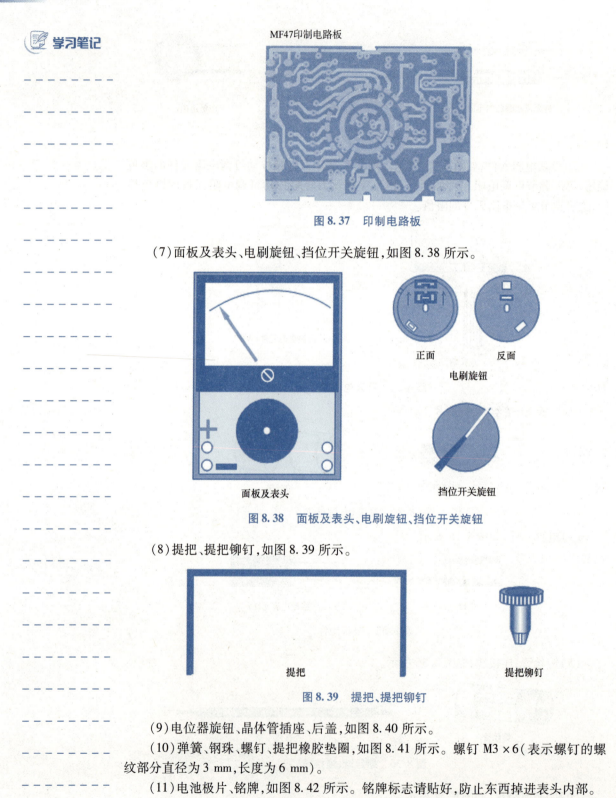

图 8.37 印制电路板

（7）面板及表头、电刷旋钮、挡位开关旋钮，如图 8.38 所示。

图 8.38 面板及表头、电刷旋钮、挡位开关旋钮

（8）提把、提把铆钉，如图 8.39 所示。

图 8.39 提把、提把铆钉

（9）电位器旋钮、晶体管插座、后盖，如图 8.40 所示。

（10）弹簧、钢珠、螺钉、提把橡胶垫圈，如图 8.41 所示。螺钉 M3×6（表示螺钉的螺纹部分直径为 3 mm，长度为 6 mm）。

（11）电池极片、铭牌，如图 8.42 所示。铭牌标志请贴好，防止东西掉进表头内部。

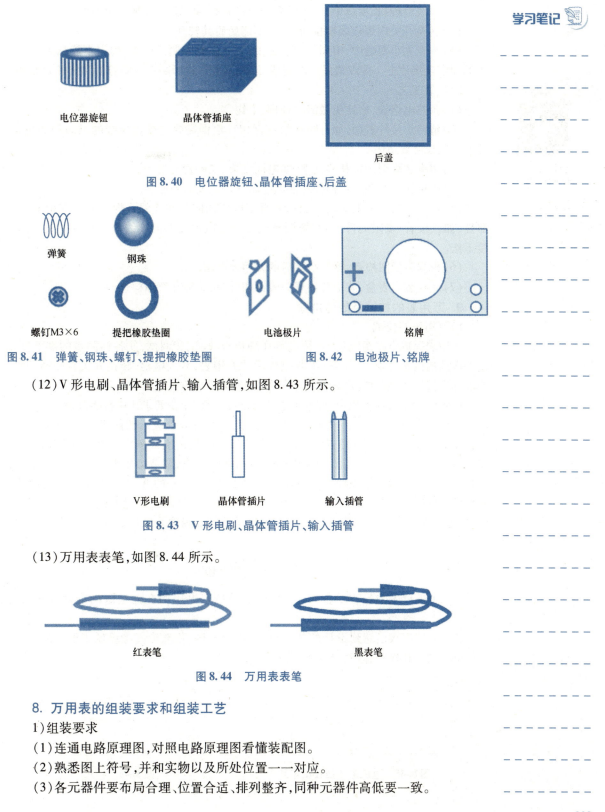

图 8.40　电位器旋钮、晶体管插座、后盖

图 8.41　弹簧、钢珠、螺钉、提把橡胶垫圈

图 8.42　电池极片、铭牌

（12）V 形电刷、晶体管插片、输入插管，如图 8.43 所示。

图 8.43　V 形电刷、晶体管插片、输入插管

（13）万用表表笔，如图 8.44 所示。

图 8.44　万用表表笔

8. 万用表的组装要求和组装工艺

1）组装要求

（1）连通电路原理图，对照电路原理图看懂装配图。

（2）熟悉图上符号，并和实物以及所处位置一一对应。

（3）各元器件要布局合理、位置合适、排列整齐，同种元器件高低要一致。

(4)布线合理,长度适中,引线沿底壳应走直线、拐直角,外观有条不紊。

(5)转换开关内部连线要排列整齐,不能妨碍其转动。

(6)焊点大小要适中、牢固、光亮、美观,不允许有毛刺或虚焊、焊锡不能粘到转换开关的固定连接片上。焊点最好一次完成,以免多次焊接影响铜箔附着力和损坏元器件。

2)组装工艺

(1)预热电烙铁,烙铁头做清洁处理,上锡。

(2)清洁焊接件表面,如有镀银层应保留。根据需要选择连接线的长短和颜色,剥开线头的长度要适中。

(3)根据装配图固定某些支架,如电池支架、二极管支架等。

(4)焊接转换开关上各挡位对应的电阻元件以及对外连线。

(5)焊接转换开关上交流电压挡和直流电压挡的公共连线。焊接固定支架上的元器件,如二极管、电阻元件、零欧姆调节电位器及电池支架的连线等。最后完成全部焊接工作。

(6)根据装配图检查、核对组装后的万用表电路。

(7)底板装入表盒,装上转换开关螺钉和旋钮,送指导教师检查。

9. 万用表的校试及故障排除

1)万用表的校试

万用表完成电路组装后,必须进行详细检查、校试和调试,使各挡测量的准确度都达到设计的技术要求。(注意:组装完成后的万用表,装入电池,转换开关置于欧姆挡,两表笔短接调零,旋动零欧姆调节电位器,能够调零后方可进入校试阶段)。

按照电表校试规程规定,标准电表的准确度等级,至少要求比被校表高两级。

以校试直流电压为例。如图 8.45 所示,图中 V_0 为 0.5 级标准直流电压表(简称"标准表"),V_X 为被校准的万用表(简称"被校表")。U_0 为标准表测得的被测电压值(看作实际值),U_X 为被校表的读数。按图 8.45 所示电路接线,调节稳压电源的输出电压 U_s,使被校表的指针依次指在标尺的整刻度值,如图 8.46 所示的 A、B、C、D、E 五个位置上,分别记下标准表和被校表的读数 U_0 和 U_X,则在每个刻度值上的绝对误差为 $\Delta U = U_X - U_0$,取绝对误差中的最大值 ΔU_{max},被校表电压挡的准确度等级(最大引用误差)K_u 计算式如下:

$$\pm K_u\% = \frac{\Delta U_{max}}{U_m} \times 100\%$$

式中,U_m 为被校表的量程。若 $K = \pm 5\%$,则被校表电压挡在此量限的准确度等级为 0.5 级。

若准确度等级已达到设计的技术要求,则为合格,若准确度等级低于设计的指标,必须重新调整和检查,直到符合要求为止。

图 8.45 直流电压挡校试电路

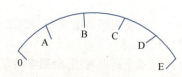

图 8.46 标尺

对于直流电流挡、交流电压挡及其各量程的校试,均可按照上述方法进行。

(1)直流电流挡校试。按图 8.47 所示电路接线,被校表分别置于 50 mA、500 mA 各挡位上,标准表相应放置在直流挡各量限上,调节可调电阻器 RP,使标准表的电流读数分别为 20 mA、200 mA,再从被校表读取测量数据,记入表 8.22 中。由表中最大引用误差确定准确度等级,若不符合要求,说明环形分流电阻器不合格。这时可先调整原理图中的半可调电阻器(2.3 kΩ),如果仍不符合要求,可再检查其他分流电阻器阻值,直到符合技术指标要求为止。

(2)直流电压挡校试。按图 8.47 所示电路接线,分别校试 10 V、50 V 直流电压挡。调节直流稳压电源输出电压 U_s,使标准表的直流电压读数分别为 5 V、20 V,再从被校表读取相应的测量数据,记入表 8.22 中。由表中最大引用误差确定准确度等级,若不符合要求,则需检查或更换分压电阻器。

(3)交流电压挡校试。按图 8.48 所示电路接线,被校表放置在交流电压 50 V、250 V 挡位上,标准表也放置在相应的量限上,调节调压器输出电压,使标准表指示分别为 30 V、220 V,从被校表读取测量数据,记入表 8.22 中。

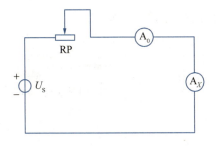

图 8.47 直流电流挡校试电路

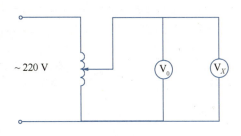

图 8.48 交流电压挡校试电路

(4)电阻挡校试。将被校表装上电池,进行欧姆调零,对各电阻挡都要调节零欧姆点。若调节零欧姆调节旋钮,指针不能指到零欧姆位置上,可能电池电量已不足,应予以更换,或是电位器有故障。

取标准电阻箱的阻值为 5 kΩ、50 Ω,分别测量上述两个电阻值,读取测量数据记入表 8.22 中。

经过以上各项检查、调试和校正,若万用表准确度均符合技术指标的要求,则合格可用。

2)万用表的故障排查

(1)短路故障:可能由于焊点过大,焊点带毛刺,导线头的芯线露出太长或焊接时烫破导线绝缘层,装配元器件时导线过长或安排不紧凑,装入盒后,互相挤碰而造成短路。

(2)断路故障:焊点不牢固,虚焊、脱焊、露线,元器件损坏,转换开关接触不良等。

(3)电流挡测量误差大:可能分流电阻值不准确或互相接错。

(4)电压挡测量误差大:可能分压电阻值不准确或互相接错。

(5)测量交流高电压挡时,电流指针偏小,可能整流二极管损坏或分压电阻不准确。

(6)用 R×10 挡和用 R×1 k 挡测量同一个电阻时,若表头指针位置接近,可能是该挡的分流电阻器未接通。

以上各种故障现象,只要在组装万用表过程中认真细心地按照每个组装工序的要求去做,均可排除。

10. 考核标准(见表 8.21)

表 8.21 考核标准

序号	考核内容	考核标准	评分标准	考试形式
1	产品整机质量	元器件布局规范整齐。焊点光滑、均匀、饱满。工作性能良好,能按要求测试电压、电流、电阻	占 50%,酌情给分	看产品实物
2	万用表的使用方法	会使用万用表测试直流电压、电流,交流电压、电阻等	占 30%,根据每人使用的熟练程度给分	实作考试
3	实验报告	故障分析到位,排除方法表述清晰,收获体会全面	占 20%	看报告

11. 实训报告

实训报告的要求:按下列要求填写表 8.22 中的空白,分析故障原因:

(1)写出 MF47 型万用表的技术数据。

(2)填写万用表校试记录,计算绝对误差、引用误差、准确度等级。

表 8.22 万用表的技术数据及校试记录

项目 \ 数据	校试点	标准表读数	被校表读数	绝对误差 $\Delta A = A_X - A_o$	引用误差 $K_m = \dfrac{\Delta A}{A_m} \times 100\%$	准确度等级
直流电流/mA						
直流电压/V						
交流电压/V						
电阻/Ω						

(3)排除故障小结,记入表 8.23 中。

表 8.23 排除故障小结

故障名称或现象	分析原因	排除方法

(4)组装万用表的收获体会。

习题参考答案

第 1 章

1. 填空题

(1) 电流,电源,负载,中间环节

(2)

(3) 正,负

(4) 高,低,低,高

(5) 做功,电位差

(6) 该点,参考点

(7) 参考点

(8) 长度,横截面积

(9) 线性,关联参考方向

(10) 电压,电阻

(11) 电功率

(12) 任一时刻,流入电路中任一节点的电流之和恒等于流出该节点的电流之和(或任一时刻,电路中任一节点所连各支路电流的代数和恒等于零),$\sum i_\text{入} = \sum i_\text{出}$,$\sum I_\text{入} = \sum I_\text{出}$(直流)或$\sum i = 0$,$\sum I = 0$(直流)

(13) 任一时刻,沿电路任一回路所有电压的代数和恒等于零(或任一时刻,回路中所有电阻元件电压降的代数和等于回路中电压源电压的代数和),$\sum u = 0$或$\sum U = 0$(直流)或$\sum IR = \sum U_\text{s}$,

(14) 2 V,−2 V,−10 V,0 V,2 V,8 V,12 V

(15) 6 V,12 W,14 V,−28 W

(16) −4 A,9 A,4 Ω

(17) 40 V,20 V,60 V,20 V,60 V、5 V

(18) 18 V,6 A,2 A,26 V,208 W,−208 W

(19) 0 V,0 V,−4 V,0 V,0 V,4 V,4 V,0 V,0 V,0 V,4 V,0 V

2. 判断题

(1)√ (2)√ (3)× (4)× (5)× (6)× (7)√ (8)× (9)√ (10)×

3. 选择题

(1)B (2)D (3)A (4)C (5)B (6)D (7)C (8)A (9)B (10)B (11)B (12)D

4. 计算题

(1) I_1、I_2、U_1、U_2、U_3 的实际方向与参考方向相同，I_3、U_4 的实际方向与参考方向相反；I_1 与 U_1 的电压与电流是非关联参考方向

(2) 10 V,不变,10 V,不变

(3) ① 2 V；
② 电阻元件功率为 +12.5 W,吸收功率,电压源功率为 −17.5 W,释放功率；电流源功率为 +5 W,吸收功率

(4) ① 2 A,5 A；
② 电压源功率为 −15 W,释放功率；电阻元件功率为 +9 W,吸收功率；电阻元件功率为 +6 W,吸收功率；电流源功率为 0 W

(5) −4 A

(6) −8.5 A, −0.5 A

(7) ① 18 V,0 A；
② 0 V,12 A

(8) 13 V

(9) 17.5 Ω,65 V

(10) 1 A

(11) 3.53 A

第 2 章

1. 判断题

(1)√ (2)× (3)√ (4)× (5)√ (6)× (7)√ (8)√ (9)×
(10)× (11)√ (12)√ (13)√ (14)× (15)×

2. 选择题

(1)C (2)C (3)D (4)B (5)C (6)D (7)D (8)B (9)B (10)A (11)D

3. 填空题

(1) 5,20

(2) R_1,R_3

(3) 50 Ω,1:4,1:4,1:1;8 Ω,1:1,4:1,4;1

(4) $U_s - RI$；$U_s + RI$；$-U_s - RI$

(5) 短路,开路,线性,电压、电流,功率

(6) 18 V;9 Ω

(7) 3.5 Ω,17/6 Ω,4/3 Ω,1.5 Ω,5/6 Ω,2 Ω

(8) 电流,电压

(9) 15,100

(10) 二端网络,无源二端网络,有源二端网络

(11)电压,电流,功率

4. 计算题

(1)(a)$R_{ab}=2.4\ \Omega$;(b)$R_{ab}=4\ \Omega$;(c)$R_{ab}=6\ \Omega$;(d)$R_{ab}=600\ \Omega$

(2)$I=3$ A

(3)$I=0.4$ A

(4)0.1 A

(5)$I=-1.5$ A

(6)$I=-0.75$ A

(7)I_1 参考方向向上 $I_1=1$ A,I_2 参考方向向上 $I_2=1$ A,I_3 参考方向向下 $I_3=2$ A,$U_A=10$ V,$U_B=6$ V,$U_C=8$ V

(8)① $U=25$ V;

② $P_{U_s}=6$ W 吸收功率

(9)(a)$R_{AB}=10\ \Omega$;(b)$R_{BC}=25\ \Omega$;(c)$R_{CD}=16\ \Omega$;(d)$R_{AC}=35\ \Omega$

(10)6.8 A,7.2 A,0.4 A

第 3 章

1. 填空题

(1)振幅,角频率,初相位;rad/s

(2)311 V

(3)5 A;1 000 rad/s;30°;相量为 $\dot{I}=5\angle 30°$ A

(4)选择性,通频带

(5)5 A,20 V,20 V,15 V,15 V,25 V,0

(6)100 V,100,10 Ω,10^4 Hz

(7)50,10^{-4} H,400 pF

2. 问答题

(1)解析式、波形图、相量表示法

(2)$e=380\sin(314t+30°)$ V;$e(0.1)=190$ V

(3)无

(4)直流电流通过的电阻元件发热多;因为 $\frac{6}{\sqrt{2}}$ A $=4.24$ A <5 A

(5)不能;因为 250 V $<220\sqrt{2}$ V $=311$ V

(6)电压超前、电流滞后,相位差为 30°

(7)意义:充分利用电源设备的容量,减小线路损耗。方法:感性负载并联电容元件

(8)① $\varphi=90°$;

② $u=-100\sin(\omega t+30°)=100\sin[\omega t+(-150°)]$ V,$\varphi=-90°$

(9)① 电流表示数最大;

② 频率降低时,电路呈电容性;频率增大时,电路呈电感性;
③ 可以将电压表与电容元件或电感元件并联

3. 判断题

(1)× (2)√ (3)√ (4)√ (5)× (6)√ (7)× (8)×

4. 选择题

(1)A (2)C (3)A (4)B (5)D (6)B

5. 计算题

(1)① $T = 0.02$ s, $f = 50$ Hz, $\varphi = 0°$;

② $T = 0.2$ s, $f = 50$ Hz, $\varphi = 45°$

(2)380 V、0.19 A

(3)① $\varphi = 110°$;

② $\varphi = 135°$;

③ 因为角频率不同,无法比较相位差

(4) $A + B = 14.66 + j13$; $A - B = -2.66 + j3$; $A \cdot B = 100\angle 83.1°$; $A/B = 1\angle 23.1°$

(5)① $\dot{I} = 7.07\angle 90°$ A;

② $\dot{I} = 5\angle -120°$ A;

③ $\dot{U} = 4.62\angle 30°$ A;

④ $\dot{I} = 10\angle 10°$ A

(6)① $u = 10\sqrt{2}\sin(\omega t + 45°)$ V;

② $u = 10\sqrt{2}\sin(\omega t - 150°)$ V;

③ $i = 10\sin(\omega t + 120°)$ A;

④ $i = 10\sqrt{2}\sin(\omega t - 53.1°)$ mA

(7)有效值相量 $\dot{U} = 220\angle -30°$ A, $\dot{I} = 70.7\angle 60°$ A

(8)① $i = 2.2\sqrt{2}\sin 3.14t$ A, $\dot{I} = 2.2\angle 0°$ A,相量图略;

② $i = 2.2\sqrt{2}\sin(314t - 90°)$, $\dot{I} = 2.2\angle -90°$ A,相量图略;

③ $i = 2.2\sqrt{2}\sin(314t + 90°)$, $\dot{I} = 2.2\angle 90°$ A,相量图略

(9) $i_R = 0.25\sin 10^4 t$ A, $i_L = 0.25\sin(10^4 t - 90°)$ A, $i_C = 0.5\sin(10^4 t + 90°)$ A, $i = 0.353\sin(10^4 t + 45°)$ A

(10)(a)14.14 A;(b)0 A;(c)14.14 A

(11)(a)20 V;(b)0 V;(c)14.14 V

(12)(a)、(b)、(c)作一组比较,(c)图电路最亮(b)图电路最暗;(d)、(e)、(f)作一组比较,(e)图电路最亮(f)图电路最暗

(13) $f = 600$ kHz 时,感抗为 753.6 Ω、电压为 7.536 V;$f = 800$ kHz 时,感抗为 1 004.8 Ω、电压为 10.05 V

(14)① $i = 2\sin(10^3 t - 45°)$ A, $u_R = 20\sin(10^3 t - 45°)$ V, $u_L = 40\sin(10^3 t + 45°)$ V, $u_C = 20\sin(10^3 t - 135°)$ V;

②$\omega = 707$ rad/s, $i = 2\sqrt{2}\sin 10^3 t$ A, $u_R = 20\sqrt{2}\sin 10^3 t$ V, $u_L = 28.28\sqrt{2}\sin(10^3 t + 90°)$ V, $U_C = 28.28\sqrt{2}\sin(10^3 t - 90°)$ V,相量图略

(15) $I_1 = 0.707$ A, $I_2 = 1$ A, $I_3 = 0.707$ A

(16) $P = 880$ W, $Q = 660$ var, $S = 1\,100$ V·A, $Z = 44\angle 36.9°$ Ω

(17) $r = 200$ Ω, $X_L = 980$ Ω, $L = 3.12$ H

(18) ① $P = 2\,528$ W, $\cos\varphi = 0.766$;

② 259 μF

(19) $\cos\varphi = 0.545$, $R = 6$ Ω, $X = 9.22$ Ω

(20) $R = 100$ Ω, $X_L = X_C = 180$ Ω, $L = 0.573$ H, $C = 17.7$ μF

(21) $X_L = 30$ Ω

(22) ① $R = 3$ Ω, $L = 16.5$ mH;

② $Q = 2\,078.5$ var, $S = 2\,400$ V·A, $\cos\varphi = 0.5$

(23) ① $I = 4$ A;

② $P = 480$ W, $Q = 640$ var, $S = 800$ V·A

(24) ① $f_0 = 823$ kHz, $\rho = 671.85$ Ω, $Q = 67.2$;

② $I_0 = 0.5$ mA; $U_{L_0} = U_{C_0} = 335.9$ mV

(25) $C = 195.6$ pF; $Q = 56.5$; $B = 127.43$ kHz

(26) $Q = 40$; $L = 4.14 \times 10^{-4}$ H

(27) $R = 1.625$ Ω; $Q = 70$

(28) $f_0 = 1.62 \times 10^6$ Hz; $Q = 122$

第 4 章

1. 判断题

(1)√ (2)× (3)√ (4)√ (5)× (6)× (7)× (8)√ (9)√ (10)√ (11)× (12)× (13)× (14)× (15)√ (16)√

2. 填空题

(1) $220\sqrt{2}\sin(\omega t + 120°)$ V; $220\sqrt{2}\sin(\omega t)$ V

(2) 相线,中性线,相线与相线,相线与中性线

(3) 三相四线制,220 V,380 V

(4) $\sqrt{3}$,超前,30°

(5) 220,相等

(6) 星形

(7) 三角形

(8) 0.86

3. 选择题

(1)A (2)C (3)C (4)B (5)B (6)A (7)C (8)B (9)B (10)D (11)C (12)C

4. 计算题

(1) $u_V = 380\sqrt{2}\sin(\omega t - 90°)$ V, $u_W = 380\sqrt{2}\sin(\omega t + 150°)$ V, $\dot{U}_U = 269\angle 30°$ V, $\dot{U}_V = 269\angle -90°$ V, $\dot{U}_W = 269\angle 150°$ V

(2) 40 只并接分别接到 U,V,W 相, $I_L = I_P = 1.818$ A, $I_N = 0$

(3) $I_U = 22$ A

(4) $U_P = 220$ V, $I_P = I_L = 22$ A

(5) $I_P = 22$ A, $I_L = \sqrt{3}I_P = 38$ A

(6) ① $\dot{I}_U = 22\angle 0°$ A, $\dot{I}_V = 11\angle -120°$ A, $\dot{I}_W = 73.3\angle 120°$ A;
② $U_V = 220$ V, $U_W = 220$ V, $U_U = 220$ V, $I_V = 22$ A, $I_W = 11$ A, $I_U = 0$;
③ $U_V = 152$ V, $U_W = 228$ V, $I_V = 38$ A, $I_W = 19$ A;
④ $U_V = 380$ V, $U_W = 380$ V, $I_V = 15.2$ A, $I_W = 11.4$ A

(7) ① $I_L = 40$ A;
② $R = 2.54$ Ω, $X = 1.91$ Ω

(8) $R = 15$ Ω, $X = 34.9$ Ω

(9) $I_Y = 5.5$ A, $P_Y = 2\,904$ W, $Q_Y = 2\,178$ var, $S_Y = 3\,630$ V·A, $I_\triangle = 9.5$ A, $P_\triangle = 8\,664$ W, $Q_\triangle = 6\,498$ var, $S_\triangle = 10\,830$ V·A

(10) $P = 9\,196$ W, $Q = 7\,744$ var, $S = 12\,022.3$ V·A

(11) $P = 110$ kW, $Q = 74.5$ kvar, $S = 132\,948$ V·A

第 5 章

1. 判断题

(1) √ (2) × (3) √ (4) × (5) √ (6) √ (7) × (8) × (9) √ (10) √ (11) × (12) × (13) × (14) √ (15) √

2. 填空题

(1) 几何形状,匝数

(2) 全耦合,紧耦合,松耦合

(3) 4

(4) 3 和 6

(5) 异名端,同名端,$L_S > L_F$

(6) 8 H, 6 H, $\frac{1}{4}$ A, $\frac{1}{3}$ A, 1.625 H

(7) 线圈自身电流变化,相邻线圈电流变化,变化的电流

(8) 几何形状,匝数,相对位置,磁介质

(9) 相同端钮,不同端钮

(10) 互感

(11) 漏磁,1,自感,互感,电压,电流,阻抗

(12)正比,反比

3. 选择题

(1)D (2)B (3)B (4)C (5)A (6)A

4. 计算分析题

(1)① $M = 2$ mH；

② $k = 0.75$；

③ $M = 4$ mH

(2)(a) $\dot{U}_1 = j\omega L_1 \dot{I}_1 - j\omega M \dot{I}_2, \dot{U}_2 = -j\omega L_2 \dot{I}_2 + j\omega M \dot{I}_1$；(b) $\dot{U}_1 = j\omega L_1 \dot{I}_1 - j\omega M \dot{I}_2, \dot{U}_2 = -j\omega L_2 \dot{I}_2 + j\omega M \dot{I}_1$

(3) $U_2 \approx 18.2$ V, $I_1 = \dfrac{1}{6}$ A

(4) $n = 10$

(5) 0.32 W

第 6 章

1. 填空题

(1)瞬态过程(过渡过程),换路

(2)储能元件,换路

(3)内因

(4)电流、电压

(5)短路,电压源

(6)开路,电流源

2. 判断题

(1)×,√ (2)√ (3)× (4)× (5)√ (6)√,√ (7)√ (8)√,√
(9)× (10)√,×

3. 选择题

(1)A (2)C (3)B (4)C (5)D

4. 计算题

(1) $u_C(0_+) = u_C(0_-) = 60$ V, $i_C(0_+) = -2$ A, $i_1(0_+) = 3$ A, $i(0_+) = -5$ A

(2) $i(0_+) = 0.5$ A, $u_C(0_+) = 0, u_{R_1}(0_+) = 5$ V, $u_{R2}(0_+) = 0, u_L(0_+) = u_{R_3}(0_+) = 5$ V

(3)(a) $i_1(0_+) = i_2(0_-) = 2$ A, $i_L(0_+) = 0, u_L(0_+) = u_{R_2}(0_+) = 4$ V (b) $i_L(0_+) = 2$ A, $i_1(0_+) = 3.3$ A, $u_{R_1}(0_+) = 10$ V, $u_L(0_+) = -u_{R_2}(0_+) = -4$ V

(4) $u_C(t) = 10e^{-0.1t}$ V, $i_C(t) = -e^{-0.1t}$ A

(5) $u_C(t) = 6e^{-\frac{t}{6}}$ V, $i(t) = e^{-\frac{t}{6}}$ A

(6) $i_L(t) = 4 + 6e^{-50t}$ A, $u_L(t) = -30e^{-50t}$ V

(7) $i_L(t) = 2.5 - 1.5e^{-2\,000t}$ A, $u_L(t) = 6e^{-2\,000t}$ V

(8) $u_C(t) = 120(1 - e^{-0.5t})$ V, $i_C(t) = 6e^{-0.5t}$ A, $i_1(t) = 2 + 4e^{-0.5t}$ A, $i_2(t) = 2(1 + e^{-0.5t})$ A

(9) $u_C(0_+) = 0$, $u_{R_1}(0_+) = 50$ V, $u_{R_2}(0_+) = 0$ V, $i_{R_2}(0_+) = 0$ A, $i_C(0_+) = i_{R_1}(0_+) = 25$ mA, $u_C(t) = 30(1 + \mathrm{e}^{-\frac{1}{1.2 \times 10^{-3}}t})$ V, $i_C(t) = 25\mathrm{e}^{-\frac{1}{1.2 \times 10^{-3}}t}$ mA, $i_{R_1}(t) = 10 + 15\mathrm{e}^{-\frac{1}{1.2 \times 10^{-3}}t}$ mA, $i_{R_2}(t) = 10(1 + \mathrm{e}^{-\frac{1}{1.2 \times 10^{-3}}t})$ mA

(10) $u_C(t) = 30 + 10\mathrm{e}^{+1\,000t}$ V, $i_C(t) = 10\mathrm{e}^{-1\,000t}$ mA

(11) 10.009 kV,断开电源开关前,应先拆下电压表。

第 7 章

1. 判断题

(1) × (2) √ (3) √ (4) × (5) × (6) × (7) × (8) √ (9) √ (10) × (11) × (12) √ (13) √ (14) √ (15) × (16) × (17) √ (18) × (19) × (20) × (21) ×

2. 填空题

(1) 正弦波,非正弦波

(2) $1 + j2$, $1 + j3$, 1, 3.18

(3) 50 mA, $40\sin 100t$ mA, $0.30\sin(100t + 45°)$ mA, 100 rad/s, 15.9 Hz

(4) 非正弦

(5) 非正弦周期波

(6) 开路,短路,$k\omega_1 L$,$\dfrac{1}{K\omega_1 C}$

(7) 正弦规律

(8) 非正弦

(9) 各次谐波电流有效值平方和

(10) 频率为整数倍的正弦波

(11) 最大,愈小

(12) 平均功率

(13) 频率相同,频率不同

(14) 5×10^5 Hz, 1.5×10^6 Hz

(15) 奇次余弦谐波

(16) $\sqrt{I_0^2 + I_1^2 + I_2^2 + I_3^2 + \cdots}$, $P_0 + P_1 + P_2 + P_3 + \cdots = U_0 I_0 + U_1 I_1 \cos\varphi_1 + U_2 I_2 \cos\varphi_2 + U_3 I_3 \cos\varphi_3 \cdots$

(17) $10 - j5$, $10 - j10/3$, 10, 1.59×10^{-4}

(18) $0.2\angle 90°$ Ω, $0.5\angle -90°$ Ω, 无穷大, 0

(19) 纵轴对称,直流和偶次余弦谐波分量

(20) 0.707, 有效值的平方和的平方根

(21) 整数倍,非正弦波,高次谐波

3. 选择题

(1) B (2) A (3) B (4) A (5) B (6) A (7) A (8) A (9) B

4. 分析计算题

(1)(a)波形既关于横轴对称又关于纵轴对称;含有奇次余弦谐波分量;无直流分量;(b)波形既关于纵轴对称又关于偶次对称;含有奇次余弦谐波分量和直流分量;(c)波形无对称性;(d)波形关于横轴对称;含有奇次谐波分量;无直流分量

(2)① 函数的波形关于原点对称又关于横轴对称;
② 函数的波形关于纵轴对称;
③ 函数的波形关于原点对称

(3) $I = 20$ A; $U = 70.7$ V; $P = 4\,000$ W

(4) ① $u = 2 + \sin \omega t$ V;
② $i = 2 + \sin \omega t$ A;
③ $P = 4.5$ W

(5) $L = \dfrac{1}{\omega_1^2 C}, L_1 = \dfrac{1}{8\omega_1^2 C}$

(6) $i = 2.5\sqrt{2}\sin(\omega t + 45°) + \sin 3\omega t$ A

(7) $f_1 = 40$ Hz, $f_3 = 120$ Hz, $f_5 = 200$ Hz

(8) $i = 10\sqrt{2}\sin(\omega t - 45°) + 0.89\sqrt{2}\sin(3\omega t - 41.6°)$ A

(9) (a) 1 A; (b) 0.75 A; (c) 2.236 A

(10) $U = 54.2$ V, $I = 22.9$ A, $P = 1\,188.2$ W

(11) $i = 44\sin(\omega t + 65°) + 20.8\sqrt{2}\sin(3\omega t - 38.8°)$ A, $I = 37.4$ A; $P = 7\,101.8$ W

(12) $R = 1\ \Omega, L = 11.5$ mH

参考文献

[1] 李瀚荪. 电路分析基础：上、下册[M]. 5版. 北京：高等教育出版社，2017.
[2] 陈菊红. 电工基础[M]. 5版. 北京：机械工业出版社，2020.
[3] 白乃平. 电工基础[M]. 4版. 西安：西安电子科技大学出版社，2017.
[4] 曹才开，郭瑞平. 电路分析基础[M]. 北京：清华大学出版社，2009.
[5] 童建华. 电路分析基础[M]. 3版. 大连：大连理工大学出版社，2018.
[6] 王磊，曾令琴. 电路分析基础[M]. 5版. 北京：人民邮电出版社，2021.
[7] 李鸿征. 电路分析基础[M]. 天津：天津大学出版社，2013.
[8] 祁鸿芳. 电路分析与应用基础[M]. 北京：清华大学出版社，2011.
[9] 杨志友，唐志珍. 电工技能实用教程[M]. 北京：中国铁道出版社，2018.